ullstein

Josef H. Reichholf

Unsere Schmetterlinge

Warum sie verschwinden und was das bedeutet

Ullstein

Besuchen Sie uns im Internet:
www.ullstein-buchverlage.de

MIX
Papier
FSC FSC® C083411

Lizenzausgabe im Ullstein Taschenbuch
1. Auflage März 2020

Grafiken: Rosemarie Scheller

Umschlaggestaltung: zero-media.net, München
Titelabbildung: Getty Images / GraphicaArtis
Satz: Eva Kaltenbrunner-Dorfinger, Wien
Gesetzt aus der Garamond
Druck und Bindearbeiten: CPI books GmbH, Leck
ISBN 978-3-548-06053-8

Inhalt

Vorwort

In den letzten fünfzig Jahren nahm die Häufigkeit unserer Schmetterlinge um über achtzig Prozent ab. Nur die älteren Menschen können sich vielleicht noch an die Zeit erinnern, in der die Wiesen voller bunter Blumen waren und zahllose Falter über ihnen umhergaukelten. Niemand hätte damals daran gedacht, sie zählen zu wollen. Warum auch?! Die Schmetterlinge gehörten zum Sommer wie die Bienen und die Feldblumen. Vom frühen Frühling bis zum Beginn des Hochsommers sangen die Lerchen. Vom ersten Tageslicht an hingen sie jubilierend in der Luft über den Fluren. Das ganze Jahr über gab es Goldammern, Rebhühner, Hasen. An den Gräben und Tümpeln lebten Frösche. Laubfrösche riefen noch in den 1970er Jahren an einem am Rand der Flur gelegenen kleinen Teich so laut, dass ihr Chor während eines Telefoninterviews, das der Bayrische Rundfunk mit mir führte, durch die offene Terrassentür zu hören war. Thema: eine Verhandlung des Bayerischen Amtsgerichts über Lärmbelästigung durch Froschkonzerte.

Bereits als Kind lernte ich Schmetterlinge kennen. Die großen, auf ihren ockerfarbenen Flügeln schwarz gegitterten Schwalbenschwänze sah ich zu Dutzenden. Sie flogen zu unserem Gemüsegarten, um Eier am Karottenkraut abzulegen. Über ihre grünen, rot gepunkteten Raupen freute ich mich besonders, wenn ich sie Wochen später entdeckte. Berührte ich sie in Kopfnähe, ließen sie eine höchst merkwürdige, orangegelbe Gabel aus einer Vertiefung hinter dem Kopf emporschnellen. Sie verströmte einen sonderbaren, wie ich später erfuhr, abschreckend wirkenden Geruch.

Bläulinge unterschiedlicher Arten, die ich damals noch nicht unterscheiden konnte, flogen über den Wiesen, die sich von unserem Häuschen am Dorfrand bis zum Auwald erstreckten. Die blau aufschimmernden Falter gab es in solchen Mengen, dass ich rückblickend nicht einmal grobe

Angaben machen könnte, wie häufig sie gewesen sein mochten. Kohlweißlinge beachtete man kaum. Sie gehörten zur Natur, die uns umgab, wie der Gesang der Grillen im Mai und Juni und das Gezirpe der Heuschrecken im Hochsommer. Gern kitzelte ich sie mit einem Grashalm aus ihren Wohnröhren. Ihr großer, unförmig und bullig wirkender Kopf belustigte mich. Darin schien nicht viel Intelligenz zu stecken, so leicht ließen sie sich foppen.

In den Kopfweiden am Bach, der sich durch die Wiesen hinter unserem Haus schlängelte, nisteten Wiedehopfe. Mit aufgerichteter Federhaube schritten sie auf den beweideten Flächen kopfnickend umher und stocherten in den Fladen herum, die die Kühe hinterlassen hatten. Diese waren den ganzen Sommer über bis weit in den Herbst hinein tagsüber auf der Weide. Es wimmelte vor Staren. Die immer irgendwie übereifrig wirkenden, schwarz gefiederten Vögel folgten den Kühen. Manchmal setzten sie sich auf deren Rücken. In jedem Garten war für die Stare mindesten ein Nistkasten an hoher Stange befestigt aufgestellt. Reiften die Kirschen, holten sie sich einen beträchtlichen Anteil davon und machten viel Lärm dabei. Stare vom Kirschbaum zu vertreiben war ein großes Vergnügen für ältere Kinder, weil sie dazu in die Baumkrone klettern durften, wo die Kirschen direkt vor ihrem Mund baumelten. An unserem Haus lebte unterm Dach eine Kolonie Spatzen; ein gutes Dutzend, vielleicht auch mehr. Sie waren immer da. Unsere Katze beachteten die Haussperlinge nicht. Sie ging auf Mäusejagd und war sehr erfolgreich dabei. Landidylle. Verklärte Erinnerungen an Kindheit und frühe Jugendzeit im niederbayerischen Inntal?

Trugbilder könnten es sein, die sich die einstige Wirklichkeit im Nachhinein zurechtgebogen haben. Dessen muss man sich bei jedem Versuch bewusst sein, das »Früher« zur Basis für das »Heute« zu rekonstruieren. Das Gedächtnis liefert uns, was wir haben möchten. Und es neigt zu Nostalgie, zu Sehnsucht nach dem Vergangenen. Dennoch beginne ich dieses Buch mit Schilderungen einstmals selbst erfahrener Naturschönheit und -vielfalt, auch um verständlich zu machen, warum mich das Verschwinden der Schmetterlinge so sehr berührt. Der erste Teil des Buchs soll die Basis legen, auf der wir über den Verlust der Arten urteilen können. Die Beispiele wähle ich gezielt so, dass man kein Spezialist sein muss, um Ähnliches selbst beobachten und mitverfolgen zu können.

Zusammengefasst sollen sie aufzeigen, dass die Häufigkeit von Schmetterlingen aus noch zu erläuternden Gründen zwar immer mal wieder stark schwankt, seit mindestens einem halben Jahrhundert jedoch ein allgemeiner Abnahmetrend zu verzeichnen ist. Um dessen Ursachen geht es im zweiten Teil des Buchs. Dafür ist es zentral, die üblichen Fluktuationen vom Trend zu unterscheiden. Nicht nur, um die Abläufe zu verstehen, sondern insbesondere auch, um die richtigen Gegenmaßnahmen zu treffen. Mit der bloßen Verringerung von Gifteinsatz zum Beispiel, so erstrebenswert ein solcher auch ist, wird es nicht getan sein. Und auch, was wir gemeinhin mit »grün« und »öko« verbinden, birgt bezüglich der Erhaltung der Arten so seine Probleme. Der zweite Teil wird daher zwangsläufig umweltpolitisch werden. Die Ökologie hat ihre wissenschaftliche Unschuld verloren, seit sie, wie es meine Überzeugung ist, von politisch einflussreich gewordenen Kreisen zu einer Naturreligion umfunktioniert worden ist. Widerspruch werde ich daher zu erwarten haben. Das bin ich gewohnt, und es gehört zum Prinzip des wissenschaftlichen Diskurses. Von öffentlich festgefahrenen Meinungen unterscheidet sich ein solcher durch die Akzeptanz der besseren Befunde. Das macht die Naturwissenschaft stark, aber auch zunehmend unbeliebt. Weil sie relativiert und flexibel bleibt, wo heute gern dogmatisch Prinzipien entgegengesetzt werden. Skeptiker zu sein ist für Naturwissenschaftler keine Abqualifizierung, sondern lobender Ausdruck dafür, sich nicht Dogmen zu unterwerfen, auch wenn sie gerade en vogue sein sollten.

Entsprechendes gilt für die Beschränkung der Ausdrucksfreiheit unter dem Druck der »political correctness«: Es ändert an der Wirkung nichts, ob wir Pflanzenschutzmittel sagen, wie es manche einfordern, oder sie Gifte nennen. Denn solche sollen sie schließlich sein: Stoffe, die töten, was vernichtet werden soll. Vermeiden lässt sich zudem nicht, immer wieder verallgemeinernd von »der Landwirtschaft«, »den Pflegemaßnahmen« oder »dem Naturschutz« zu schreiben. Landwirte können anders als die Mehrheit ihrer Kollegen insektenfreundlich wirtschaften, ein Pflegetrupp, der an

Soeben aus der Puppe geschlüpfter Totenkopfschwärmer »Pfötchen gebend«

Straßenrändern tätig wird, kann das auch einmal tun, ohne sämtliche Gräser und Blumen niederzumähen, und Gärten können sehr schmetterlingsfreundlich gestaltet sein. Aber für die Durchschnittsverhältnisse stimmen die Bezeichnungen »Landwirtschaft«, »Landschafts- und Gartenpflege« oder auch »Naturschutz« als Organisation und als staatliches Wirken, weil von ihnen bestimmte Folgen ausgehen. Und in diesem Sinne ist in diesem Buch verallgemeinernd von ihnen die Rede. Deshalb hängt die Wirkung meiner Ausführungen auch davon ab, mit welcher Einstellung das Buch gelesen wird. Geschrieben habe ich es aus dem Gefühl der Verantwortung heraus, die wir den kommenden Generationen schulden. Viele, sehr viele äußern sich seit Jahrzehnten zum Thema industrielle Landwirtschaft. Noch immer sind es zu wenige, um den gebotenen politischen Druck zu erzeugen, der eine Wende zum Besseren herbeiführen würde.

Teil I

Die Lebensvielfalt der Schmetterlinge

Ein Rückblick auf 50 Jahre Schmetterlingsforschung

Vor schönfärberischen Erinnerungen an frühere Verhältnisse schützen mich meine Aufzeichnungen. Am 15. Dezember 1958 habe ich mit ihnen begonnen. Daher weiß ich, dass wir vor sechzig Jahren im niederbayerischen Inntal kein »weißes Weihnachten« hatten, sondern zwei Grad über Null und leichten Regen. Für den 2. Januar 1959 notierte ich, dass ich draußen am Inn, auf dem völlig eisfreien Stausee, die Wasservögel gezählt hatte: 800 Stockenten, 50 Reiherenten, 69 Saatgänse und 200 Blesshühner. Die meisten Zahlen waren gerundet, weil das Zählen mit dem kleinen Fernglas auf einen halben Kilometer Entfernung nicht genauer ging. Ein einigermaßen leistungsfähiges Fernrohr erhielt ich erst einige Jahre später. Als ich bei den Vorbereitungen auf dieses Buch meine alten Aufzeichnungen hervorholte und durchsah, fand ich auch ein Blatt mit vier von mir selbst gezeichneten Faltern. Erstaunt betrachtete ich es und las, was ich zu den Schmetterlingsbildern »aus meiner Sammlung angefertigt« vermerkt hatte. Neben einem Schwalbenschwanz und einem Paar Himmelblauer Bläulinge *Polyommatus bellargus* hatte ich einen großen und markant schwarzweißen Schmetterling gezeichnet, einen Weißen Waldportier, und ihn mit dem damals üblichen wissenschaftlichen Namen *Satyrus circe* benannt. Dieser Fund begeisterte mich, weil es die wunderschöne, so elegant fliegende »Circe« in meiner Heimat schon lange nicht mehr gibt. Sie ist weithin ausgestorben, wie zahlreiche andere Schmetterlingsarten auch, die ich in meiner frühen Jugendzeit noch kennengelernt und beobachtet hatte.

Andere der damals als gewöhnlich eingestuften Arten gibt es zwar noch, aber sie sind inzwischen selten oder sehr selten. Ein passendes Beispiel hierzu fand ich ebenfalls in meinen Aufzeichnungen. Die Notiz vom 12. September 1962 stellt eine aus heutiger Sicht bemerkenswerte Beobach-

Rotes Ordensband *Catocala nupta* präsentiert die Hinterflügel mit abschreckend wirkendem Rot-Schwarz-Muster. Die Vorderflügel tarnen auf Rindenuntergrund

tung dar. Ein fast handtellergroßer Schmetterling war bei der frühmorgendlichen Fahrt zur Schule an einer Station in den Regionalzug geflogen und auf dem roten Hemd eines Mitschülers gelandet. Es war ein Rotes Ordensband *Catocala nupta.* Die bräunlichgrauen, verwaschen rindenartig gezeichneten Vorderflügel dieses großen Eulenfalters verdecken in der Ruhehaltung die intensiv karminrot gefärbten, von einem gewinkelten schwarzen Band vor dem Außenrand eingefassten Hinterflügel. Noch nicht wissend, dass die Schmetterlinge – wie alle Insekten – die Farbe Rot nicht sehen, schrieb ich dazu: »Das Ordensband wurde also vom Rot des Hemdes angelockt«. Tatsächlich wirkte das rote Hemd eher dunkel. In seiner farblosen Helligkeit, dem sogenannten Grauwert, mochte es ganz gut dunkler Baumrinde und dem Grauwert der deckenden Vorderflügel entsprochen haben. In der Natur wäre die Stelle als Ruheplatz am Tage für diesen dämmerungsaktiven Eulenfalter geeignet gewesen. Die Ordensbänder gab es also vor einem halben Jahrhundert noch so häufig, dass sich eines in den Zug verirrte, vermutlich weil es an der Station von seinem Ruheplatz aufgescheucht worden war.

Derartige Notizen aus meiner Schülerzeit blieben Anekdoten, würden die Aufzeichnungen nicht mehr bieten. Zwar hält man viel zu selektiv fest, was gerade ungewöhnlich erscheint, während das Gewohnte unbeachtet bleibt. Dennoch lässt sich aus unsystematischen Notizen Interessantes herauslesen. Beispiele finde ich genug in meinen Tagebüchern. Wie das am 1. August 1960 festgestellte Weißfleck-Widderchen *Syntomis phegea*, das es im Gebiet längst nicht mehr gibt, oder die Raupe des Wegerichbären *Parasemia plantaginis* vom 28. Juli 1960. Er kommt nur noch sehr selten vor. All diese und die vielen anderen Notizen zeigen allerdings nur, dass früher Schmetterlingsarten vorhanden waren, die dort heute nicht mehr existieren. Das wirkliche Ausmaß des Rückgangs der Falter und der übrigen Insekten ließe sich aus dem Verschwinden einzelner Arten nicht ableiten. Es können in dieser Zeit ja Arten hinzugekommen sein, die es vorher nicht gegeben hat. Die Natur ist dynamisch. Änderungen können und werden immer auftreten. Die Eingangsbehauptung, dass wir im letzten halben Jahrhundert über achtzig Prozent der Schmetterlinge verloren haben, bezieht sich auf die Gesamthäufigkeit und bedarf zu ihrer Begründung einer viel solideren Basis.

Eine solche hatte ich bei Vögeln zwar schon einmal gewonnen: mit meinen Zählungen der Wasservögel an den Stauseen am unteren Inn, die ich sechs Jahre lang alle zwei bis drei Tage durchführte und die 1966 eine erste ornithologische Fachpublikation ergaben. Eine quantitative Erfassung von Schmetterlingen aber war eine ganz andere Herausforderung, als Vögel zu zählen, die am Ufer ruhen oder auf der Wasseroberfläche schwimmen. Ansätze hierzu formierten sich allmählich während meines Zoologiestudiums an der Universität München. Für meine Doktorarbeit über Wasserschmetterlinge war ein wissenschaftliches Vorgehen geboten. Die fünf verschiedenen Arten solcher Schmetterlinge aus der Familie der Zünsler lernte ich rasch kennen und im Gelände an ihrer Flugweise sicher zu unterscheiden.

Aber die Vielzahl der Schmetterlingsarten erfordert ungleich größere Kenntnisse, wenn man sie möglichst alle erfassen möchte. Die Einarbeitung ist weitaus schwieriger und zeitaufwendiger als das Kennenlernen unserer Vogelwelt. Allein in Südostbayern gibt es mehr als 1100 verschiedene Arten von Schmetterlingen; für ganz Bayern sind 3243 Arten nachgewiesen

(Stand 2016). Viele davon sind sehr klein und nur mit spezieller Fachliteratur zu bestimmen. Für die Vögel gab es in den 1960er Jahren schon sehr gute Bestimmungsbücher, die zudem nicht unerschwinglich teuer waren. Mit der Vogelwelt hatte ich mich zunächst weit intensiver als mit den Schmetterlingen befasst. Der Grund hierfür lag nahe, buchstäblich. Die Stauseen und die Auwälder am unteren Inn, zu denen ich zu Fuß oder mit dem Fahrrad gelangen konnte, waren (und sind) Vogelparadiese. Sie gehören zu den artenreichsten Feuchtgebieten im ganzen mitteleuropäischen Binnenland. Als ich 1965 das Zoologiestudium in München begann, war ich dank dieser Umgebung bereits ein anerkannter Ornithologe. Und vertraut mit verschiedenen Vorgehensweisen, die in der Freilandforschung angewandt werden.

Insekten fliegen auf UV-Licht

Während des Studiums lernte ich eine Methode kennen, die sich wie keine andere dafür eignet, die Häufigkeit von Schmetterlingen festzustellen. Es ist dies die Anlockung der nachts aktiven Arten mit UV-Licht. Dies geschieht nicht, wie vordem schon häufig praktiziert und von mir selbst auch ausprobiert, mit großen Mischlichtlampen von 1000 Watt Stärke, mit denen aufgespannte weiße Tücher angestrahlt werden, sondern über eine sinnreiche Konstruktion mit UV-Neonröhren von nur 15 Watt Leistung. Dieses UV-Licht zieht die Schmetterlinge und andere Insekten an. Sie geraten beim Anflug in einen Trichter unter der Röhre, über den ein großer Sack gestülpt ist. Darin landen die Insekten. Um ihnen bis zum nächsten Morgen Schlupfwinkel zu bieten, gibt man beispielsweise Eierkartons hinein. Den Schmetterlingen passiert bei dieser Erfassungsmethode nichts. Im Sack beruhigen sie sich rasch, da sie der Einwirkung des Lichts entzogen sind. Art für Art werden sie am nächsten Morgen bestimmt und gezählt, auch die übrigen Insekten, so weit deren Artbestimmung möglich ist. Dabei werden sämtliche Insekten sogleich wieder frei gelassen. Auf diese Weise kommen quantitativ gut auswertbare und statistisch behandelbare

Befunde zustande, die sich bei gleicher Bauausführung der Geräte je nach Fragestellung in jede Richtung bestens vergleichen lassen. Etwa um in ganz verschiedenen Typen von Lebensräumen Häufigkeit und Artenspektrum der nachts aktiven Schmetterlinge festzustellen. Genau dies machte ich ab 1969. Dr. Hermann Petersen optimierte die Methode. Ihm und Elsbeth Werner mit ihrem pestizidfreien Gehöft verdanke ich viel.

Mit Tagfaltern geht Lichtanlockung leider nicht. Um auch für sie in vergleichbarer Weise Änderungen in der Häufigkeit festzustellen, fing ich in den 1970er Jahren an, sie entlang bestimmter, über die Jahre hinweg unverändert beibehaltener Wegstrecken zu zählen. An Waldwegen oder an Feldwegen durch die Flur zum Beispiel. Und an den ohnehin schon als »Strecken« vorgegebenen Dämmen. Mit den Flusskilometer-Tafeln, die in Abständen von jeweils genau zweihundert Metern angebracht sind, bieten sie für solche Streckenzählungen die günstigsten Voraussetzungen. In den 1980er Jahren benutzte ich die auf diese Weise erzielten Befunde vornehmlich für meine Vorlesungen über Ökologie und Naturschutz an der Technischen Universität München und über Ökologische Tiergeografie an der Universität München. Im Lauf der Jahre wurde deutlich, dass die Lichtanflüge und die Streckenzählungen immer weniger Schmetterlinge ergaben. Aus dem »Beifang«, wie ich die übrigen ans Licht geflogenen Insekten nannte, verschwanden sogar die vormals so verbreiteten Maikäfer. Deren Massenanflug hatte mehrmals dazu geführt, dass sich der Sack vom Trichter löste und herunterfiel, weil in der Dämmerung bis an die tausend Käfer hineingeraten waren. Da zur Maikäferzeit Anfang Mai nur sehr wenige, oft fast gar keine Schmetterlinge fliegen, beeinträchtigte so ein Missgeschick die jährlichen Gesamtergebnisse nicht. Aber der ziemlich abrupte Ausfall der Maikäfer irritierte mich. Es war dies ein erstes klares Signal dafür, dass meine Untersuchungen wichtige Daten über die Veränderungen in unserer Natur lieferten. Dennoch ahnte ich in den 1980er Jahren noch nicht, wie stark es abwärts gehen würde mit den Schmetterlingen und den anderen Insekten. Und dass meine Befunde sogar die nahrungsökologische Begründung für den Niedergang der Vögel in Feld und Flur liefern würden.

Stadtschmetterlinge – häufiger als gedacht

In den frühen 1980er Jahren begann ich damit, die Schmetterlingshäufigkeit auch in der Großstadt zu untersuchen. München, wo ich seit 1974 Wissenschaftler an der Zoologischen Staatssammlung war, bot hierfür ideale Verhältnisse. Es gab im Stadtgebiet mehrere geeignete Stellen, um bezüglich Vorkommen und Häufigkeit der nachts aktiven Insekten eine Art Querschnitt von der Innenstadt bis zum Stadtrand zustande zu bringen. Zudem hatte ich die riesigen Sammlungen dieses Forschungsmuseums und die Kollegen als Spezialisten zur Verfügung, um alle Insekten genau bestimmen zu können. Dass ich deren Hilfe nötig hatte, ergab sich gleich nach den ersten Befunden. Sie waren so viel artenreicher als erwartet, dass ich allein damit nicht zurande gekommen wäre. Zudem fielen die Fänge auch bezüglich der Mengen außerordentlich ergiebig aus. Meine Befunde stellten die verbreitete Vorstellung, dass in der Stadt nur ein kläglicher Rest des Artenreichtums vom Land existieren würde, alsbald nicht bloß in Frage. Sie entlarvten diese als Vorurteil.

Über die Jahre und Jahrzehnte kamen so die umfangreichen Forschungsergebnisse zustande, über die ich in diesem Buch berichte. Sie bilden die Bilanz von einem halben Jahrhundert quantitativer Insektenforschung.

In diesen fünfzig Jahren wurde unsere Natur in einem Ausmaß und in einer Geschwindigkeit verändert, wie wohl noch nie zuvor in so kurzer Zeit. Die Befunde sind erschütternd und die Aussichten, die sich daraus ergeben, ausgesprochen düster. Denn beim Hauptverursacher des Niedergangs der Artenvielfalt, der Landwirtschaft, sind keine substanziellen Änderungen zu erwarten. Wer sich mit dem »Problem Landwirtschaft« ein wenig intensiver befasst, wird feststellen, dass es gar nicht um die Bauern geht. Sie wurden im letzten halben Jahrhundert nicht etwa gefördert, wie uns, der großen Masse der Bevölkerung, seitens der Politik vorgegaukelt wird, um die Subventionsmilliarden zu rechtfertigen. Man hat sie der Zahl nach auf ein Zehntel dezimiert. Die Gewinner, das internationale Agro-

Business, insbesondere die Erzeuger der Pflanzenschutzmittel, blieben gut verborgen im Hintergrund, während das Sterben der bäuerlichen Landwirtschaft erschreckend parallel zum Niedergang der Schmetterlinge und der Vögel verlief.

Längst ist das so viel geschmähte Leben in der Stadt besser geworden als auf dem Land, wo die Gülle zum Himmel stinkt und Gift in einem ungeahnten Ausmaß ausgebracht wird, wo die Vögel verstummt sind und das Grundwasser nicht mehr zum Trinken taugt. Wie soll das weitergehen? Gibt es keine Chance, den Geistern Einhalt zu gebieten, die einst in guter Absicht gerufen worden waren, um den Bauern die Arbeit zu erleichtern und ihr Leben zu verbessern? Ist für die Agrarwende ein »Schmetterlingseffekt« denkbar? Mein Ausblick am Ende des Buches wird, es mag Sie überraschen, verhalten optimistisch ausfallen. Vielleicht ist die darin zögerlich geäußerte Zuversicht aber auch nur ein Wunschtraum. Weil kommende Generationen nicht schätzen werden, was sie nicht mehr kennenlernten und noch selbst erlebt haben: die Artenvielfalt unserer Natur, unserer Schmetterlinge.

Totenkopfschwärmer – Beispiel für einen Gast, der bei uns kaum noch leben kann

In unserer Zeit verschwinden Arten, deren Kennenlernen Kinder nachhaltig hätte prägen können. Ich denke an das große Staunen, das mich erfasste, als eines Abends Anfang Oktober ein Totenkopfschwärmer im Glas auf der Fensterbank aus der Puppe schlüpfte. Bei der Kartoffelernte hatte ich sie gefunden. Die Kartoffeläcker wurden im Niederbayerischen in den frühen 1960er Jahren noch überwiegend ausgeackert, wie es hieß. Ein Pferd zog den Pflug, dessen Schar so angesetzt war, dass sie an einer Seite im richtigen Abstand so die Furche zog, dass die um etwa zwei Handbreit höhere Zeile mit den Kartoffelstauden gleichsam umgekippt wurde. Einige Kartoffeln lagen dann frei. An ihnen orientierte man sich und fand weitere, die noch von der Erde umschlossen waren. Mit den Händen wurden diese herausgeholt. Auf Niederbayrisch hieß das Kartoffelklauben. Nun fressen aber die Raupen des Totenkopfschwärmers im Sommer am Kartoffelkraut, denn sie sind auf Nachtschattengewächse als Nahrungspflanzen eingestellt. Die zwar ursprünglich aus Amerika stammende Kartoffel gehört zu dieser – giftigen – Pflanzenfamilie.

Aber ihre ferne Herkunft stört nicht nur nicht, sondern begünstigt die Totenkopfschwärmer sogar. Denn von Natur aus würden die Weibchen dieser massigen Schmetterlinge nirgendwo Nachtschattengewächse in solcher Häufigkeit und in so günstigem Wuchs mit offenem Boden um die Stauden finden können. Daher war die amerikanische Kartoffelpflanze schon bald nach der Einführung in Europa im frühen 17. Jahrhundert eine bevorzugte Alternative für den afrikanischen Großschwärmer. Vorher kam er vermutlich nur selten aus dem randtropischen Afrika eingeflogen, weil es hier an geeigneten Futterpflanzen mangelte. Der Bittersüße Nachtschatten *Solanum dulcamara* bot nicht viel und wächst so verstreut, dass auch gegenwärtig kaum einmal Raupen des Totenkopfschwärmers daran gefunden werden.

Sind diese Raupen erwachsen, graben sie sich knapp unter der Erdoberfläche eine längliche Höhle, in der sie sich verpuppen. Nach Wochen der Puppenruhe schlüpfen die fertigen Schmetterlinge. Und müssen versuchen, nach Süden über die Alpen zu fliegen. Den Winter überleben sie nördlich davon nicht. Mein Totenkopf war so eine erwachsene Raupe. Ich hatte ihn in einem Einweckglas auf Torfmull bebettet und damit locker zugedeckt. Von Zeit zu Zeit besprühte ich den Torf ein wenig, dass die Puppe nicht zu trocken lag. Mit Erfolg. Der frisch geschlüpfte Totenkopfschwärmer, dessen Flügel noch nicht voll entfaltet waren, so dass sie den gelb-schwarz geringelten, sehr dicken Hinterleib nicht zudeckten, schien mir geradezu riesig. Umso mehr, als ich ihn auf den Zeigefinger kriechen ließ, um ihn an die Gardine setzen zu können. In der Hängehaltung sollten sich die Flügel fertig strecken können und flugtauglich werden. Mein Ziel war ja, ihn in der späten Dämmerung fliegen zu lassen, damit er zurück nach Afrika gelangt. Allein die Vorstellung, dass dies vielleicht gelingt

Totenkopf des Totenkopfschwärmers: So sieht sie tatsächlich aus, die Rückenzeichnung. Nur überschießende Fantasie kann darin einen Totenschädel erkennen

und ich dazu beitragen konnte, erregte mich ungemein. Die angeblich an einen Totenkopf erinnernde, hell gelbliche Zeichnung auf dem Rücken beeindruckte mich hingegen nicht. Egal, wie ich sie betrachtete, sie sah überhaupt nicht nach einem Totenschädel aus. Oder mir fehlte die Fantasie, mir einen einzubilden. Auch jetzt, während ich dies schreibe, fällt es mir schwer, vorzustellen, dass Menschen in früheren Zeiten eine so irrige Vorstellung entwickeln konnten. Doch wer im Blatt des Leberblümchens eine Leber sieht, nur weil es aus drei (gar nicht leberartigen) »Lappen« besteht, und daraus auch noch ableitet, so etwas müsse gut gegen Leberbeschwerden sein, der gelangt bei der Rückenzeichnung dieses Schwärmers eben auch zu einem Mini-Totenkopf.

Ich weiß es nicht mehr, ob mir gerade Überlegungen zu seinem Namen durch den Kopf gingen, als etwas geschah, das endgültig den Biologen in mir weckte. Unsere Katze, die auf dem Sofa gelegen hatte und nach Katzenart so tat, als würde sie tief und fest schlafen, schlich sich an und reckte ihre Nase zum Totenkopf an der Gardine hoch. Im selben Moment, in dem ein Schnurrhaar ihrer Schnauze den Schmetterling berührte, schnellte dieser den gelb-schwarz geringelten Hinterleib zwischen den Flügeln hervor und piepste schrill. Vor Schreck wich die Katze zurück, fiel übers Sofa herunter und zog sich darunter zurück in volle Deckung.

Die Wirkung dieser Wespen- oder Hornissenzeichnung, verbunden mit dem in den fürs menschliche Ohr nicht mehr hörbaren Ultraschallbereich

Totenkopfschwärmerraupe
(Foto: Peter Denefleh)

hineinreichenden Piepston war ein Lehrstück: Kein Buch, keine Schilderung so eines Vorgangs hätte eindrucksvoller vermitteln können, was eine »Schrecktracht« bedeutet und wie sie wirkt. Umso mehr war ich berührt, dass ich den Totenkopf mit meiner Fingerspitze so leicht dazu bringen konnte, sie zu erklettern und sich von mir an die Gardine setzen zu lassen. Jahre später, wenn ich gelegentlich einmal eine Hummel streichelte und damit zu einem leisen Surren anregte, dachte ich an dieses Erlebnis zurück. Der Totenkopfschwärmer, dem in meinem Leben noch Dutzende weitere folgten – bis die Kartoffelernte mechanisiert wurde und keine Puppen mehr zu finden waren bzw. kein Exemplar die harte Behandlung in der Erntemaschine mehr überlebte –, dieser in meiner Obhut geschlüpfte Schmetterling hatte mich berührt.

Das bezaubernde Leben der Wasserschmetterlinge

Doch vorerst interessierte ich mich noch mehr für die Wasservögel. Die Ergebnisse meiner sechsjährigen Untersuchungen zu ihrem Vorkommen und ihrer Häufigkeit an den Stauseen am unteren Inn fasste ich kurz nach Beginn meines Zoologiestudiums zusammen und veröffentlichte sie. Die Arbeit wurde mir vom Zoologischen Institut formal als Zulassungsarbeit zur Staatsprüfung anerkannt. Daher konnte ich mich bereits wenige Semester nach Studiumsbeginn auf die Suche nach einer passenden Doktorarbeit machen. Eine Freilandforschung sollte es werden; am liebsten wäre mir eine Vertiefung meiner Wasservogelstudien gewesen. Doch der Dozent, an den ich mich wandte, meinte, ich solle mir so eine große Forschungsarbeit für die Zeit nach dem Doktorat aufbewahren und besser ein Thema bearbeiten, das auch Physiologie enthält. Von den drei Vorschlägen, die er mir gab, gefielen mir die Wasserschmetterlinge am besten. Ihr seltsames Leben hat tatsächlich viel mit Physiologie, mit der Physiologie der Atmung unter Wasser und den damit verbundenen Hautstrukturen der Raupen, zu tun.

Als spezielle Art wählte ich den Seerosenzünsler. Diesem kleinen zarten Schmetterling verdanke ich es, dass ich 1969 zum Dr. rer. nat. an der Ludwig-Maximilians-Universität München promoviert wurde. Einen Doktortitel gibt es für die unterschiedlichsten Forschungen, für reichlich obskure Themen mitunter, deren Sinnhaftigkeit nicht immer gleich von jedem verstanden wird. Mag sein, dass meine Doktorarbeit »Untersuchungen zur Biologie des Wasserschmetterlings *Nymphula nymphaeata*« auch in diese Kategorie fällt. 1970 wurde sie in der »Internationalen Revue der gesamten Hydrobiologie«, Band 55 (Seiten 687–728) veröffentlicht. Dass es darin um die Lebensweise eines Wasserschmetterlings mit dem (frei übersetzt) sehr hübschen wissenschaftlichen Namen »Kleine Nymphe der Seerosen« ging,

Nymphula nymphaeata, am Ufer ruhendes Männchen, vor 50 Jahren während meiner Freilandforschungen zur Doktorarbeit fotografiert

lässt sich dem Titel entnehmen. Was aber wirklich in dieser »Biologie« steckt, bedarf einer näheren Schilderung.

Noch immer begeistern mich der zarte Schmetterling und seine nähere Verwandtschaft so sehr, dass mein Herz spürbar schneller schlägt, wenn ich wieder einmal einen von ihnen erblicke oder Neues zu ihrer Lebensweise herausbekomme. Tatsächlich geschieht dies, auch wenn schon so viel Zeit seit meiner Dissertation vergangen ist. In solchen Momenten denke ich, was für ein Glück ich doch gehabt habe mit der Wahl des Doktorarbeitsthemas. Die Kleinen Nymphen der Seerosen prägten mich zum Freilandbiologen, der viel lieber draußen in der Natur als drinnen im Labor forscht. Sie hielten mein wissenschaftliches Streben offen für die Schönheiten, für das Wunder des Lebendigen. Als »Objekte«, als lediglich wissenschaftlich ergiebigen Forschungsgegenstand, hatte ich die kleinen Schmetterlinge nie ansehen oder behandeln können. Ihre Lebendigkeit fesselte mich.

Wie freute ich mich, wenn die kleinen Falter, die ich zum Beobachten daheim in einem Flugkäfig hielt, von meiner Fingerspitze ein Tröpfchen leicht gesüßten Wassers tranken. Danach machten sie immer einen leicht verwirrten Eindruck und suchten mit ihren Rüsseln umher. Was ich ihnen im Käfig mittels einer flachen Wasserschale an Pflanzen aus ihrem natürlichen Lebensraum der Ufer von Kleingewässern angeboten hatte, sagte ihnen offenbar nicht zu. So eingeschlossen, veränderte sich ihr Verhalten, das ich doch erforschen wollte, wahrscheinlich ziemlich stark. Die Raupen der Wasserschmetterlinge ließen sich in kleinen Aquarien leicht halten. Ihr

Leben ist ganz auf Nahrungsaufnahme eingestellt. Und auf die regelmäßige Häutung, die sie für das Weiterwachsen nötig haben. Im Fressstadium stellen sie keine besonderen Ansprüche, außer dass sie das richtige Futter in Form der Blätter von Schwimmblattpflanzen bekommen. Selbst an dieses sind sie gar nicht so eng gebunden, wie das aus der bereits vorhandenen Fachliteratur hervorging. Die Entwicklung der Raupen aus den Eiern bis zur Verpuppung und das Schlüpfen der Falter hätte ich also durchaus direkt an meinem Arbeitsplatz im Zoologischen Institut der Universität München mitverfolgen können. Nicht aber das Leben der Falter.

Doch ich hatte Glück. An die Geheimnisse ihres Lebens kam ich auf andere und viel bessere Weise. Zwar hatte ich »meinen« Wasserschmetterling zuerst im Botanischen Garten in München gefunden, wo die Raupen die Schwimmblätter kleiner (und seltener) Seerosen zerfraßen. Daher waren sie bei den Gärtnern nicht gerade beliebt. Deren Erwartung, dass ich sie mit meinen Forschungen von diesen Schädlingen befreien würde, erfüllte ich nicht, weil ich bald natürliche Vorkommen in der Umgebung meines Heimatortes im niederbayerischen Inntal fand. Die Seerosenzünsler, wie sie in der nüchternen Fachsprache genannt werden, gab es in aufgelassenen, sogar als Müllabladeplätze missbrauchten kleinen Kiesgruben und in Altwassern im Auwald am Inn. Diese Vorkommen konnte ich von zu Hause aus zu Fuß oder mit dem Fahrrad erreichen. Als ich dort an schönen Frühsommerabenden mit der Beobachtung der Seerosenzünsler anfing, fühlte ich mich großartig. Zu Beginn der Dämmerung fingen die Männchen mit ihren Suchflügen an. Ein erster, im Abendlicht gut erkennbar elfenbeinfarbener Falter tänzelte aus dem Uferröhricht hervor und flog wie umherirrend zwei bis drei Handbreit hoch über der Wasseroberfläche. Kaum war er draußen, folgten aus dem Röhricht weitere, Dutzende. Im aufsteigenden Dunst, der sich ganz langsam zum Nebel verdichtete, tanzten sie in einer nicht nachvollziehbaren Choreographie. *Nymphula*, Kleine Nymphe. Welch passender Name, dachte ich, noch nicht ahnend, dass mich noch viel Aufregenderes erwartete.

Abends am Tümpel

Die Wasserfrösche beendeten ihr Gequake, das bei Sonnenuntergang als vielstimmiger Chor einen letzten lautstarken Höhepunkt erreicht hatte und die Wasseroberfläche des Tümpels in der Kiesgrube erzittern ließ. Jetzt brach eigentlich die Tageszeit der Laubfrösche an. Aber nur einer presste kurz ein »äp, äp, äp« aus seiner Kehle und schwieg sodann. Für die Laubfrösche war es bereits zu spät im Jahr. Ihre Konzerte geben sie im April oder Anfang Mai. Den Abfallhaufen an der Böschung untersuchten jetzt Ratten. Sie huschten über Bauschutt und Hausmüll, den sie nach Fressbarem durchsuchten. Für Momente lenkten sie mich vom Beobachten der Wasserschmetterlinge ab. Bei der Betrachtung durchs lichtstarke Fernglas sah ich, dass es Wanderratten aller Größen waren. Wahre Riesen, wie es mir schien, waren dabei. Für Katzen wären sie lebensgefährliche Gegner gewesen. Aber es gab auch kleine, die mit ihren Müttern herumsuchten, zu denen sie erkennbar engen Kontakt hielten. Als ein zitternder Schatten durchs Blickfeld des Fernglases flog, bemerkte ich erst, dass mich auch Fledermäuse umschwirrten. Sie fingen Wasserinsekten über dem Tümpel. Die Abenddämmerung ist Schwärmzeit von Köcherfliegen und Eintagsfliegen. Überall erhoben sie sich in die Luft als ich mit dem gebündelten Strahl meiner Taschenlampe umherleuchtete. Die späte Dämmerung ging in die Dunkelheit über. Ich hatte die Lampe mitgenommen, um zu sehen, wie lange die Wasserschmetterlinge flogen. Anscheinend reichte ihr Flug nicht sehr weit in die Nacht hinein, denn schon im letzten Tageslicht wurden es deutlich weniger, die ich über der Wasseroberfläche erkannte.

Die Falter zogen sich zurück ans Ufer. Aus kurzem Schwirrflug heraus landeten sie an den Stängeln der Pflanzen und rührten sich nicht mehr. Vielleicht war es ihnen zu kühl geworden, dachte ich, und spürte nun selbst die feuchtfrische Kühle der Frühsommernacht. Ich würde also, diesen ersten Eindrücken zufolge, die Abnahme von Helligkeit und Temperatur messen müssen. Mit dem damals, in den 1960er Jahren, noch nötigen Belichtungsmesser zur richtigen Einstellung der Blende am Fotoapparat sollte das für die Helligkeitsabnahme gehen. Bei der Lufttemperatur würde es nicht so einfach werden, wie ich bei Messversuchen mit einem Laborthermometer schnell einsah, denn es zeigte recht unterschiedliche Temperaturen an, je nachdem, wie nahe am Wasserspiegel und am Röhricht ich maß und ob ich das Thermometer weit genug von meinem Körper entfernt gehalten hatte. Von den heutigen Präzisionsmessungen der Temperaturen war man vor einem halben Jahrhundert bei Geländearbeiten noch weit entfernt. Auch das Zählen der fliegenden Schmetterlinge gestaltete sich, zurückhaltend ausgedrückt, ziemlich problematisch. So erratisch schwirrten sie über dem Wasserspiegel umher und am Röhrichtrand entlang. Mit schwächer werdendem Abendlicht wurden es mehr und mehr, dann weniger. Rasch nacheinander wiederholte Zählversuche ergaben peinlich unterschiedliche Zahlen. Meine Euphorie, so zu Daten für eine interessante Doktorarbeit über diese zauberhaften Schmetterlinge zu gelangen, wich in den nächsten Abenden, die ich an den Tümpeln verbrachte, der aufkommenden Sorge, ob ich genügend gute und auch hinreichend neuartige Befunde bekommen würde, dass sie für eine Dissertation reichten. Zweifellos war es doch nötig, die Raupen mit den Wasserpflanzen, an denen sie fraßen, in Aquarien zu halten. Die Flugkäfige für die geschlüpften Falter mussten verbessert und naturnäher gestaltet werden. Denn selbstverständlich war draußen an den Tümpeln nicht jeder Abend zum Beobachten ideal.

Rasch zeigte sich, dass auch unter den günstigen Bedingungen, die Tümpel mit den Wasserschmetterlingen fast vor der Haustüre zu haben, Forschungen im Freiland mit dem Wetter und mit nicht vorhersehbaren Ereignissen zu kämpfen haben. So wurde eine der Kiesgruben wenige Wochen nach Beginn meiner Untersuchungen in einen Karpfenteich umgewandelt. Mit der Folge, dass alsbald alle Wasserpflanzen darin vernichtet waren. Wenigstens gelangten damals noch kaum Dünger und Gifte, die in der Landwirtschaft verwendet wurden, in die Kiesgruben oder in die Altwasser im Auwald. Dass die Gruben alle knapp ein Jahrzehnt nach Abschluss meiner Forschungen vernichtet sein würden, ahnte ich nicht. Sie wurden verfüllt, planiert und mit Bäumen bepflanzt oder in Ackerland zurückverwandelt. Ausgerechnet Naturschützer hatten sie zu »Wunden in der Landschaft« erklärt, die geschlossen werden müssten. Und neue derartige

Wunden durfte es zukünftig auch nicht mehr geben, damit die Landschaft »heil« bliebe. Noch immer versetzt es mir einen Stich, wenn ich an den Stellen vorbeikomme, an denen ich die Freilandforschungen zu meiner Doktorarbeit durchführte. Maisfelder decken sie zu. Auf einer wachsen Bäume und bilden ein kleines Gehölz. Verfüllt sind sie alle. Mit solch kleinen Verlusten beginnt die Erosion des Heimatgefühls. Doch weiter mit der Schilderung des Lebenslaufes der Seerosenzünsler. Vielleicht wird daraus ersichtlich, warum mich diese kleinen Wesen so faszinierten, dass sie mein ganzes Zoologenleben hindurch in mir weiterwirkten. Und Stellvertreter für alle Schmetterlinge wurden.

Das verborgene Leben der Kleinen Nymphen

Beginnen wir mit dem erfolgreichen Ende eines frühsommerlichen Suchfluges. Es sind die Männchen, die in der Abenddämmerung herumgeistern. Sie suchen nach Weibchen, nach frisch geschlüpften, die noch nicht begattet sind. Mit einem reizenden kleinen Experiment konnte ich verfolgen, was dabei vor sich geht. Ein daheim im Aquarium geschlüpftes Weibchen setzte ich in einen Mini-Käfig, wie er in der Imkerei für die kurzzeitige Unterbringung von Bienenköniginnen verwendet wird. Über die vergitterten Seiten kann der Lockstoff, den das Weibchen von sich gibt, austreten und von den Luftströmungen verbreitet werden. Auf einem Styropor-Floß ließ ich dieses jungfräuliche Weibchen in der Abenddämmerung aufs freie Wasser des Tümpels hinaustreiben, nachdem der Suchflug der Männchen eingesetzt hatte. Schon nach wenigen Minuten änderten sich deren erratische Flüge und wurden zu zielgerichteten Bahnen. Dutzende Männchen landeten am Käfig. Mit dem durchs Gitter gestreckten Hinterleib versuchten sie zum Weibchen zu gelangen. Ich hatte das Floß an einer Schnur befestigt und konnte es nun näher zu mir ans Ufer ziehen. Die Männchen folgten wie daran festgeklebt. Sie ließen sich auch nicht verscheuchen, als ich den Korken herauszog und das Weibchen auf die schwimmenden

Blätter des Wasserknöterichs hinausließ. Kaum war es frei, erfasste es eines der Männchen zur Kopulation. Und gab es nicht mehr frei. Die anderen hatten keine Chance. Sie ließen ab von dem Paar und führten ihre Suchflüge weiter. Da und dort bemerkte ich nun, dass eines landete und sich mit einem anderen Weibchen paarte, das auf einem Schwimmblatt saß. Die etwas trüber getönten Weibchen waren im Dämmerlicht gar nicht so leicht zu entdecken, wenn sie auf einem schwimmenden Blatt saßen.

Am nächsten Morgen startet das frisch begattete Weibchen dann seinen Suchflug. Noch dichter schwirrt es über die Wasseroberfläche, bis es Schwimmblätter findet, deren Ränder noch keine ausgeschnittenen Kerben als klare Fraßspuren bereits vorhandener Raupen tragen. In Frage kommen verschiedene Arten von Wasserpflanzen, deren Blätter sich auf der Wasseroberfläche ausbreiten. Nach der Landung betastet das Weibchen mit den Beinen ausgiebig das Blatt. Schwimmendes Laichkraut *Potamogeton natans*, Wasserknöterich *Polygonum amphibium* und Seekanne *Nymphoides peltata* sowie junge, noch dünne Blätter von Seerosen *Nymphaea sp.* Für das Wachsen und Gedeihen der Raupen eignen sich die Schwimmblätter der mit gelben Blüten auffallenden Seekanne besonders gut. Aber dieses zur Wasserpflanze gewordene Enziangewächs kommt nur höchst selten vor. Die Unterschiedlichkeit der hier genannten Wasserpflanzen drückt aus, dass die Seerosenzünsler nicht auf bestimmte Futterpflanzen spezialisiert sind. Ihre Raupen ließen sich sogar erfolgreich mit Blättern von grünem Salat füttern. Allerdings mit Wirkungen, mit denen ich nicht gerechnet hatte und die sehr aufschlussreich waren.

Hat das Weibchen ein geeignetes Blatt gefunden, schiebt es sich rückwärts dem Rand entgegen und krümmt die Spitze des Hinterleibs so über den Blattrand, dass sie die Unterseite des Schwimmblattes erreicht. Das fällt gar nicht leicht, da die Oberflächenspannung zu überwinden ist. Nahe am Rand klebt das Weibchen sodann 100 bis 180 Eier in einem Gelege auf die Blattunterseite. Diese werden vom Wasser benetzt. Die Räupchen entwickeln sich rasch. Wie schnell, das hängt davon ab, wie warm das Wasser im Lauf des Frühsommers wird. Beim Schlüpfen beißen sich die Räupchen durch die Haut der Eier und nagen sich in das Gewebe des Blattes hinein. Ist dieses dick, wie bei Seerosen, fressen sie einfach im Blatt weiter. Sie »minieren«, wie man es auszudrücken pflegt. Aus dünneren Blättern schneiden sie sich bald ein Stückchen heraus und bedecken sich damit. Feinste, im Wasser unlösliche Seidenfäden halten das zunächst nur zwei oder drei Millimeter lange Blattstückchen fest.

Die Raupe wird in diesem Zustand und auch noch im nächsten Stadium nach der ersten Häutung in ihrem Mini-Köcher vom Wasser benetzt. Sie atmet durch die Haut. Die schon angelegten Atemöffnungen mit den Röhrchen (Tracheen), die Luft in den Körper hinein- und das ausgeschiedene Kohlendioxid nach außen abgeben, bleiben in den ersten beiden Raupenstadien geschlossen. Nach der ersten Häutung schneidert sich die Raupe einen richtigen Köcher mit Boden und Deckel. Auch dieser enthält Wasser, und die Raupe atmet weiterhin durch die Haut. Doch wenn sie sich zum dritten Larvenstadium häutet, ändert sich dies. Die aus der alten, zu eng gewordenen Haut geschlüpfte Raupe schimmert nun ganz seidig. Wasser perlt von ihr ab. Sie streckt den Kopf über den Wasserspiegel, und sogleich wird sie von einer silbrig glänzenden Luftschicht eingehüllt. Den neuen Köcher schneidet sie nun so groß bemessen, dass sie sich in diesen ganz zurückziehen kann. Er ist mit Luft gefüllt. Der Raupenkörper bleibt nun zur Verpuppung wasserabweisend. Die Atemöffnungen sind offen. Jetzt verläuft der Austausch der Atemgase auf die normale Weise, aber mit einer bedeutenden Besonderheit: Steigt der Gehalt an Kohlendioxid in der Luftblase, die den Raupenkörper umgibt, tritt ein Teil davon ganz von selbst ins Wasser über. Denn Kohlendioxid löst sich »begierig« im Wasser, wie Chemiker salopp zu sagen pflegen. Den dadurch entstehenden Unterdruck gleich Sauerstoff aus, der in Gegenrichtung aus dem Wasser in die Lufthülle der Raupe eindringt. Sie atmet also teilweise mit einer sogenannten physikalischen Lunge. Notwendig ist das noch nicht, denn ab dem dritten Larvenstadium befrisst die Raupe der Seerosenzünsler die Schwimmblätter von der Oberseite. Dabei nimmt sie deren Wachse auf. Diese bewirken, dass das Blatt nicht auch oberseits von Wasser benetzt wird, sondern schwimmt. Ohne den Wachsbelag würde schon ein gewöhnlicher Regenschauer reichen, die Blätter untergehen zu lassen.

Wie die Raupe unter Wasser atmet

Mit dem Wachs in der Nahrung hängt der Wechsel der Raupen vom benetzbaren zum unbenetzbaren Zustand zusammen. Ausgeschieden wird es auf ganzer Oberfläche des Raupenkörpers, und zwar über winzige, kegelförmige Gebilde, deren Seiten stark gerieft und voll davon sind. Daher schimmert die Raupe im wasserabweisenden Zustand so seidig. Nur der Kopf und sein Ansatz am Körper bekommen keine solche Wachsschicht verpasst. Das ist ganz wichtig, denn wäre auch dieser so Wasser abweisend, könnte die Raupe kaum fressen. Die Oberflächenspannung würde sie beständig vom benetzten Blatt wegdrücken. Der Wechsel von der Haut- zur Luftatmung über das für Insekten typische Röhrensystem, die Tracheen, charakterisiert daher das Raupenleben dieses Wasserschmetterlings. Richtig spannend wird es, wenn die Raupe ausgewachsen und zur Verpuppung bereit ist. Sie kriecht dann nämlich nicht etwa mit ihrem Köcher an Land, was aus Sicht von uns Menschen das Nächstliegende wäre, sondern müht sich mit diesem, der ja prall mit Luft gefüllt ist, gegen den Auftrieb am Stängel von Wasserpflanzen abwärts. In zehn bis dreißig Zentimeter Wassertiefe beißt sie einige kleine Löcher in den Stängel von Laichkraut oder Seerose, an deren Blätter sie gefressen hatte, spinnt über dieser Stelle den Köcher daran fest und wandelt sich darin zur Puppe um. Diese entwindet sich der letzten Raupenhaut innerhalb der Luftblase, die mit eingeschlossen ist, lediglich durch Bewegungen des Hinterleibs.

So ruht sie, bis die innere Verwandlung zum Schmetterling vollzogen ist. Da dieser äußerlich ganz ruhige Vorgang viel Energie benötigt, muss die Puppe atmen, was zu knapper werdender Luft im Puppenköcher führen würde, wenn die Raupe nicht die Luft führenden Röhren der Wasserpflanze angezapft hätte, die eigentlich die Wurzeln mit dem benötigten Sauerstoff versorgen. Aus diesen bekommt die Puppe den Sauerstoff. Da sich das bei der Verwandlung zum Falter entstehende Kohlendioxid im Wasser löst, das den Köcher umgibt, entsteht Unterdruck. Dieser saugt Luft aus dem Pflanzenstängel nach. Anders als die Raupe, die mit ihrem mit Luft gefüllten Köcher entweder ohnehin schon an der Wasseroberfläche schwimmt und die

Luft darin direkt erneuen kann, ist die Puppe auf die Versorgung aus der Pflanze angewiesen. Es kann sogar sein, dass die im Wasser grün bleibenden Blattstücke lange genug Photosynthese betreiben, um den dabei entstehenden Sauerstoff in die Luftblase der Raupe abzugeben. Das höchst komplizierte Problem der Atmung eines Lufttieres im Wasser wird also auf unterschiedliche Weise gelöst; eine Anpassungsleistung, über die man nur staunen kann.

Per Luftballon nach oben

Das Eindrucksvollste geschieht, wenn der Schmetterling aus der Puppe schlüpft. Er befindet sich, eingeschlossen im Puppenköcher, ein gutes Stück unter Wasser. Diesen drückt er an der nach oben gerichteten Seite auf. Die entweichende Luftblase reißt ihn mit und treibt den Schmetterling wie einen Luftballon mit angehängter Fracht an die Wasseroberfläche. Dort platzt die Blase. Und *Nymphula* entsteigt dem See. Ein Belag aus langen Schuppen breitet sich sogleich um den Schmetterling aus. Getragen von der Oberflächenspannung, sucht er mit tastenden Beinbewegungen nach dem nächsten Blatt. Auf dieses kriecht er und pumpt die Flügel auf, bis sie voll entfaltet sind. Das Schlüpfen geschieht oft am Vormittag, aber auch am späten Nachmittag und frühen Abend. Solcherart frisch geschlüpfte Schmetterlinge streben zum Ufer hinein ins Pflanzendickicht, sobald sie fliegen können.

Dort landen sie in einer für sie sehr bezeichnenden Haltung mit dem Kopf nach unten. Vom Wasser her betrachtet, wie auch von oben aus der Sicht der Vögel, die im Röhricht nach Insekten suchen, verbirgt diese Haltung die Körperform. Nur wenn man fast genau aus ihrer Sitzhöhe ins Röhricht schaut, erkennt man sie als Schmetterling. Doch selbst dann erschwert das feine Muster gelblicher Kringel und dunklerer Flecken die optische Erfassung. Im Randbereich des Uferröhrichts bleibt es in heißen Tagen feucht genug, dass die kleinen Körper nicht austrocknen. Für die Männchen ist dies noch wichtiger als für die Weibchen, weil diese gleich nach der Ablage der Eier sterben, während die Männchen oft mehrere Abende, vielleicht eine ganze Woche lang mit Suchflügen auf ihre Chance warten müssen, ein frisch geschlüpftes, zur Paarung bereites Weibchen zu finden.

Nur einmal glückte es mir, den Vorgang des Schlüpfens im Aquarium mitzuerleben. Zwar wusste ich, dass dieser etwa so ablaufen würde, wie sonst könnte der Schmetterling aus dem Köcher unter Wasser an die Oberfläche kommen. Aber als ich es selbst sah, war es doch so, als ob soeben ein Wunder geschehen wäre.

Zur Zeit des Schlüpfens der Puppen ist es Hochsommer geworden. Je nachdem, wie das Frühjahr witterungsmäßig verlief, fliegt die zweite Generation der Seerosenzünsler im Juli oder August, manchmal auch noch Anfang September. Wie geht es dann weiter? Der Winter muss überbrückt werden. Die Lösung dieser Schwierigkeit bringt ein besonderer Einschub in den zweiten Lebenszyklus des Jahres. Die noch vom Wasser benetzten Raupen verwandeln sich im Herbst nicht ins dritte Stadium, das Wasser abweisend sein würde, sondern sie kriechen ohne Köcher die Stängel der Wasserpflanzen hinab bis in mindestens dreißig Zentimeter Wassertiefe. Dort beißen sie ein Loch, so der Stängel dick genug dafür ist, fressen sich eine schmale, sackartige Kammer hinein und ziehen sich in gehstockartig gekrümmter Haltung in diese Höhle im Stängel zurück. So verbringen sie die Wintermonate bis in den April oder bis Anfang Mai, wenn die Wasserpflanzen erneut austreiben. Oben sterben die noch vorhandenen Schwimmblätter ab. Die Raupen überwintern in den Stängeln, auch wenn sich oben Eis bildet.

Die Erwärmung der Tümpel lässt die Wasserpflanzen im Frühjahr erneut treiben. Das einsetzende Wachstum gibt offenbar das Signal für die Räupchen in den Stängeln, dass es an der Zeit ist, aktiv zu werden. Sie verlassen ihre Höhle, kriechen nach oben und befressen die neuen Blätter. Das versorgt sie mit dem nötigen Wachs für die Umwandlung in den Wasser abstoßenden Zustand. Im Mai finden sich dann nur noch solche Raupen, die mit Luft gefüllte Köcher tragen und intensiv die neuen Schwimmblätter befressen, bis sie ausgewachsen und bereit für die Verpuppung sind. Die aus den Puppen schlüpfenden Falter bilden die erste Generation. Ihre

Nachkommen entwickeln sich ohne Einschub einer Ruhezeit direkt weiter. Über zwei Fortpflanzungszyklen vollendet sich also der Jahreslauf der »Kleinen Nymphe« *Nymphula*.

Vom Vorteil, im Wasser zu leben

In meiner Dissertation ging es auch um Feinheiten der Hautstruktur und ihre Veränderung, wenn es zur Umstellung von der Atmung durch die Haut auf Luftatmung über das insektentypische Tracheensystem kommt. Dafür waren elektronenmikroskopische Aufnahmen nötig, die die Münchner Universität arrangieren konnte. Aber das für mich wirklich Spannende war und blieb das Leben dieser Schmetterlinge mit ihren Anpassungen an die Wasserpflanzen und das Wasserleben. Weshalb sind sie in diesen Lebensraum gekommen? Welche Vorteile bietet er ihnen?

Der zur Behandlung dieser Fragen wichtigste Befund fiel mir zuerst gar nicht auf: Fast alle meine Raupenzuchten verliefen erfolgreich und ergaben Schmetterlinge. In meinen kleinen Aquarien konnte ihnen zwar nichts zustoßen, außer vielleicht eine Schädigung durch meine eigene Unachtsamkeit. Es schlüpften aber alle Puppen, die ich mitsamt ihren Unterwasserköchern von draußen geholt hatte, um den Vorgang des Schlüpfens beobachten zu können. Ohne darüber nachzudenken, nahm ich hin, dass sich alle Raupen der unterschiedlichsten Stadien, die ich für meine Untersuchungen gesammelt hatte, problemlos weiterentwickelten, verpuppten und Falter ergaben. Der Groschen fiel, wie man so sagt, erst Jahre später, als ich mich bereits mit ganz anderen Schmetterlingen befasste, mit den Gespinstmotten. Von ihnen handelt ein eigenes Kapitel. Über sie wurde mir der Vorteil des Wasserlebens schlagartig klar: Ich hatte keine Ausfälle bekommen, weil Raupen und Puppen meiner Wasserschmetterlinge nicht von Parasiten befallen waren. Für so gut wie alle der an Land lebenden Schmetterlinge gehören die Parasiten jedoch zu den Hauptfaktoren, die ihre Häufigkeit und Bestandsentwicklung bestimmen. Mit 96 bis fast

98 Prozent von 694 Raupen mehrerer Zuchtgruppen war der Schlüpferfolg meiner Wasserschmetterlinge phänomenal hoch. Größere Verluste registrierte ich lediglich für die Gelege. Wer oder was die Ausfälle unter den Freilandbedingungen verursachte, fand ich nicht heraus, aber die Eier fressenden Wassermilben und Faulschlammbildung bei stark verschlammten Kleingewässern hielt ich für die wahrscheinlichen Ursachen. Bei hundert und mehr Eiern pro Gelege und Wasserschmetterlingsweibchen schützen solche Verluste eher davor, dass die Raupen die verfügbaren Schwimmblätter zu schnell vollständig verzehren, was bei großer Häufigkeit der Seerosenzünsler durchaus passieren kann.

Im Botanischen Garten in München war dies bei meiner ersten Begegnung mit den Kleinen Nymphen der Fall und Grund für die Gärtner, auf meine Forschungen an den Wasserschmetterlingen zu hoffen. Im Lauf der Jahre und Jahrzehnte stellte ich ganz folgerichtig fest, dass die Weibchen der Seerosenzünsler das Kleingewässer verlassen, aus dem sie stammen, wenn die Schwimmblätter der Wasserpflanzen zu stark zerfressen sind. Aus gutem Grund betasten sie vor der Ablage ihrer Eier die Ränder der Schwimmblätter ausgiebig. Sind diese zu stark befressen, wandern sie ab und suchen nach anderen Gewässern mit günstigen Verhältnissen. Eine Neigung zum Abwandern war allein schon deswegen zu erwarten, weil Kleingewässer nicht dauerhaft existieren. Natürlicherweise entstehen sie durch Überschwemmungen in Flussauen. Die neuen Tümpel halten ein paar Jahre oder einige Jahrzehnte, je nachdem, wie klein oder groß sie geraten waren, und verschwinden durch Verlandung allmählich wieder. Arten, die einen von Natur aus unbeständigen Lebensraum besiedeln, müssen rechtzeitig nach Alternativen suchen.

Das Ausbreitungsverhalten der Wasserschmetterlinge ist daher sehr ausgeprägt. Als Insekten gehören sie zur Gruppe der Pionierarten, wie wir sie bei vielen Landpflanzen kennen, die neu entstandene Lebensräume rasch besiedeln. Alternativ handelt es sich um Spezialisten für eine bestimmte, länger existierende Lebenszone, die Schwimmblattzone an den Rändern größerer stehender Gewässer. Seewärts von dieser wachsen Wasserpflanzen nur noch unter Wasser, mit dem Fachausdruck submers (»untergetaucht«)

bezeichnet. Landseitig schließen die zwar im Wasser stehenden, aber darüber hinausragenden Uferpflanzen an. Sie sind »emers« im ökologischen Sinne. Um meinen Wasserschmetterling zu verstehen und ihn einordnen zu können in seine Verwandtschaft, musste ich mir also den Lebensraum der Kleingewässer und Ufer viel genauer vornehmen. War er eine Pionierart oder ein Spezialist für eine bestimmte Lebenszone der Gewässer?

Ein Platz zum Leben oder die »ökologische Nische«

Die Kiesgruben fassten Gegebenheiten der Gewässernatur auf kleinem Raum zusammen. Daher fand ich in den meisten von ihnen auch die anderen Arten der Wasserschmetterlinge, die es in Mitteleuropa gibt. Sie bilden eine geradezu exemplarische »ökologische Serie«, deren Nutzung mit den Uferpflanzen beginnt und über die Schwimmblattzone zu den untergetauchten Wasserpflanzen reicht. Bei den Schmetterlingen selbst ist diese Anpassungsserie zu sehen. An Igelkolben *Sparganium sp.* und anderen, aus dem Wasser ragenden Pflanzenarten der Ufer fressen die Raupen von *Nymphula stagnata**. Seewärts folgt im Gürtel der Schwimmblattpflanzen »meine« *Nymphula nymphaeata.* Unter Wasser geht es mit dem Krebsscherenzünsler *Parapoynx stratiotata* weiter und dem Außergewöhnlichsten von allen, mit *Acentropus niveus.* In Randtümpeln, sofern sie mit schwimmenden Wasserlinsen bedeckt sind, kommt der Teichlinsenzünsler *Cataclysta lemnata* dazu. All diese Arten leben in unmittelbarem Wortsinn nebeneinander in spezifischen ökologischen Nischen. Alle verfügen sie über besondere Anpassungen, die im Extremfall von *Acentropus niveus* bei einer seiner beiden Weibchenformen sogar zu einem dauerhaften Wasserleben geführt haben. Davon gleich mehr. Festzuhalten ist zunächst das große Muster. Es zeigt das Vordringen von Schmetterlingen, die zu der als außerordentlich

* Die Änderung der Gattungsnamen und ihre gegenwärtig gültige Form sind auf Seite 178 erläutert und hoffentlich nun dauerhaft.

anpassungsfähig bekannten Kleinschmetterlingsfamilie der Zünsler (Pyralidae) gehören, vom Ufer ins Wasser hinaus. Je weiter sie vorangekommen sind, desto häufiger sind sie!

Die Häufigkeit darf als grobes Maß für den biologischen Erfolg einer Art gelten. Die Raupen von *Nymphula stagnata* leben an Uferpflanzen über dem Wasserspiegel. Sie sind die seltenste Art unserer Serie. *Cataclysta lemnata*, deren Raupen die kleinen Blätter der Wasserlinsen zum Köcherbau und als Nahrung nutzen, wird normalerweise beträchtlich häufiger, aber die Vorkommen beschränken sich auf Kleingewässer mit Teppichen von Wasserlinsen, die als »Entengrütze« bekannt sind. Meine Kleine Nymphe, die *Nymphula nymphaeata*, kommt viel verbreiteter und häufiger vor. Für den Köcherbau schneiden ihre Raupen ovale, bis über drei Zentimeter lange Blattstücke aus. Das ist vom Land her leicht zu sehen.

Viel schwerer zu entdecken ist hingegen der Krebsscherenzünsler. Seine Raupen leben ganz unter Wasser. Ihnen fehlt ein Luft atmendes Raupenstadium völlig. Ein solches haben sie nicht nötig, denn sie entwickeln fadenförmige Anhängsel am Körper, über die der Gasaustausch wie in den Kiemen von Fischen erfolgt. Tracheenkiemen werden sie recht passend genannt. Diese sind eine große Besonderheit für Schmetterlinge, aber normal für eine andere, sehr artenreiche Gruppe von echten Wasserinsekten, den Larven der Köcherfliegen. Diese werfen die zum Verständnis der Evolution der Schmetterlinge eminent wichtige Frage auf, ob Tracheenkiemen die Neuerfindung einer Gattung der Wasserschmetterlinge oder uraltes verbindendes Erbe der Schmetterlinge mit den Köcherfliegen sind. Anders ausgedrückt: Stammen die Schmetterlinge von ursprünglichen Wasserinsekten oder von bereits längst an Land lebenden Vorformen ab? Vieles weist auf die engere Verwandtschaft mit den Köcherfliegen hin. Sie wären also letztlich alle »dem Wasser entstiegen«, wie meine kleine *Nymphula.*

Mit schlängelnden Körperbewegungen pumpen die Raupen des Krebsscherenzünslers Wasser durch das lockere Gespinst, in dem sie unter Wasser an den Pflanzen, bei uns vornehmlich an Tausendblatt *Myriophyllum*-Arten sitzen und fressen. Damit vertragen sie auch warmes, sauerstoffarmes Wasser. In den Tropen haben diese Wasserschmetterlinge, deren Raupen

Tracheenkiemen entwickeln, eine artenreiche Verwandtschaft. Das Nonplusultra unserer Wasserschmetterlinge lebt aber als Raupe in der Tiefe an den riesigen Beständen von Unterwasserpflanzen, die höchstens zum Blühen an die Oberfläche kommen. Es ist dies der winzige *Acentropus niveus*, den die Insektenspezialisten im 19. Jahrhundert noch gar nicht als Schmetterling erkannt, sondern für eine ungewöhnliche Köcherfliegenart gehalten hatten.

Seine Raupen sind vergleichsweise normal. Ihr Körper wird vom Wasser benetzt, und sie atmen durch die Haut. So klein, wie sie sind, benötigen sie auch keine effizientere Methode des Gasaustauschs. Hautatmung genügt ihnen voll und ganz, noch dazu in den kühlen und sauerstoffreichen Flachseen, in denen sie hauptsächlich vorkommen. Sie verpuppen sich unter Wasser. Was aus manchen Puppen schlüpft, möchte man nicht für möglich halten: Weibchen, deren Flügel zu spitzpaddelartigen Gebilden verkürzt sind. Damit »fliegen« sie unter Wasser umher. Nicht schnell, aber gut genug, dass sie nicht einfach an die Oberfläche getrieben werden. Die Hinterbeine säumt eine dichte Reihe von Borsten. Mit diesen können sie rudern. Flügelstummel und Ruderbeine ermöglichen diesen Weibchen eine recht gezielte Fortbewegung unter Wasser. Wozu, zeigt sich bald nach ihrem Schlüpfen aus der Puppe. Sie streben zur Wasseroberfläche empor, bleiben aber darunter und stecken lediglich die Spitze des Hinterleibs darüber hinaus. Dort befindliche Drüsen verströmen einen Duftstoff, der die normal geflügelten Männchen anlockt.

Bis sie so eine empfängnisbereite Hinterleibsspitze finden, kurven sie wie verrückt direkt über der Wasseroberfläche umher. Bei der Paarung werden sie vom größeren Weibchen halb ins Wasser gezogen, aber ihre Flügel verhindern, dass sie in die Tiefe gerissen werden. Hat es die Samenabgabe vollzogen, löst das Männchen die Klammer, mit der es die Spitze des Hinterleibs des Weibchens erfasst hatte. Dieses kriecht und paddelt nun tiefer ins Wasser hinab, sucht »fliegend« und »rudernd« umher, bis es eine geeignete Wasserpflanze für die Eiablage findet. Raupen dieses Wasserschmetterlings fand ich an Krausem Laichkraut *Potamogeton crispus*, an Tausendblatt *Myriophyllum* und vor allem an Kanadischer Wasserpest *Elodea canadensis*, die in den 1960er und 1970er Jahren noch ziemlich häufig in Seen und größeren Lagunen der Stauseen am unteren Inn vorkam.

Hier sind jedoch, anders als etwa in Dänemark und im südlichen Skandinavien, solche Weibchen mit zu Rudern umgebildeten Flügeln selten zu finden. Meist entwickeln sich im südlichen Mitteleuropa normal geflügelte Weibchen. Sie sind deutlich größer als die Männchen – und durchaus unverzichtbar. Denn nur sie sind in der Lage, fliegend, wenngleich mehr von Luftströmungen getragen und verweht, Gewässer zu finden, in denen es gerade geeignete Bestände von Unterwasserpflanzen gibt. Die Lagunen an Flüssen und Stauseen existieren zu kurze Zeit für wirklich dauerhafte Vorkommen. Doch die weitaus beständigeren Flachseen rund um die Ostsee gibt es auch erst seit Ende der letzten Eiszeit, also gerade mal gut zehntausend Jahre. Würden sich bei diesem Wasserschmetterling nur fluguntaugliche Weibchen mit Stummelflügeln entwickeln, überlebte die Art langfristig gewiss nicht. Die Männchen benötigen die Flugfähigkeit ohnehin für den Suchflug nach den Weibchen.

An diesem Punkt ist es geboten, auf eine genetische Gegebenheit hinzuweisen, die uns sonderbar vorkommen mag. Bei den Schmetterlingen ist das weibliche Geschlecht genetisch XY und das männliche XX; also gerade umgekehrt wie bei uns. Daher können die Weibchen viel leichter zwei unterschiedliche Formen ausbilden als die Männchen. Diese Eigenheit äußert sich besonders deutlich in Formen von Mimikry, der Nachahmung giftiger oder übel schmeckender Vorbilder durch ungiftige, nicht durch unangenehme Geschmacksstoffe geschützte Nachahmer. Kurz ausgedrückt: In Schmetterlingskreisen lohnt es sich für die Weibchen, unterschiedlicher zu sein. Bei unseren Zitronenfaltern ähnelt das Weibchen den giftigen Kohlweißlingen. Die Weibchen haben mit der kostbaren Fracht der Eier in ihrem Körper guten Grund, sich verborgen zu halten. Daher sehen wir draußen weit mehr Männchen als Schmetterlingsweibchen.

Noch einmal zurück zum Artenspektrum der Wasserschmetterlinge. Mit ihrer ökologischen Einnischung an den Gewässerufern und ihrem Leben an und in Kleingewässern haben wir nicht nur ein Musterbeispiel vor uns, wie die Arten spezifisch in ihren Lebensräumen verteilt (»eingenischt«) vorkommen, sondern verstehen auch, warum sich die Evolution all der damit verbundenen Besonderheiten in Körperbau und Lebensweise so sehr lohnte. Die Gewässerränder stellen einen an Pflanzen reichen und im Pflanzenbestand sehr wüchsigen, von den Wechselfällen der Witterung weniger betroffenen Lebensbereich dar. Viel Nahrung ist stets attraktiv; gute, d. h. nicht durch besondere Giftstoffe geschützte Pflanzen sind dies erst recht. Dass sich die Nutzbarkeit der Wasserpflanzen zudem damit verknüpft, dass die Hauptfeinde, die parasitischen Insekten, nicht folgen können, macht die Vegetation direkt am und vor allem unter Wasser so attraktiv. Fast immer hängen Leben und Überleben der Schmetterlinge quantitativ vom Erfolg ihres Raupenstadiums ab. Finden die Raupen nicht genügend Futterpflanzen, geht es den betreffenden Arten schlecht. Gibt es davon zwar genug, aber werden die daran fressenden Raupen sehr stark parasitiert, können sie auch nicht häufig(er) werden. Ein solcher Fall sind die Brennnesselfalter, Schmetterlingsarten, deren Raupen von Brennnesseln leben. Da es davon genug gibt, sollten diese Falter außerordentlich häufig sein. Häufig sind sie zwar, aber nicht außerordentlich und auch nicht von Jahr zu Jahr gleichermaßen. Davon mehr in einem eigenen Kapitel, das Einblicke in die Natur von Fluktuationen vermittelt. Bezüglich der Wasserschmetterlinge stellt sich noch eine andere Frage: Was lehren sie uns über den allgemeinen Trend, das Verschwinden der Schmetterlinge?

Die Vernichtung der Lebensstätten der Kleinen Nymphen

Die ausführliche Schilderung ihrer Lebensweise könnte den Eindruck vermitteln, sie nehmen in diesem Buch nur deshalb einen so breiten Raum ein, weil ich an den Kleinen Nymphen meine Forschungen an Schmetterlingen begonnen hatte. Doch sie stehen beispielhaft für die prekäre Lage, in die so viele Schmetterlinge geraten sind. Wie ich an anderer Stelle ausführlicher erläutern werde, gibt es die Kiesgruben mit den Kleingewässern nicht mehr, in denen sie lebten, als ich meine Untersuchungen zur Doktorarbeit an ihnen durchführte. Sie sind zugeschüttet, verfüllt worden. Die Gruben, die draußen auf der Flur lagen, wurden wieder einbezogen in die landwirtschaftlichen Nutzflächen. Sie gehören zur großen Gruppe der Kleinstrukturen, von denen die Flur bereinigt wurde. Zusammen mit den Wasserschmetterlingen verloren viele andere Schmetterlinge dadurch Biotope, in denen sie jahrzehntelang gut gelebt haben. Dutzende, unter Einbeziehung der vielen Kleinschmetterlingsarten sicher mehr als hundert waren es, und Hunderte anderer Insektenarten dazu, die die Kiesgruben zu Inseln der Artenvielfalt in der damals beginnenden Monotonisierung der Fluren machten. Der Kiesabbau musste, so die Meinung einflussreicher Naturschützer und der Behörden, in deren Zuständigkeit Abgrabungen fallen, ordentlich geregelt und in besonderen, natürlich möglichst großen Abbauflächen konzentriert werden. Diese ließen sich nach Beendigung der Kiesgewinnung zu Badeseen umwidmen oder, falls weitgehend in Trockenbauweise, rekultivieren zu Ackerland oder Wald. Es war derselbe Trend weg vom Kleinen und Kleinteiligen hin zum konzentrierten Großbetrieb, wie er zeitgleich in der Landwirtschaft Einzug hielt.

Mit meinen Studien an Wasserschmetterlingen hatte ich nur ein schmales Spektrum der Insekten erfasst, die in Kiesgruben und Kleingewässern leben. Ihre Bestandsverluste bemerkte ich über das Verschwinden der Tümpel, in denen es Libellen und Fröschen, an den trockenen Stellen auch Eidechsen und Käfern gut gegangen war. Stück für Stück gingen auch Hecken und Feldgehölze verloren. Die Auwälder am Inn drohten total gerodet zu werden, weil der boomende Maisanbau hineindrängte und dieses mit Beendigung der Brennholznutzung wertlos gewordene Land für die Bauern damit höchst nutzbringend wurde. Das Rodungsverbot kam spät. Große Teile der Auwälder waren bereits vernichtet und wurden über Jahre noch weiter gerodet, weil die Behörden nichts dagegen unternahmen. Vielleicht lag es nur an einer Serie viel zu nasser Sommer, dass die feuchteren Auwälder am Inn erhalten blieben. Rodungsprämien gab es auch nicht mehr.

Mit sehr gemischten Gefühlen denke ich zurück an diese Zeit der 1970er Jahre, in denen sich der Kampf um die Auwälder abspielte und wir Naturschützer reichlich hilflos zusehen mussten, wie Stück um Stück abgeholzt und in Maisäcker umgewandelt wurde. Die Medien und die Öffentlichkeit interessierte das damals kaum. So manche besonders artenreiche Fläche galt im offiziellen Sprachgebrauch als Öd- oder Unland; Bezeichnungen, die eigentlich alles sagen in Bezug auf die Wertschätzung von Tieren und Pflanzen, die keiner direkten Nutzung unterliegen. Manchmal zweifle ich, ob sich in der Einstellung wirklich Nennenswertes geändert hat, auch wenn nur noch selten von Unland gesprochen wird. Worte lassen sich austauschen; der Wandel der Inhalte fällt viel schwerer. Und Rückschläge gibt es immer wieder. Jahrzehnte intensivster Versuche, die Bezeichnungen Raubvogel und Raubtier durch Greifvogel und Beutegreifer zu ersetzen, weil der »Raub« nur in der Sicht der Jäger stattfindet, trugen keine Früchte. Ausgerechnet junge Journalistinnen und Journalisten benutzen wieder ganz ungeniert die Bezeichnung Raubvögel, obwohl sie aus den vogelkundlichen Büchern längst verschwunden ist. »Schädlinge« wird ebenfalls wieder geschrieben, unabhängig von vermeintlichen oder tatsächlichen Schäden.

Meine Wasserschmetterlinge verursachten in der Natur, in den Kleingewässern und an Seeufern, keine Schäden. Anders verhielt es sich hingegen mitunter in Seerosenteichen. Besonders Seerosenarten mit dünneren Blättern wurden von den Raupen so stark befressen, dass zumindest ein unschöner Eindruck entstand. Im Gartenteich mit der kleineren, rosa blühenden Seerose wollte man makellose Schwimmblätter und möglichst auch Blüten haben, die nicht von Blattläusen befallen waren. Als Schaden gilt, was den Anblick beeinträchtigt. Da sollen die kleinen Schmetterlinge besser gar nicht vorkommen. Tropische Wasserschmetterlinge verursachen in Reisfeldern schließlich wirklich Ertragsverluste. Die mir von der FAO gebotene Möglichkeit, meine Untersuchungen an Wasserschmetterlingen daran fortzusetzen, reizte mich nicht. Die Schmetterlinge, die bei uns leben, waren interessant genug. Wenig wusste man in den 1970er Jahren von Nachtfaltern, von den Forstschädlingen abgesehen. Nachts aktive Schmetterlinge stellen aber den weitaus größten Teil des Artenspektrums, nicht die Tagfalter. Licht sollte da Licht ins Dunkel bringen.

Die Vorzüge der Lichtanlockung

Sonnenkinder wurden sie genannt, flüchtige Luftwesen, die scheinbar ziellos und sich selbst genügend dahingaukeln, sich vom Sommerwind tragen lassen und schon beim Aufzug einer Wolke Schutz suchen, weil sie deren Schatten nicht vertragen. Diese romantisch verklärte Sicht auf die Schmetterlinge trifft noch am ehesten für manche Tagfalter zu. Das Schmetterlingsleben entfaltet sich jedoch erst nach Einbruch der Dämmerung in seiner größten Fülle und Vielfältigkeit an Arten und Verhaltensweisen. Daher bleibt uns, die wir Tagwesen sind, weitestgehend verborgen, dass es über zehnmal mehr nachts fliegende als am Tage aktive Schmetterlingsarten gibt. Nur wenn in schwülen Sommernächten »Motten« ums Licht der Straßenbeleuchtung geistern, ahnen wir, dass ihre Zeit gekommen ist.

Auch viele Raupen ziehen es vor, im Schutz der Dunkelheit zu fressen. Das schützt sie vor den am Tag nach ihnen suchenden Vögeln. Schwieriger ist es, der Beutesuche von Fledermäusen zu entgehen. Zwar funktioniert deren Jagdflug mit Ultraschall im dichten Gestrüpp von Blättern, Zweigen und Ästen nicht so gut. Umso mehr sind nachts im Freien fliegende Schmetterlinge betroffen. Manche Arten haben die ganz außergewöhnliche Fähigkeit entwickelt, die Ultraschallimpulse der Fledermäuse zu verspüren – wohlgemerkt, ohne sie »gehört« zu haben – und sich, von ihnen getroffen, blitzschnell hinab ins Gras oder ins Buschwerk fallen zu lassen. Wir tun uns schwer, dies zu verstehen. Hätten wir diese Fähigkeit, würden wir, um einen nachvollziehbaren Vergleich heranzuziehen, die Radarfalle bemerken und rechtzeitig abbremsen, ohne uns dessen bewusst zu werden. Bei den nachts fliegenden Schmetterlingen geht es vor allem darum, nicht gegen Hindernisse zu prallen und überhaupt so etwas wie einen Flugweg durch die Dunkelheit zu finden, wenn irgendwo, vielleicht Hunderte

Meter entfernt, ein frisch aus der Puppe geschlüpftes Weibchen ihrer Art den Sexuallockstoff verströmt. Die ankommenden Männchen sind keineswegs ramponiert, was sie eigentlich sein sollten, wenn sie fast im Blindflug nur mit den Sensoren für Gerüche in den Fühlern ihr Ziel ansteuern. Wie sie das fertigbringen, fasziniert mich immer wieder, denn es ist das Licht, das sie aus der Bahn bringt und das auch Zusammenstöße mit Hindernissen verursacht. Mehr Licht, schlechtere Sicht, das will uns, die wir so sehr aufs Sehen eingestellt sind, nur schwer einleuchten.

Nachtschmetterlinge meiden den Tag, verbringen die Stunden der Helligkeit in Deckung ruhend und beginnen munter zu werden, wenn uns das zu schwach gewordene Restlicht gegen Ende der Abenddämmerung zur Nachtruhe oder zur Benutzung von Kunstlicht zwingt. Und dann zieht dieses Licht die allermeisten Schmetterlinge doch wie magisch an. Bestimmte Wellenlängen des Lichtes wirken besonders, allen voran das für uns unsichtbare »weiche« Ultraviolett (UV-A). Die Schmetterlinge können es sehen, wie viele andere Insekten und die Mehrzahl der Vögel auch, weil sie Sehfarbstoffe haben, die für die Wellenlänge des UV-Lichtes empfindlich sind. Nachts jagende Vögel, wie die Eulen, nutzen aber nicht dieses UV, sondern das noch vorhandene Restlicht des (auch für uns) sichtbaren Spektrums. Dass manche Eulen, wie die Schleiereule, das hohe, weit in den Ultraschallbereich hineingehende Piepsen von Mäusen so gut hören können, dass sie damit die Maus orten und aus dem Flug heraus zielsicher greifen, setzt auch für sie genügend Restlicht voraus. Bei völliger Dunkelheit meiden sie den Flug. Die Nachtschmetterlinge brauchen offenbar ein solches Restlicht ebenfalls. Aber wie sie dieses verarbeiten und wie sie damit in ihren oft recht schnellen Flügen zurechtkommen, darüber können wir nach gegenwärtigem Kenntnisstand noch kaum vernünftig spekulieren. Denn im Aufbau und in der Funktionsweise unterscheiden sich ihre Augen nicht wesentlich von denen der am Tag fliegenden Schmetterlinge.

Wie Motten um das Licht

Die besten Nächte für den Lichtfang sind die dunkelsten ohne Mond mit dichter Bewölkung und leichtem (warmem) Regen. Klare Mondnächte hingegen eignen sich wenig. Man nimmt daher an, dass sich die Nachtschmetterlinge am Mond orientieren und dadurch eine ziemlich gerade Flugbahn zustande bekommen, dass sie einen festen Winkel zum fernen Lichtfleck Mond einhalten. Doch wenn das auch dafür ausreichen mag, eine bestimmte Richtung zu halten, beispielsweise auf dem Wanderflug nach Norden oder Süden, wie ihn nachts fliegende Wanderfalter unternehmen (Totenkopf- und andere Schwärmer), so hilft das wenig im Wald oder in Gärten, um Zusammenstöße mit Blättern und Zweigen zu verhindern. Dass sie von Kunstlicht angelockt werden, erklärt die Orientierung am Mond allenfalls zum Teil, wenn überhaupt. Denn wenn man den Schmetterlingen zusieht, wie sie zum Licht fliegen, wird man selten eine gerade, zielgerichtete Anflugbahn erkennen. Auch die oft behauptete Spirale, mit der sie sich der Lichtquelle nähern, ist eher die Ausnahme, so es diese überhaupt gibt. Und wann ist der Mond schon so richtig gut zu sehen?

Fakt ist, dass Licht sehr viele Nachtschmetterlinge anzieht und wir gegenwärtig noch nicht wissen, warum. Welches Licht besonders wirkt, ist hingegen bekannt. Daher sollten für die Straßenlaternen Leuchtkörper verwendet werden, die Licht der wenig oder kaum anlockenden Frequenzen abstrahlen, also vor allem »gelbes« und kein »blaues«, auf jeden Fall aber möglichst UV-freies Licht. Die viel beklagte Lichtverschmutzung der Nacht ist differenziert zu betrachten. Wir müssten kein Kunstlicht der spektralen Zusammensetzung des Sonnenlichts für die meisten der vernünftigen und notwendigen Zwecke verwenden, etwa um die Straßen so zu beleuchten, dass Fußgänger wie Autofahrer gut genug sehen. Das gilt auch für Scheinwerfer, mit denen historische Gebäude oder sonstige Attraktionen angestrahlt werden, sowie für Schaufenster. Eine günstigere spektrale Zusammensetzung des künstlichen Lichtes würde uns Menschen durchaus auch zugutekommen. Denn wir wissen, dass Blaulicht irritiert (und das auch tun soll, wenn es von Polizei, Feuerwehr und Rettungsfahrzeugen eingesetzt wird). Die Nachtschmetterlinge irritiert Blaulicht ebenfalls und lenkt sie ab von ihren Flugbahnen auf der Suche nach Artgenossen oder nach den richtigen Pflanzen für die Eiablage. Das sehen wir, wenn in feuchtwarmen Sommernächten »die Motten das Licht umschwärmen«.

Die Rotblindheit der Schmetterlinge

Dem UV-Anteil kommt dabei höchstwahrscheinlich die Hauptbedeutung zu; auch am Tag bei Sonnenschein. Als energiereiche Strahlung steht es in Wechselwirkung mit den Seh- und auch mit den Schutzpigmenten, wie dem Melanin unserer Haut. Das Bräunen können wir als die biologisch einfachste Form der Reaktion auf Licht auffassen. Die Hautzellen werden vom UV angeregt, das schützende Melanin herzustellen. Diese Bräunung reguliert das Ausmaß der Lichteinwirkung auf den Körper. Aller Wahrscheinlichkeit nach handelt es sich beim UV-Sehen der Insekten und anderer Lebewesen um einen von der Reaktion der lebenden Zellen auf Licht abgeleiteten Vorgang. Dass wir UV nicht sehen können, stellt übrigens eher einen Verlust früherer, ursprünglicherer Fähigkeiten dar.

Diese Einschränkung und unser stark vermindertes Helligkeitssehen in der Nacht sind der Preis für den Gewinn an Farbigkeit in unserer Weltsicht durch die Fähigkeit, Rot als eigene Farbe zu erfassen und von Grün trennen zu können. Rot sehen die Schmetterlinge nicht. Rotlicht zieht sie nicht an. Sie sehen also nicht nur nachts anders als wir, sondern ihre ganze Weltsicht, vermittelt durch die Sinnesorgane, weicht ganz erheblich von unserer ab. Das ist einer der tieferen Gründe dafür, dass es uns emotional schwerer fällt, uns auf die Lebensbedürfnisse von Schmetterlingen und anderer Insekten einzustellen als auf die der Vögel. Mit ihrem Farbensehen liegen uns die Vögel sogar näher als die allermeisten Säugetiere, aus deren Welt wir hervorgegangen sind. Hund und Katze halten nichts vom so schönen Rot, das uns beeindruckt. Mit Grün zusammen bildet es eine Mischfarbe minderer Qualität, über die uns am ehesten – wenngleich unzureichend, weil ihnen Rot als Erlebnis nicht zugänglich ist – die Rot-Grün-Blinden unter den Menschen Auskunft geben können. So attraktiv Rot für die meisten Menschen ist, so anziehend wirkt UV für die Schmetterlinge.

Dieser Eigenschaft verdanken wir die besten Befunde zu Vorkommen und Häufigkeit der vielen nachts aktiven Insekten, weil sie UV-reiches Licht anfliegen. Was wir an den Faltern so schön und reizvoll empfinden, liegt im Auge der Betrachter. Sie selbst sehen einander keineswegs so, und auch die Vögel erkennen sie auf andere Weise als wir. Fledermäuse taxieren sie bei der nächtlichen Flugjagd mit den ganz anders gearteten Sonarbildern. Mit dem Sehvermögen der Vögel und mit den Echos, die sie im Ultraschallbild der Fledermäuse liefern, mussten sich die Schmetterlinge jedoch über die Jahrmillionen ihrer Existenzzeit beständig auseinandersetzen. Ganz neu für sie ist hingegen die Menschenzeit mit ihren Herausforderungen. Ein Jahrhundert mit Nächten, die von elektrischem Licht erleuchtet werden, reicht da nicht aus. Möchte man meinen.

Aber vielleicht sollten wir die Lage nicht so pessimistisch einschätzen. In der lichtgefluteten Großstadt lebt nämlich ein reichhaltiges Artenspektrum nachtaktiver Schmetterlinge. Die Lichtverschmutzung kann also nicht der Hauptfaktor sein, der ihre Vorkommen und ihre Häufigkeit bestimmt. Davon mehr, wenn es um die Befunde zum Lichtanflug in der Großstadt geht. Und wenn die spektrale Zusammensetzung der künstlichen Lichtquellen insektenverträglicher gestaltet wird, verbessert dies in den Städten gewiss die Lebensbedingungen für die Schmetterlinge. Dann werden nicht bloß »kleine Motten«, sondern auch Schwärmer von Kleinvogelgröße und Nachtpfauenaugen, die man für kleine Fledermäuse halten könnte, in den Gärten und Anlagen der Städte geisterhaft fliegen. Längst geht es den Fledermäusen in den Städten ja viel besser als auf dem Land, wo nachts über den Fluren nahezu nichts mehr herumschwirrt. Die Unterschiede in den Mengen sind enorm, die Trends erschreckend. Dank der Lichtanlockung wissen wir Bescheid, wie es um die Schmetterlinge und viele weitere Insekten der Fluren steht. Sie wird deshalb im zweiten Teil des Buchs einen zentralen Platz einnehmen. Hier möchte ich mit einer anderen Anlockung fortfahren, die man draußen im Wald ganz ohne technische Hilfsmittel erleben kann.

Ein seltsames Verhalten der Schillerfalter

Die mit ihrem Blauglanz tropisch anmutenden Schillerfalter gehören sicherlich zu den eindrucksvollsten der bei uns lebenden Schmetterlinge. Zwei Arten gibt es, den Großen *Apatura iris* und den Kleinen Schillerfalter *Apatura ilia*, der jedoch nur wenig kleiner als der Große ist. Die Männchen beider Arten schimmern prächtig himmelblau. Gerade so, als ob die Oberseite ihrer Flügel mit Silber unterlegt wäre. Bei den Weibchen strahlt der Blauglanz etwas weniger intensiv oder fehlt nahezu. Beim Kleinen gibt es zudem eine besondere, Rotschiller genannte Form. Ihre Flügel schimmern fein altrosa. Selten kommt man aber nahe genug an diese Prachtstücke unserer Schmetterlingswelt heran, um sie in ihrer lebendigen Schönheit bewundern zu können. Denn sie fliegen schnell und meist recht hoch. Den Großen nennen die Briten »Purpurner Herrscher« (purple emperor). Für die vielen Schmetterlingsfreunde, die es auf den Britischen Inseln gibt, stellt seine Beobachtung den Höhepunkt eines Falterjahres dar. Von weit her fahren sie zu den wenigen Orten, an denen es diese Kostbarkeit in England gibt.

Wir treffen beide Arten der Schillerfalter immer noch ganz regelmäßig in der frühen Hochsommerzeit von Ende Juni bis Mitte Juli. Der Kleine Schillerfalter fliegt etwas früher als der Große, meist schon ab Mitte Juni. In besonders warm verlaufenden Frühsommern, wie 2018, trifft man sie sogar schon Anfang Juni. Die Wärme wirkt immer. Hauptflugzeit des Großen ist die Wende vom Juni zum Juli. Die Kleinen bevorzugen mehr den feuchteren und regionalklimatisch deutlich wärmeren Auwald, die Großen den kühleren Forst; in Südostbayern sogar einen von ausgedehnten Fichtenbeständen dominierten Forst. Wer es nicht besser weiß, würde die Großen Schillerfalter in einem derartigen Nutzwald, der großflächig mehr einer

Plantage als einem halbwegs natürlichen Wald gleicht, gewiss nicht erwarten. Aber es gibt sie, und auch den Kleinen, so dass ich jedes Mal wieder genau hinschauen muss, um welche Art es sich handelt, wenn ich losziehe, um die Schillerfalter entlang der Forststraßen zu zählen. Die Männchen des Großen erkenne ich oft schon auf einige Distanz an ihrer Verteilung auf der Straße. Sie sitzen mitten darauf in ziemlich regelmäßigen Abständen von zwanzig bis dreißig Metern. Oder alle halben Kilometer etwa, je nachdem, wie selten oder häufig sie im betreffenden Jahr sind. Von Zeit zu Zeit fliegen sie auf und drehen eine lang gezogene ovalförmige Runde über der Forststraße in Richtung des Nachbarn auf der einen Seite, dann zurück zum anderen, wobei es mitunter zu kurzen Luftkämpfen kommt. Danach ist das regelmäßige Verteilungsmuster der Männchen für einige Zeit wieder hergestellt. Sie beanspruchen also ein Stück Straße als Revier, das sie gegen Artgenossen, aber auch, wenngleich weniger nachdrücklich, gegen die Kleinen Schillerfalter verteidigen. Diese können sie offenbar zunächst ähnlich schlecht von der eigenen Art unterscheiden wie wir Menschen, wenn wir nicht nahe genug sind. Dass der Große auf der Flügelunterseite eine markante, zahnartige Zacke im weißen Band trägt, welches formauflösend quer über die zusammengeklappten Flügel verläuft, sieht man ja erst ganz aus der Nähe. Wie auch, dass der Kleine am unteren Außenrand der Vorderflügel ein weiteres kleines »Auge« trägt, und nicht nur auf den Hinterflügeln wie der Große.

Wie mühte ich mich immer wieder ab, an diese Falterjuwelen auf Fotografiernähe heranzukommen, die immer dann mit einem kaum merklichen Flügelschlag verschwanden, wenn ich beim Blick durch den Sucher der Kamera den Eindruck hatte, endlich nahe genug zu sein, den richtigen Ausschnitt gewählt und den himmlischen Glanz im richtigen Winkel getroffen zu haben. Verärgert, mitunter auch beschämt von meiner Langsamkeit, stellte ich nachher fest, dass auf so manch vermeintlichem Schillerfalterbild nur die nichtssagende Oberfläche der Forststraße zu sehen war. Wer solch flüchtige Schönheiten richtig gut fotografieren möchte, braucht sehr viel Geduld. Sie wird kaum ausreichen, wenn man das Verhalten der Falter nicht kennt und nicht ahnt, wie dieses von den gerade herrschenden Lufttemperaturen oder vom Licht- und Schattenspiel im Wald beeinflusst wird. Der frühe Morgen gilt als beste Zeit fürs Fotografieren, wenn die Sonne gerade hoch steht, die Falter aber noch klamm von der Kühle und Feuchte der Nacht sind. Allerdings sitzen zu dieser frühen Tageszeit unsere Schillerfalter meist noch in unerreichbarer Höhe an den Baumkronen. Manchmal hat man einfach Glück, und es gelingt ein Foto. Oder es handelt sich um besondere Umstände. Wie einmal Anfang Juli an einem eigentlich ganz normalen Hochsommertag.

Schmetterlinge unter Drogen

Meine Frau und ich waren vormittags mit unserem Hund zu einem Waldspaziergang unterwegs. Noch war es im Forst nicht zu heiß für ihn. Er lief wie üblich ein paar Meter vor uns und beschnüffelte gründlich die Ränder der Forststraße. Als direkt vor seiner Schnauzenspitze einige größere Schmetterlinge aufflogen, stutzte er kurz und roch an der Stelle. Sie bot seiner Nase aber anscheinend nichts wirklich Interessantes. So wandte er sich wieder Bäumen zu, wo andere Hunde üblicherweise ihre Duftmarken absetzen. Wir waren noch nicht weit vom Parkplatz am Waldrand entfernt, also in der Zone, in der die Hunde, die im Wald ausgeführt werden, am intensivsten markieren. Ich hätte nicht weiter auf das Geschehen geachtet, wenn die Schmetterlinge nicht sofort an dieselbe Stelle zurückgeflogen wären. Erst dann wurde mir klar, dass unser Hund sie wahrscheinlich sogar direkt mit der Nase angestupst hatte. Das war allerdings höchst seltsam. Denn es handelte sich, wie wir nun sahen, um eine Gruppe verschiedener Falterarten, nämlich um zwei Admirale, einen Großen und zwei Kleine Schillerfalter, also um üblicherweise besonders flüchtige Schmetterlinge. Mit fünfundzwanzig Grad im Waldschatten war es gewiss warm genug für sie. Was mir auffiel, war die eigenartige Flugweise der Falter. Kaum aufgescheucht, ließen sie sich schon wieder auf derselben Stelle nieder mit geschlossenen, d. h. nach oben zusammengeklappten Flügeln, so dass sie direkt von oben betrachtet nur wie fünf Striche aussahen. Striche zu fotografieren, ist nicht sonderlich attraktiv, auch wenn es sich dabei um Schmetterlinge handelt. Die tarnende Wirkung der hochgeklappt geschlossenen Flügel zu dokumentieren verlangte allerdings mein wissenschaftliches Interesse. Wann hat man schon so eine Gelegenheit und das noch dazu mit drei verschiedenen Arten?

Auch von der Seite fotografierte ich die Falter, damit sie besser erkennbar wurden. Dass ich dazu aber nicht nach Indianerart ganz langsam auf der sehr staubigen Forststraße anschleichen musste, weil die Schmetterlinge meine Annäherung tolerierten, verwunderte mich nun noch mehr. Derart seltene Chancen lässt man sich nicht entgehen. Ich fotografierte aus immer geringerer Distanz und hoffte, die Falter würden mir zusätzlich den Gefallen tun, die Flügel zu öffnen. Was sie jedoch nicht taten, denn jedes Mal, wenn sie diese aufmachten, geschah das so blitzartig zuckend und so unvollständig, dass ich keine Chance auf ein gutes Bild hatte. Und dann brachte mich einer von ihnen, ein Kleiner Schillerfalter, unvermittelt in größte Verlegenheit: Ich war ihm mit dem Objektiv der Kamera wohl doch zu nahe gerückt, weil ich festhalten wollte, wie und wo genau sein entrollter Saugrüssel herumtastete. Da schwang er sich auf den Fotoapparat und von diesem auf meinen Handrücken. Da saß er nun und entfaltete ganz perfekt die Flügel breitflächig, so dass mir sein Himmelsglanz in die Augen blitzte.

Für Sekunden erstarrte ich, den einzigartigen Anblick des herrlichen Falters auf der Hand genießend, dann übernahm ich so langsam, wie mir das möglich war, den Fotoapparat mit der linken Hand und übergab ihn meiner Frau, damit sie das schier Unglaubliche im Bilde festhalten konnte. Den Schmetterling irritierten meine Bewegungen jedoch nicht. Spürbar mit seinen Beinen an der Haut festgekrallt, ließ er sich durch behutsames Drehen der Hand auf eine für mich und fürs Fotografieren günstigere Position bringen. Nun saß er mit ausgebreiteten Flügeln frei in meiner offenen Hand. Mit seinem zitronengelben Rüssel betastete er meine Finger; eine feine, aber nachdrückliche Berührung, die ich durchaus empfand. Auf dem Foto beweisen die Fühler, der Rüssel und die Position der Beine, dass der Falter lebendig und keineswegs für ein »Schaufoto« betäubt worden war.

Kleiner Schillerfalter auf der Hand

Nach einigen Aufnahmen, die schwierig genug waren, weil die Kamera den passenden Winkel zum Sonnenlicht einnehmen musste, um den Schillerglanz sichtbar zu machen, flatterte er davon.

Nun bemerkte ich auch, dass wenige Schritte entfernt ein Großer Schillerfalter einfach mitten auf der Forststraße saß. Auch er ließ sich, allerdings nur mit hochgeklappt geschlossenen Flügeln, aus wenigen Zentimetern Entfernung ablichten. Der gleichfalls anwesende Admiral tat das Gleiche wie vorher der Schillerfalter. Bei Annäherung fast bis zum Kontakt flog auch er mir auf die Hand. So ein Verhalten ist gewiss nicht normal für Schmetterlinge. Was veranlasste sie dazu? Meine Hände waren weder verschwitzt noch schmutzig. Und warum blieb der Schillerfalter mit geschlossenen Flügeln einfach sitzen? Das hatte ich noch nie gesehen. Dass manche Schmetterlinge gern Schweiß saugen, ist eindrucksvoll genug, aber nichts Besonderes. Meine Frau und ich erlebten dies wiederholt beim Baden an naturnahen, blütenreichen Ufern, wo Bläulinge in größerer Zahl umherflogen. Voraussetzung ist, dass man sich lange genug ruhig verhalten hat, beispielsweise beim Sonnen im Halbschatten, und keine Sonnencreme aufgetragen hat, die das Geruchsempfinden der Falter stören würde. Gelegentlich machten wir uns einen Spaß daraus, den Bläuling an besonderen

Körperstellen landen zu lassen. Eine mit Schweiß frisch getränkte Fingerspitze eignet sich dafür zum Beispiel, oder eine große Zehe. Man muss sich, solcherart attraktiv gemacht, allerdings wirklich ganz langsam und vorsichtig dem Bläuling nähern, um ihn nicht zu verjagen; ein wunderbares Geduldsspiel an Hochsommernachmittagen.

Wohl bekannt ist auch, dass gärende Baumsäfte manche Schmetterlinge anlocken. Die Schmetterlingssammler nutzten dieses Mittel in früheren Zeiten mit eigenen, streng geheim gehaltenen Rezepturen. Fast immer enthielten diese etwas Alkohol in fruchtiger Mischung oder auch überreife Käsesorten, wie Limburger und anderen Stinkkäse, die für unsere Nasen schon ziemlich übel riechen. Damit beschmierten sie an aussichtsreich scheinenden Stellen Baumstämme oder andere exponierte Plätze, so dass man sich mitunter nicht der süffisanten Bemerkung enthalten konnte, dass Hunde auf die gleiche Art markieren. Erfahrene Sammler bestätigten dies, denn sie wussten, dass bestimmte Falter tatsächlich mit Hundekot oder Urin an tonig-sandigen Stellen angelockt werden können. Besonders an Hundekot drängeln sich mitunter Kleine Schillerfalter, fliegen aber bei Annäherung sogleich davon. Ein tierisches Exkrement, Schweiß und Alkohol schieden als Verursacher des seltsamen Verhaltens meiner fünf Falter auf der Forststraße aus, Stinkkäse ebenfalls. Aber um einen Kadaver handelte es sich, wie ich nun erkannte, und zwar um einen ziemlich platten von etwa Handflächengröße. An toten Tieren saugende Falter hatte ich mehrmals gesehen; unlängst einen Kleinen Eisvogel an einem toten Rehkitz, das im Auwald lag und in den stinkenden, sich verflüssigenden Kadaverzustand übergegangen war. Mein Versuch, den daran saugenden Schmetterling zu fotografieren, war zwar schließlich erfolgreich, erforderte aber stark eingeschränkte Atmung, so übel stank das Reh. Mehrfach hatte ich mich nähern müssen, weil der Kleine Eisvogel fortflog, bevor ich nahe genug herangekommen war. Eindrucksvoll war das Bild dennoch nicht geworden. Aber ein Dokument, wie man (entschuldigend) sagt.

Immerhin bot der Kadaver, es war eine platt gefahrene Kröte, einen Ansatz für die Erklärung des merkwürdigen Schmetterlingsverhaltens. Allerdings war die Erdkröte sehr vertrocknet und alles andere als saftig. Den-

Der Große Schillerfalter steckt seinen zitronengelben Saugrüssel gezielt in die Poren der drüsigen Haut der platt gefahrenen Erdkröte; dahinter der Admiral

noch betupften sie die fünf Falter intensiv mit ihren Saugrüsseln, wie um die derbe Haut gründlich abzutasten. Schmetterlinge können durch den Rüssel kleine Flüssigkeitstropfen abgeben, um damit Mineralstoffe, die sie brauchen, am Boden aufzulösen und aufzusaugen. Solche hätten sie gewiss leichter von der mit feinem Staub bedeckten Forststraße, insbesondere von deren Rand, aufnehmen können als von der Haut der Kröte. Dennoch ging zweifellos eine besondere Attraktivität von der Kröte aus. Ich nahm sie daher und legte sie an den Straßenrand in der Hoffnung, dass die Schmetterlinge dort nicht überfahren werden. Sie reagierten kaum auf meine Aktion. Der Admiral ließ sich sogar auf meiner Hand mit halb ausgebreiteten Flügeln sitzend an den neuen Platz verlagern.

Den in der Nähe ruhenden Großen Schillerfalter fasste ich ganz vorsichtig an den Flügeln, die er nun beständig zusammengeklappt hielt, und setzte ihn auf den sichereren Straßenrand. Dass ihm grundsätzlich nichts fehlte, ließ sich daran erkennen, dass er dabei den zur Scheibe aufgerollten Rüssel entrollte, kurz damit ins Leere tastete und ihn wieder einrollte. Seine Beine ergriffen ganz normal die Unterlage und hielten den Körper mit den Flügeln genau senkrecht. Alles schien an ihm in Ordnung, nur aufschrecken oder gar zum Abflug bewegen ließ er sich nicht. Seine Flügel waren unbeschädigt. Also war der Falter gewiss nicht zu alt oder zu schwach zum Weiterleben.

Auch den anderen Faltern fehlte erkennbar nichts. Dennoch verhielten sie sich gleichermaßen unnormal. Ich war ratlos und blieb es, bis mir nach

Großer Schillerfalter im vollen Glanz seines Blauschillers auf Farnkraut

einigen Tagen und wiederholter Betrachtung der Bilder, die ich gemacht hatte, eine Erklärung für ihr absonderliches Verhalten einfiel. Gift, Krötengift hatten die Schmetterlinge vom Kadaver der Erdkröte aufgenommen! Sie waren betäubt, berauscht, high, wie immer man ihren Zustand nennen möchte. Das Gift hatte ihre Sinneseindrücke weitgehend abgeschaltet. Sie merkten nicht mehr, was um sie herum vorging und was ich mit ihnen anstellte. Geradezu süchtig versuchten sie weiter am Kadaver zu saugen. Der Große Schillerfalter hatte vielleicht schon zu viel abbekommen und konnte nicht mehr. Aber seinen Rüssel fuhr er dennoch aus. Auf meiner Hand tasteten die Schmetterlinge fahrig-unruhig mit der Rüsselspitze herum. Sie ließen sich versetzen, weil es darauf das Krötengift nicht gab. Produziert wird es in den beiden großen Drüsen der Erdkröten am Kopf über den Augen. Es hält Schlangen, wie die Ringelnatter, davon ab, eine schon gepackte Kröte zu fressen, wenn sie nicht extrem hungrig sind. Krötengift war einst ein unentbehrlicher Bestandteil der Rezepturen, mit denen sich im Spätmittelalter und in der frühen Neuzeit die »Hexen« zusammenbrauten, was sie »zum Fliegen« benötigten: Psychedelisch wirksame Substanzen. Krötengift in der richtigen Dosierung wirkt so.

Psychedelika im Reich der Insekten

Auch verschiedene andere Insekten enthalten psychedelisch wirksame Stoffe. Die berühmt-berüchtigte Spanische Fliege *Lytta vesicatoria* zum Beispiel. Sie ist keine Fliege, sondern ein Käfer aus der Verwandtschaft der Ölkäfer. »Spanische Fliege« wird als Aphrodisiakum immer noch vertrieben. Es heißt, dass die Medici durch den Vertrieb einer besonderen Tinktur davon, »aqua tofana« genannt, reich geworden seien, weil sie in der richtigen Dosierung die Manneskraft stärkt. Der Wirkstoff namens Cantharidin ist inzwischen bekannt. Dieses wirkt stärker als Zyankali, verätzt die Schleimhäute und zerstört die Nieren. Vögel hält der Giftgehalt dieser langsamen Käfer davon ab, sie zu fressen. Noch weit wirksamer als Schutzsubstanz ist das Gift, das die Larven bestimmter Käfer im südlichen Afrika enthalten. Die Buschmänner der Kalahari stellten daraus ein tödliches Pfeilgift her. Viele Schmetterlinge sind »giftig« oder sie »schmecken schlecht«, weil ihre Raupen an Pflanzen fraßen, die Giftstoffe enthalten, oder Vorstufen davon bei der Nahrungsverwertung im Körper zu Gift umwandeln. Besonders giftige Schmetterlinge, wie die tagaktiven, aber in die Großverwandtschaft der Bärenspinner gehörigen Blutströpfchen (Widderchen) kann man leicht fangen, so langsam fliegen sie. Sie können sich das leisten, heißt es. Aber wahrscheinlich verhält es sich umgekehrt. Sie müssen langsam fliegen, weil die Giftstoffe bei zu hoher Aktivität in ihren Körpern für sie selbst wirksam würden. Denn eine gefährliche Fracht stellt dieser Giftschutz allemal dar. Aber er ist auch eine Möglichkeit zum Erfolg, wie sich an den Kohlweißlingen und ihrer immer noch vergleichsweise großen Häufigkeit zeigt. Das werde ich in einem eigenen Kapitel ausführen.

Was die Schmetterlinge mit dem Krötengift machen, das sie so betäubt, weiß ich nicht. Nehmen sie an süßen gärenden Früchten Alkohol auf, an dem sie sich ebenfalls sichtlich berauschen, stellt sich die gleiche Frage. Doch da der Abbau von Alkohol im Stoffwechsel Energie liefert, kann man sich wenigstens vorstellen (oder einreden), dass dies der Hintergrund des Risikos sei, beschwipst und teilweise fluguntauglich von einem Vogel gefangen zu werden. Möglicherweise wollen wir auch nur nicht wahrhaben, dass Drogen auch von Tieren aktiv gesucht werden, weil sie wirken und ohne dass damit ein biologischer Zweck verbunden wäre. Doch welche Droge steckt in einem Häufchen Hundekot? Wenn sich Schmetterlinge daran drängeln, fällt es noch schwerer, sich einen Reim darauf zu machen.

Ein Erlebnis mit einem Kleinen Schillerfalter Anfang Juni 2018 lässt sich hier anschließen. Wir hatten gerade den Lichtanflug ausgewertet. Die Morgensonne kam übers Dach des abgelegenen kleinen Gehöfts, und wir tranken eine Tasse Kaffe zum Abschluss der sehr ergiebigen Arbeit: 168 Schmetterlinge in 59 verschiedenen Arten hatte der Anflug ergeben. Und ein Dutzend andere Insektenarten dazu. Vom Wald her kam ein Schillerfalter geflogen. Traf das Licht die Flügel im passenden Winkel, blitzten sie auf wie die viel größeren, deutlich blaueren Morphos des tropisch mittel- und südamerikanischen Regenwaldes. Ein Männchen also, und wie sich bei seiner Kurzrast an der Hauswand zeigte, vom Kleinen Schillerfalter. Er schwang sich in eleganten Kurven an den goldbraun bis hellgelb blühenden Strohblumen vorbei, als wollte er sie im Flug auf Tauglichkeit testen, umstrich die Petunien, deren Blütentrichter unterschiedlicher Farben von den Fensterbänken und vom Balkon des Hauses hingen, dass der Anblick einer Postkarte oberbayerischer Bauernhäuser würdig gewesen wäre, und flog auch hinters Haus, um gleich darauf wieder hervorzukommen. Das Hin und Her und hierhin und dorthin dauerte fast fünf Minuten, dann glitt er auf den Balkon und entschwand unseren Blicken. Bis wir erkannten, was das Ziel seiner Begierde gewesen war. Nicht besondere Blüten oder ein sonniges Plätzchen mit der richtigen Temperatur. Es war das Katzenklo. Dieses zu orten war nicht leicht, denn es herrschte fast Windstille an jenem Morgen. Mit seinen erratischen, für uns reichlich verrückt aussehenden Flügen fand er es. Und nun delektierte er sich am Exkrement der Katze, die bei uns um den Tisch strich und das Fortfliegen der Schmetterlinge mit beobachtete, als wir den Anflug der Nacht auswerteten.

In welchem Zusammenhang stehen diese Schilderungen mit dem Verschwinden der Schmetterlinge? Die Schillerfalter sind, wenn mir dieses Wortspiel gestattet wird, Schimmer der Zuversicht. Es gibt sie immer noch, und zwar, wie ich betonen möchte, in eher größerer, gewiss aber nicht in geringerer Häufigkeit als früher in den Wäldern meines Untersuchungsgebietes. Berücksichtige ich, dass ich in den letzten acht Jahren erheblich häufiger in die Auwälder und in den Forst in Südostbayern kam als in der Zeit davor, weil Juni und Juli Vorlesungszeit des Sommersemesters an den Münchner Universitäten sind und ich da nicht der Schillerfalter wegen an den günstigen Tagen wegbleiben konnte, tendiere ich zu »unverändert«, was ihre Häufigkeit betrifft. Ein hilfreicher Befund, denn es muss ja geklärt werden, welche Schmetterlinge aus welchen Lebensraumtypen seltener geworden sind, um die Ursachen ausfindig machen zu können. Deshalb sind nun die Brennnesselfalter an der Reihe, die eines gemeinsam haben, nämlich Brennnesseln als Hauptfutterpflanzen ihrer Raupen. Damit richten wir die Betrachtung mehr auf die Raupen und ihre Bedürfnisse als auf die Falter selbst.

Brennnesselfalter – eine aufschlussreiche Gemeinschaft

Pfauenauge, Kleiner Fuchs, Admiral und die Kohlweißlinge sind unsere bekanntesten Tagfalter. Pfauenaugen und Kohlweißlinge kennt praktisch jeder. Aber warum sind sie so bekannt? Der Schönheit allein wegen gewiss nicht, auch wenn das Pfauenauge ein eindrucksvoller Schmetterling ist. Die Kohlweißlinge würde man unter die besonders Schönen ohnehin nicht einreihen. Der Grund für ihre Bekanntheit ist so einfach wie bedeutungsvoll. Wir Menschen haben sie so häufig gemacht. Sie sind, um es positiv auszudrücken, typische Kulturfolger. Die Kohlweißlinge gelten als Schädlinge, wenn ihre Raupen in den Gärten oder auf den Feldern Kraut und Kohlsorten kurz und klein fressen. Mit deren Anbau ist diesen auf Pflanzen der großen Familie der Kohlgewächse spezialisierten Schmetterlingen ein üppiges Nahrungsangebot bereitet worden. Die Kohlweißlinge waren früher, was in unserer Zeit der Maiszünsler *Ostrinia nubilalis* wäre, würden ihn nicht hochgradig wirksame Insektizide davon abhalten, die zweieinhalb Millionen Hektar Maisfläche in Deutschland Sommer für Sommer ratzekahl zu fressen. Pfauenauge, Kleiner Fuchs und Admiral hingegen profitieren von ganz anderen Pflanzen, die unbeabsichtigt von den Menschen, insbesondere von der landwirtschaftlichen Düngung, gefördert worden sind, den Brennnesseln. Zusammen mit weiteren weniger bekannten Schmetterlingsarten bilden sie die ökologische Gruppe der Brennnesselfalter.

Brennnesseln, Anzeiger von Überdüngung

Betrachten wir das Leben dieser Falter näher, fällt es leicht, einige der ganz großen Veränderungen der letzten Jahrzehnte in unserer Natur zu verstehen. Das Stichwort hierzu lautet Überdüngung. Die Leitpflanze ist die Brennnessel; genauer, es sind die beiden Arten von Brennnesseln, die es bei uns gibt, die Große *Urtica dioica* und die Kleine *Urtica urens.* Bei der Großen Brennnessel drückt der wissenschaftliche Artname einen wichtigen Unterschied zur Kleinen aus: *dioica* meint »zweihäusig«. Dies bedeutet, dass es voneinander getrennt weibliche und männliche Pflanzen dieser Brennnesselart gibt. *Urens* als Artbezeichnung für die Kleine heißt die Brennende, weil sie noch stärker als die Große nesselt. Bei ihr entwickeln sich die weiblichen und die männlichen Blüten auf ein und derselben Pflanze.

Dass diese botanische Besonderheit nicht unbedeutend ist, wird sich noch ergeben. Wichtig ist ein weiterer Unterschied zwischen beiden Nesselarten. Die Große bildet im Boden ein weitverzweigtes Wurzelwerk aus. In diesem werden den Winter über so viele Nährstoffe gespeichert, dass sie im Frühjahr rasch treiben und wachsen kann. Als Pflanze ist die Große »mehrjährig«, die Kleine hingegen einjährig. Sie muss im Frühjahr keimen, im Frühsommer erfolgreich blühen und zum Aussamen kommen, sonst überlebt sie nicht. Folglich ist sie besonders nährstoffbedürftig. Und sie wird, da sie nicht aus einem dauerhaft vorhandenen Wurzelstock treiben und wachsen kann, im Lauf des Sommers bei weitem nicht so hoch wie die Große. Vieles deutet darauf hin, dass die Kleine Brennnessel irgendwann vor Jahrhunderten nach Mitteleuropa gekommen ist und als Pflanze gar nicht zur ursprünglichen Vegetation zählt, sondern zu den »alten Neupflanzen«, zu den Archäophyten gehört. Die Große Brennnessel breitete sich wahrscheinlich schon mit dem Vorrücken der Pflanzenwelt am Ende der letzten Eiszeit ohne Zutun der Menschen aus. Einjährigkeit kann Vergänglichkeit bedeuten, Mehrjährigkeit Beständigkeit. Mitunter lohnt es, die Pflanzen genauer zu betrachten, von denen die Raupen der Schmetter-

Tagpfauenauge, bekannt, häufig, prächtig, aber auch voller Rätsel

linge leben. Brennnessel ist nicht gleich Brennnessel, auch wenn wir das Brennen als gleichermaßen unangenehm empfinden.

An Brennnesseln leben weitere Arten von Schmetterlingen, darunter zwei deutlich verschieden aussehende Zünsler, deren Raupen aber grün wie die Nesselblätter sind. Diese rollen sie sich zu Tüten, in denen sie leben. Weil die Blatt-Tüten sehr auffallen, sollen diese Nesselzünsler hier zum Vergleich mit den Tagfaltern herangezogen werden, deren Raupen Brennnesselblätter fressen. Wo sie das tun, bemerkt man es, weil sie sich meist in Klumpen zusammengedrängt halten und zudem mehr oder minder große, vom Raupenkot verschmutzte Gespinste an den Brennnesselstauden bilden. Diese Klumpen sind unnötig, möchte man meinen, denn die Nesseln gibt es häufig in sehr großen Beständen. Voller Saft und Kraft wächst Brennnessel neben Brennnessel, doch die meisten sind nicht befressen. Nur in der direkten Umgebung der Raupenklumpen haben diese ganze Arbeit geleistet und Lücken im Bestand verursacht. Wenn in einem gleichförmig großen Bestand von Pflanzen ein und derselben Art die Raupen so geballt vorkommen, muss dies einen Grund haben. Dass es anders geht, zeigen die

Raupen vom Tagpfauenauge an Brennnessel

eben genannten, zu waagerecht oder leicht nach unten geneigt abstehenden, gerollten Tüten der Brennnesselblätter, die von den Raupen der Nesselzünsler besetzt sind. Da diese nur einige wenige glasig dünne Borsten am Körper tragen, während die Raupen von Tagpfauenaugen, Kleinem Fuchs und Admiral geradezu bizarr stachelig sind, wird deren Klumpung noch merkwürdiger. Die Nesselzünslerraupen haben den Schutz der Blattrolle offenbar nötig. Die Pfauenaugenraupen schützt entsprechend ihr Stachelkleid. Oder doch nicht?

Die Raupen all dieser Schmetterlinge müssten eigentlich durch die Brennnesseln umfassend geschützt sein. Deren stilettartige Brennhaare brechen bei leichtester Berührung und injizieren irritierend wirkende Giftstoffe in die Haut der Eindringlinge. Die bedeutendsten davon sind Acetylcholin und Histamine sowie etwas Ameisensäure. Wie sehr Brennnesseln brennen, dürften die allermeisten Menschen aus eigener Erfahrung wissen. Warum die Nesseln so brennen (müssen), ist eine andere, gleichwohl biologisch höchst interessante Frage. Die Antwort darauf, die wir mit großer Sicherheit geben können, trifft den Kern der gegenwärtigen, in ihrer Bedeutung öffentlich längst noch nicht hinreichend erfassten Landwirtschaftskrise.

Brennnesseln sind sehr stickstoffreiche, also höchst nahrhafte Pflanzen, deren Wuchern von der Überdüngung verursacht wird. Es liegt in der Natur der Brennnesseln, dass sie für ihr Wachstum einen hohen Bedarf an Pflanzennährsalzen, insbesondere an mineralischen Stickstoffverbindungen haben. Ursprünglich gediehen sie an jenen Stellen, an denen es im Boden irgendwie zur Anhäufung von Stickstoffverbindungen gekommen war. Das waren Lagerplätze großer Weidetiere, wie Wisente *Bison bonasus* und Auerochsen *Bos primigenius* in Wäldern und Flussniederungen. Ihre domestizierten Nachfolger, die Hausrinder, lagerten ebenfalls an halbschattigen, geschützten Waldrändern und in der Nähe von Quellen auf den Almen. Die Ausscheidungen des Viehs, die sich dort ansammelten, düngten die Umgebung der Ruheplätze.

Die Rinder verwerten bekanntlich das Gras und anderes Futter durch Wiederkäuen. Was sie vorher ziemlich schnell in sich hineingefressen haben, würgen sie dabei aus dem Pansen wieder hoch und kauen dieses gründlich durch. Den grünlichen Brei schlucken sie erneut. Er nimmt nun seinen Weg durch das in mehrere Kammern gegliederte System von Mägen. Die Wiederkäuer-Nahrungsverwertung ist sehr effektiv. Unter Mitwirkung von Mikroben werden dabei aus Gras oder Heu letztlich Milch und Fleisch erzeugt. Dass dabei entsprechend große Mengen an Ausscheidungen in Form der breiigen Kuhfladen anfallen, ist gleichfalls bekannt und steigt uns, wenn dieser als Flüssigmist bei Stallhaltung ausgebracht wird, als Güllegestank äußerst unangenehm in die Nase. An den Lagerplätzen im Freien gab es keine Gülle, sondern eine komplexe und kontinuierliche natürliche Aufarbeitung der Kuhfladen durch eine Vielzahl unterschiedlicher Insekten, wie Käfer und Fliegen sowie jede Menge von Mikroben. Ohne Gestank setzten Dungverwerter diese Pflanzennährstoffe frei und düngten damit die Vegetation an diesen Stellen. Die stickstoffbedürftigen Pflanzenarten reagierten darauf mit üppigem Wachstum, allen voran die Brennnesseln und großblättrige Ampferarten, weil beide vom Vieh nicht gefressen werden. Die Botaniker fassten diese Pflanzen unter dem etwas schräg klingenden Begriff der Lägerflora zusammen und meinten damit all jene Pflanzen, welche die Lagerstätten des Viehs umgeben.

Die Viehhaltung begünstigte also seit ihren Anfängen die Brennnesseln. Da in Regionen mit frostigem Winterwetter das Vieh in die Ställe musste und die Schweine ohnehin überwiegend im Stall gehalten wurden, entwickelte sich die Lägerflora auch um die Ställe der Bauernhöfe, insbesondere wo Jauche aus dem Misthaufen floss. Dort wucherten die Brennnesseln. Sie sind, so könnte man sie auch charakterisieren, Jauchepflanzen. Dass diese Einstufung gerechtfertigt ist, lässt sich leicht beweisen. Man muss sie nur etwas zerquetscht in Wasser ansetzen. Nach wenigen Tagen wird die Brühe heftig stinken und dabei ziemlich stark Jauche und Gülle ähneln. Brennnesselbrühe ist als Flüssigdünger bestens geeignet, das Wachstum nährstoffbedürftiger Pflanzen im Garten zu intensivieren. Aus den Brennnesseln wird dabei einfach wieder frei, was sie bei ihrem Wachstum an Stickstoff aufgenommen und zu organischen Verbindungen umgebaut haben. Ganz ähnlich verhält es sich beim Mais. Auch er wächst über alle Maßen schnell, sofern er entsprechend überreich mit Nährsalzen versorgt ist. Dann wird aus einem steinchenkleinen Maiskorn in wenigen Monaten eine bis über drei Meter hohe Staude mit kinderarmdickem Stängel und, so es sich um Körnermais handelt, schweren, goldgelb reifenden Kolben. Auf den Mais komme ich später zurück, denn er nimmt eine Schlüsselposition im Niedergang der Schmetterlinge, der Wildblumen und der Vögel der Fluren ein. Hier geht es darum, den biologischen Grundzusammenhang zwischen den beiden äußerlich so extrem verschiedenen Pflanzen herzustellen. Mais wie Brennnessel sind beide besonders stickstoffbedürftig. Und entsprechend gehaltvoll für Tiere, die von Pflanzen leben. Mais ist (auch) Schweinefutter; Brennnesseln hat man früher viel als Gemüse genutzt und als klein gehacktes Grünfutter den Gänsen und Enten, sogar den Hühnern gegeben. Brennnesselsalat ist gesund. Es müssen bei der Zubereitung nur das Acetylcholin und die Histamine hinreichend »entschärft« werden. Kein Wunder, dass Brennnesseln auch für die Raupen unterschiedlichster Schmetterlinge attraktiv sind.

Kein Kahlfraß
an den Brennnesseln

Sehen wir uns nach dieser Abschweifung zu den allgemeinen Zusammenhängen nun die speziellen Verhältnisse bei den Brennnesselfaltern etwas genauer an. Wie schon betont, sollten diese Schmetterlinge außerordentlich häufig sein, weil es doch so viele Brennnesseln gibt. Suchen wir aber die Bestände in Gärten oder Wäldern ab, werden wir feststellen, dass es gar nicht leicht ist, Raupen daran zu finden. Wohl entdecken wir da und dort ein Raupennest, aber nie werden die Brennnesselbestände auf größeren Flächen kahl gefressen. Wehren sie sich mit ihren giftigen Brennhaaren also doch erfolgreich genug gegen Tierfraß? Gegen Rinder, Ziegen oder Schafe ja. Die meiden die Brennnesseln. Auch Reh und Hirsch mögen sie nicht. Aber Mundschleimhäute pflanzenfressender Säugetiere reagieren anders als die Kiefer von Schmetterlingsraupen. Gerade weil sie als Spezialisten die Brennnesseln als Nahrung bestens verwerten können, sollten sie sich oft auch so stark vermehren, dass Brennnesselbestände in entsprechend großem Umfang abgefressen werden. Doch um es nochmals zu betonen, das geschieht nicht. Dabei haben wir eine weitere, in Wäldern nicht seltene Tagfalterart noch gar nicht berücksichtigt, deren Raupen ebenfalls von Brennnesseln leben, das Landkärtchen *Araschnia levana.* Es ist insofern eine große Besonderheit unter unseren Schmetterlingen, als es in zwei verschiedenen Formen vorkommt, in einer braunscheckig hellen Frühjahrs- und einer schwärzlich dunklen, weiß gebänderten Sommerform. Aber nur die Flügeloberseite verändert sich bei diesem Saisondimorphismus, wie der Fachausdruck hierfür lautet. Auf der Flügelunterseite bleibt das arttypische, an eine stilisierte Landkarte erinnernde Muster in beiden Formen unverändert. Daraus lässt sich schließen, dass es für das Landkärtchen vorteilhaft ist, im April und Mai braunscheckig hell, im Hochsommer aber schwarzflächig dunkel zu sein – bei aufgeklappten Flügeln.

Stellen wir die nähere Behandlung dieser Eigenart noch zurück, bis ich sie in anderem Zusammenhang erneut aufgreife, und halten wir fest, dass die Raupen des Landkärtchens nur von Blättern der Großen Brennnessel leben. Damit haben wir nun schon vier Tagfalter, die auf Brennnesseln als Raupennahrung weitgehend oder ganz spezialisiert sind, das Tagpfauenauge, den Kleinen Fuchs, das Landkärtchen und den Admiral. Die beiden schon genannten, sehr häufigen Kleinschmetterlinge aus der Zünslerfamilie kommen dazu. Sie können aber, wie auch das Tagpfauenauge, auf einige andere Arten von Raupenfutterpflanzen ausweichen. Dass weitere Schmetterlingsarten dazukämen, deren Raupen von Brennnesseln leben, habe ich angedeutet. Sie bleiben hier unberücksichtigt, um die Verhältnisse nicht noch komplexer zu machen. Am entscheidenden Befund ändern sie ohnehin nichts. Vielmehr verstärken sie ihn: Es gibt keinen nennenswerten Kahlfraß an den Brennnesseln. Warum diese Feststellung so wichtig ist, dass ich sie mehrfach wiederhole, wird klar, wenn wir unter dem Gesichtspunkt möglicher Schadinsekten den Mais betrachten.

Mais – wenn die Schadensgrenze überschritten wird

Sein schnelles Wachstum, der Anbau auf Millionen von Hektar und seine ausgezeichnete Verwertbarkeit als Nahrung für die unterschiedlichsten Tiere sollten den Mais mindestens so attraktiv für Insekten machen wie die Brennnesseln. Und ihm droht im Gegensatz zu den Brennnesseln offenbar ein Massenbefall. Denn er wird mit viel Gift gegen Schädlinge verteidigt. Liegt es vielleicht doch am Inhalt der Brennhaare, am Acetylcholin und an den Histaminen? Der Mais enthält keine derartige chemische Feindabwehr.

Eine andere Nutzpflanze, die zu unseren wichtigsten Nahrungslieferanten gehört, hat eine solche, die Kartoffel. Warum muss diese aber gegen den Kartoffelkäfer geschützt werden, obwohl die oberirdischen (grünen) Teile dieses Nachtschattengewächses stark wirksame Gifte enthalten, insbesondere das für sie typische Solanin? (Von diesem können schon 200 bis 400 Milligramm pro Kilogramm Körpergewicht lebensgefährlich werden, also 20 bis 30 Gramm für einen 75 Kilogramm schweren Menschen.) Weil spezialisierte Tierarten, die entweder die Giftstoffe beim Verzehr in ungiftige umwandeln oder gegen diese unempfindlich sind, die Möglichkeit der Exklusivnutzung haben. Diese führt bei Nutzpflanzen tatsächlich oft zu starkem Befall und zu wirtschaftlichen Verlusten. Solche Arten gelten als Schädlinge und werden bekämpft. Niemand geht jedoch mit der chemischen Keule gegen die Raupen der Brennnesselfalter vor; im Gegenteil: Unbeliebt oder als Unkraut eingestuft, wie es die Brennnesseln sind, wäre eine biologische Bekämpfung sogar willkommen. Als Nebenergebnis würde sie uns Wolken von Pfauenaugen, dunkelsamtigen, karminrot gebänderten Admiralen, hübsch buntscheckigen Kleinen Füchsen und die ihnen in der Frühjahrsgeneration flügeloberseitig ähnlichen, geradezu niedlichen Landkärtchen bringen. Die Fledermäuse könnten in der Abenddämmerung und in den frühen Nachtstunden die langsam fliegenden, leicht zu erbeutenden Brennnesselzünsler fangen. Doch nichts dergleichen geschieht. Massenvermehrungen mit Kahlfraß verursachen ganz andere Schmetterlinge. Die vereinte Nutzung der Brennnesseln durch die Raupen verschiedener, durchaus ziemlich häufiger Falter dezimiert diese nicht. Würden die Nesseln noch wie früher zur Gewinnung von Nesselfasern wirtschaftlich genutzt, wären all diese Schmetterlinge dennoch keine Schädlinge. Sie waren es auch nie.

Warum ist das so? Die Schmetterlingssammler früherer Zeiten kannten den Grund, weil er die allermeisten Schmetterlinge trifft. Er lautet: Die Raupen werden normalerweise sehr intensiv parasitiert. Die Verluste, die parasitische Insekten, wie die schlanken Schlupfwespen, die sehr kleinen Brackwespen und die eher grobschlächtigen Raupenfliegen verursachen, halten die Bestände der Brennnesselschmetterlinge dauerhaft weit unter der Schadensschwelle, d. h. unter einer Befallsstärke, die für uns auffällig würde. Parasitoide werden sie zusammenfassend genannt, diese im Körper der Raupen schmarotzenden Insekten, um sie von den Außenparasiten, wie Flöhen und Läusen, zu unterscheiden. Zur sprachlichen Vereinfachung werde ich weiterhin meist »Parasiten« schreiben, wenn Parasitoide gemeint sind.

Parasiten und Schutzstoffe bei Kohlweißlingen

Der Befall durch Parasiten hielt früher auch die Kohlweißlinge im Zaum. Raupen vom Großen Kohlweißling hatten wir jedes Jahr daheim im Garten an den verschiedenen Kohlsorten. Die Schäden, die sie mit ihrem Fraß verursachten, blieben jedoch gering. Erstaunlich gering, weil wir in den 1960er Jahren keinerlei Gift zum Schutz der Pflanzen angewendet hatten. Auch draußen auf den Feldern wurden die Weißkraut- und Rotkrautäcker nicht gespritzt. Wir hatten von einem Bauern aus dem Dorf Ackerzeilen gegen entsprechende Mitarbeit bei der Krauternte gemietet. Diese mussten wir selbst pflegen, um gute Krautköpfe zu bekommen. Das bedeutete Unkrautjäten. Ansonsten überließ man die Krautäcker sich selbst. Dass die Hasen im Herbst kurz vor der Krauternte ein wenig daran fraßen, nahm man hin. Es gab viele Hasen. Das bewiesen die Treibjagden im Spätherbst. Ganze Wagenladungen voller Hasen und Fasane wurden nach jeder Jagd ins Dorf gefahren.

Niemand klagte über Hasen- oder Raupenschäden am Kraut. Bei uns im Garten krochen die zur Verpuppung bereiten Raupen des Großen Kohlweißlings zur Hauswand und an ihr hoch. An den meisten von ihnen klebten alsbald Dutzende gelblicher Kokons, die von den Leuten Raupeneier genannt wurden. So bekannt waren sie. Um Eier handelte es sich natürlich nicht. Es waren Kokons, in denen sich die Larven einer auf Kohlweißlingsraupen spezialisierten parasitischen Miniwespe verpuppt hatten. Die Mehrzahl der Kohlweißlingsraupen war damals gar nicht zur Verpuppung gekommen. Die es dennoch schafften, waren deshalb noch keineswegs erfolgreich. Auch aus ihnen schlüpften oft keine Falter. Das lernte ich bei meinen ersten Versuchen, Schmetterlingsraupen zu »züchten«. Die meisten Puppen sahen nach einiger Zeit so durchlöchert aus, als ob sie mit feinstem Schrot beschossen worden wären. Die winzigen Larven der Brackwespen hatten sie wie Mini-Würmer innerlich ausgefressen, während sich der Schmetterling hätte entwickeln sollen. Aus den Löchern waren die Wespen geschlüpft. Zurück blieb eine hohle Hülle. Nur aus wenigen Puppen kam ein Kohlweißling. Wie bei einer Lotterie ergaben die meisten Raupen und Puppen nur »Nieten«.

So war es in den späten 1950er und in den 1960er Jahren. Gegenwärtig verhält es sich ganz anders. Kohlrabi- oder Krautpflänzchen im Garten so weit zu bringen, dass sie sich gut entwickeln, ist kaum noch möglich. Sie werden von Raupen aufgefressen. Und das, obwohl die Kohlweißlinge nicht häufiger geworden sind. Das Gegenteil ist der Fall, wie ich im Zusammenhang mit den Wanderflügen der Kohlweißlinge näher ausführen werde. Vielleicht mangelt es draußen an wild wachsenden Futterpflanzen für ihre Raupen, dass sie so intensiv nach unseren Pflänzchen im Garten suchen. Nicht einmal durch unsere Anwesenheit lassen sich die zur Eiablage bereiten Weibchen nennenswert stören. Wer sieht, wie wir mit den Armen oder mit einem längeren Zweig in den Händen an den Gemüsebeeten herumfuchteln, mag den Eindruck gewinnen, wir versuchten die Kohlweißlinge mit magischen Beschwörungsformeln zu vertreiben. Natürlich erfolglos.

Die Amseln, die neben den Pflänzchen in der offenen Erde scharren, helfen bei der Bekämpfung der Raupen auch nicht. Sie sind an den Regenwürmern interessiert, die wir dank Kompostierung der Bio-Abfälle reichlich im Boden haben. Überhaupt mögen Vögel die Kohlweißlinge nicht. Sie schmecken schlecht, weil sie in ihrem Körper die von den Kohlgewächsen gebildeten Abwehr- und Giftstoffe enthalten. Ihre Raupen nehmen sie beim Fraß auf und geben sie über die Puppe an die Falter weiter. Giftige Senfölglykoside sind es. Ihr langsamer Flug und ihre Auffälligkeit als weiße Falter gefährden dank dieser Schutzstoffe, die sie in sich tragen, die Kohlweißlinge nicht.

Pfauenaugen, Kleine Füchse, Admirale und Landkärtchen enthalten keinen vergleichbaren Fraßschutz. Die Brennnesselnahrung ihrer Raupen gibt dazu nichts her. Dennoch sind sie weder beträchtlich seltener als die Kohlweißlinge noch sonderlich gefährdet durch die Nachstellungen der Vögel. Betrachten wir sie beim Blütenbesuch im Garten genauer, werden wir selten einmal bemerken, dass aus ihren Flügeln mehr oder weniger dreieckige Stücke, so genannte Schnabelmarken (englisch *beak marks*) herausgestanzt worden sind. Ihre erratische Flugweise schützt sie offenbar gut genug vor hungrigen Vögeln. Deshalb müssen wir auch nicht befürchten, dass sich intensiver Singvogelschutz in den Gärten negativ auf die Schmetterlinge auswirken könnte; gewiss nicht auf die so auffälligen und allgemein beliebten Tagfalter der Pfauenaugen-Gruppe.

Der Massenflug der Landkärtchen – Singularitäten im Reich der Schmetterlinge

Zur Frage, warum die Brennnesselfalter nicht viel häufiger werden, als sie das üblicherweise sind, obwohl es fast überall Brennnesseln in großen Beständen gibt, scheinen somit die beiden Abschweifungen zu Landkärtchen und Kohlweißlingen nichts beigetragen zu haben. Aber so verläuft meist, wenn nicht fast immer, die Suche nach Erklärungen für Vorgänge in der Natur. Nur ausnahmsweise kommt man auf direktem Weg und schnell zu einem überzeugenden Ergebnis. Oft hilft eine Randbemerkung weiter, nützt eine kleine Beobachtung. Etwa ein Hinweis aus Amateurkreisen. Den Freunden der Schmetterlinge, ob Sammler oder forschende Beobachter, fällt mitunter etwas auf, das zunächst keinen Zusammenhang erkennen lässt. So ist im großen, ganz ausgezeichneten Handbuch »Die Schmetterlinge Baden-Württembergs«, herausgegeben von Günter Ebert, Staatliches Museum für Naturkunde Karlsruhe, in Band 1 von 1991 (Seite 405) zum Landkärtchen zu lesen: »Vorkommen und regionale Verbreitung dieser Art werden offensichtlich durch zeitweise auftretende starke Populationsschwankungen beeinträchtigt. … SCHNEIDER (1936) weist auf jahrweise wechselnde Häufigkeiten hin und notiert ›In der Umgebung von Stuttgart jahrelang sehr selten, in den letzten Jahren wieder häufiger geworden.‹ … LINDNER (1935) erklärt dies wie folgt: ›*Araschnia levana-prorsa* war seit Jahrzehnten in Württemberg fast verschwunden. Die ältesten Sammler erinnern sich nur an gelegentliche Funde in weit zurückliegender Zeit. Umso überraschender war die explosionsartige Massenvermehrung des Tieres im

Landkärtchen der Sommerform drängeln sich an den Blüten während des Massenflugs im Sommer 2013.

ganzen Lande im Jahre 1932.‹ Ein Jahr später kam es dann zur Vermehrung von Raupenfliegen (Tachinen), die das Absinken der Häufigkeit dieses Schmetterlings unmittelbar verursachten.« In diesen von Amateuren stammenden Angaben steckt ein Teil der Erklärung: der Ausfall der Parasiten, der zur Massenvermehrung 1932 führte. Der Sommer 1932 war den meteorologischen Daten zufolge aber ein völlig normaler, durchschnittlicher Sommer. Auch die Sommer davor und danach bewegten sich mit ihren Temperaturmitteln im Normalbereich. Folglich mussten die natürlichen Hauptfeinde, die Raupenparasiten, vor der Massenvermehrung irgendwie stark dezimiert worden sein.

So verhielt es sich höchstwahrscheinlich auch beim von mir im Jahre 2013 erlebten und dokumentierten Massenflug der Landkärtchen. Damals zählte ich im Hochsommer auf einem einzigen Kontrollgang im Forst mehr als 1300 dieser Falter. Sie waren so häufig, dass sie sich an den Blüten an den Rändern der Forststraßen richtiggehend um ein Plätzchen drängelten. Manche waren völlig eingehüllt von Landkärtchen. Sogar an Kletten fand ich eines, das sich daran verhakt hatte. Nicht ganz so häufig, aber weit überdurchschnittlich präsent, waren die Landkärtchen damals im Auwald. Sie flogen an Orten, wo ich sie sonst nie sah, und besuchten auch Gärten. Die Landkärtchen-Menge eines einzigen Tages übertraf dabei die Gesamtzahl für ein ganzes Jahrzehnt bei weitem.

Dank genauer Zählungen und Temperaturaufzeichnungen lässt sich die Vorgeschichte der Massenvermehrung von 2013 gut rekonstruieren. Im Februar 2012 hatte es eine extreme Frostperiode gegeben. Zwei Wochen lang sanken die nächtlichen Minima unter minus 20 Grad Celsius. Auch tagsüber herrschte Dauerfrost. Die Kälte setzte nach zu mild verlaufenem Dezember und Januar sehr plötzlich ein. Den überwinternden Puppen der Landkärtchen schadete die (trockene) Kälte offenbar nicht. Das ergaben die Zählungen der Falter im Frühjahr. Die folgende Generation im Sommer 2012 legte deutlich zu, wurde aber noch nicht wirklich auffallend. Doch sie lieferte offenbar weit mehr überwinternde, nicht parasitierte Puppen als üblich, denn im Frühjahr 2013 flogen die Landkärtchen bereits in außergewöhnlich großer Zahl.

Das überraschte, denn während ihrer Hauptflugzeit im Mai war es erheblich zu kühl und vor allem sehr verregnet. Ende Mai/Anfang Juni 2013 entstand aus dem anhaltenden Schlechtwetter ein »Jahrhunderthochwasser« im nördlichen Alpenvorland. Es überschwemmte großflächig die Auwälder am Inn. Kein Wunder, dass im Sommer danach beträchtlich weniger Landkärtchen im Auwald als im nicht vom Hochwasser betroffenen Forst flogen. Für die Parasiten waren der Extremfrost im Winter zuvor und das schlechte Wetter in der ersten Jahreshälfte von 2013 inklusive frostigem Nachwinter, der bis in den April hinein angedauert hatte, offenbar extrem ungünstig. Die Landkärtchen entgingen der üblichen starken Dezimierung durch die Parasiten. Und da wie zur statistischen Wiedergutmachung des viel zu nassen und zu kalten Wetters der ersten Jahreshälfte von 2013 ab Juli anhaltend trockenheißes Wetter folgte, waren für die Landkärtchen ideale Bedingungen zustande gekommen. Sie flogen in einer Häufigkeit »wie noch nie«.

Die Notiz im oben angeführten Schmetterlingshandbuch geriet so zum Schlüssel für die Klärung der Frage, warum es mitunter doch zur Massenvermehrung einer im Raupenstadium von Brennnesseln lebenden Schmetterlingsart kommen kann. Besondere Witterungskonstellationen, die den Parasiten nicht gefielen, ließen sich nachprüfen. Zudem hatte ich bereits einen anderen ziemlich starken Flug der Landkärtchen im Frühjahr 1986 in den Innauen erlebt und mit Zählungen belegt.

1984 und 1985 waren die Sommer den Messwerten der Wetterstation Hohenpeißenberg südlich von München zufolge wie auch die von 1931 und 1932 unauffällig und durchschnittlich. Aber die Durchschnittstemperaturen der Winter vor den Massenflugjahren glichen einander in bemerkenswerter Weise mit –3,1, –2,9 und –3,0 Grad Celsius. Sie bedeuteten kalte, aber nicht extreme Winter mit ausgeprägten Frostphasen. Der so bemerkenswerten Zunahme des Landkärtchens in Baden-Württemberg in den 1930er Jahren vorausgegangen war der sehr kalte Winter 1929/30. Mit –5,7 Grad Celsius war er der zweitkälteste des ganzen 20. Jahrhunderts. Nur der Eiswinter 1962/63 unterbot ihn mit –6,0 Grad Celsius Durchschnitt. Davor hatte es im ganzen 19. Jahrhundert nur zwei ähnlich kalte Winter (jeweils –6,1 °C) gegeben, nämlich 1829/30 und 1894/95, und einen mit –5,5 °C von 1890/91. Die Schlussfolgerung war nun offensichtlich: Extremes Winterwetter hatte damals die Parasiten so stark dezimiert, dass die Bestände der Landkärtchen ihrer Kontrolle entgingen und die Falter plötzlich so außerordentlich häufig flogen. Doch ihr Entkommen währte nur kurz. Schon nach zwei, spätestens nach drei Faltergenerationen hatten die Parasiten aufgeholt und die Landkärtchen wieder auf das normal niedrige Häufigkeitsniveau gedrückt. Auch 2014 unterschied sich die Landkärtchenhäufigkeit nicht mehr von jener der Jahre vor der Massenentwicklung von 2013. Eine weitere ist seither nicht wieder zustande gekommen. Vorhersagen lassen sie sich nicht, weil nicht nur die besonderen Konstellationen der Umwelt solche begünstigen, sondern die Bestände selbst in einem dafür günstigen Zustand sein müssen.

Das bedeutet, dass Massenvermehrungen (Gradationen werden sie bei Forstinsekten genannt) aus Trenduntersuchungen auszuklammern sind, weil sie diese als Einzelfälle (»Singularitäten«) viel zu stark überlagern würden. Für bestimmte Zwecke ist es hingegen angebracht, nur sie zu betrachten: wie häufig sie in größeren Zeitspannen und mit welchen zeitlichen Abständen sie auftreten. Im ersten Drittel des 20. Jahrhunderts gab es auffällig viele und sehr starke Massenvermehrungen von Forstinsekten. Ganze Wälder gingen dabei zugrunde, weil Kiefernspinner *Dendrolimus pini*, Forleulen *Panolis flammea* und sogar die großen Kiefernschwärmer *Sphinx pinastri* die heranwachsenden Nadelwaldbestände so sehr befraßen. Was die Massenvermehrungen auslöste, blieb trotz intensiver forstökologischer Untersuchungen unklar. Sehr wahrscheinlich waren die Bestände gerade im für den Raupenfraß günstigsten Alter. Zudem handelte es sich um Reinbestände mit sehr geringer genetischer Vielfalt. Dies unterscheidet die allermeisten Nutzpflanzen von den natürlichen Beständen derselben Arten.

Die Massenvermehrungen der genannten Forstschädlinge waren ungleich heftiger als die des Landkärtchens im Sommer 2013. Hohe Zahlenwerte können täuschen, wenn sie nicht Bezug zur nutzbaren Nahrung herstellen. 1300 Landkärtchen wirken als Zahl eindrucksvoll hoch, zumal verglichen mit den üblichen Mengen der Sommerflugzeit, die 10 bis 15 Exemplare auf derselben Zählstrecke ergaben. Also war es zu einer Verhundertfachung des Bestandes gekommen. Aber was bedeutet dies auf die Brennnesseln bezogen? Sie wiesen, wie bereits wiederholt betont, keine sichtbaren Schädigungen nennenswerten Ausmaßes auf. Weshalb, das wird sogleich klar, wenn die Brennnesseln zum Vergleich gezählt werden. Die Bestände entlang der Forststraßen beinhalten mit Hunderten pro Quadratmeter an der vier Kilometer langen Zählstrecke Hunderttausende. Die Raupen verzehrten also Brennnesselblätter in Anteilen von Promillen. Damit ist klar, dass die Raupennahrung selbst bei solchen Massenvermehrungen keinesfalls die Bestände der Brennnesseln reguliert.

Wirkt der Klimawandel auf die jahreszeitlichen Falterformen der Landkärtchen?

Zwei weitere Besonderheiten bei den Landkärtchen sind hier nun anzuschließen. Wie bereits ausgeführt, kommt dieser Falter in zwei Formen vor, einer hellen, gelbbraun gescheckten Frühjahrsform und der oberseits schwarzen Sommerform *f. prorsa* mit breitem weißem Band über die Flügel. Beide fliegen stets klar getrennt voneinander. Die schwarze Sommerform bildet sich aus Raupen, die den langen, zunehmenden Tagen des Frühsommers ausgesetzt sind. Die braunfleckige Frühjahrsform entsteht aus Raupen, die in der Zeit abnehmender Tageslänge im Spätsommer und Herbst leben. Die Tageslänge wirkt als Zeitgeber. Das müsste sie für alle anderen Schmetterlinge auch, die eine Früh- und eine Spätsommer-Raupengeneration haben. Aber außer den Landkärtchen entwickelt keine einen so klaren, ausgeprägten Saisondimorphismus. Daraus ist zu folgern, dass es für die Landkärtchen besonders wichtig sein muss, in der Hauptflugzeit im Frühling, April und Mai, anders auszusehen als im Hochsommer.

So wichtig, dass es keine Abweichungen von dieser jahreszeitlichen Unterschiedlichkeit gibt. Um es vorwegzunehmen: Wir kennen den Grund nicht wirklich. Aber es lassen sich begründete Vermutungen anstellen. So zeigt die Erfahrung, dass wir die hellbraun-scheckigen Frühjahrsfalter im hellen Licht, das in dieser Jahreszeit noch in den Laubwald dringt, gar nicht so gut erkennen. Im starken Hell-Dunkel-Kontrast des Hochsommerlichts trifft diese Feststellung dann für die schwarz-weiße Sommerform zu. Da es um Kontraste und Formerkennung geht, könnten die Vögel ähnliche Schwierigkeiten haben. Zudem gibt es insbesondere im Offenland zahlreiche Tagfalter, die auf ihrer Flügeloberseite das fleckig helle Muster tragen und deswegen Scheckenfalter genannt werden. Im Hochsommer ähnelt die schwarze, weißbindige Form aber dem deutlich größeren Kleinen Eisvogel *Limenitis camilla*, der an ganz ähnlichen Stellen wie die Landkärtchen fliegt. So sinnvoll der sich andeutende Zusammenhang auch wirken mag, zur Erklärung des strikten Saisondimorphismus reicht er nicht. Deshalb

Landkärtchen – Frühjahrsform (links), Sommerform (rechts)

kommt vermutlich hinzu, dass die Landkärtchen ziemlich schwache, wenig wendige Flieger sind. Und dass sie keine Gift- oder Abwehrstoffe in ihren Körpern tragen, weil die Raupen an Brennnesseln gefressen haben. Von diesen bekommen sie keine Schutzstoffe mit. Der Feinddruck der Vögel dürfte daher für das Falterstadium der Landkärtchen durchaus ähnlich bedeutsam sein, wie die Parasitierung für das Raupenstadium. Schmetterling und Raupe leben in unterschiedlichen Umwelten und sind entsprechend verschiedenen Wirkungen von Wetter und Feinden ausgesetzt.

Und um das Wetter geht es nun bezüglich der zweiten Besonderheit, die behandelt werden soll. Denn gibt es ein frühes Frühjahr und einen warmen Frühsommer, setzt der Flug der Hochsommergeneration der Landkärtchen entsprechend früh ein. Erste Schwarze traf ich 2018 bereits am 9. Juni. Wie extrem früh das ist, geht aus der Charakterisierung im schon zitierten Handbuch der Schmetterlinge Baden-Württembergs hervor (Band 1, Seite 406): »In sehr heißen Jahren wurden schon Ende Juni (24.06.64, 30.06.46) Falter der Sommergeneration gefangen.« Und: »Vereinzelt fliegen Tiere der 1. Generation noch bis Mitte Juni.«

Ist so ein frühes Auftreten der Sommergeneration ein Signal für den laufenden Klimawandel? Solche Streudaten am Beginn und wieder am Ende der normalen Flugzeit würden wenig bis nichts besagen, außer dass das Wetter eben dafür günstig gewesen ist. Beim Landkärtchen ist das anders.

Denn wenn die Sommergeneration sehr früh fliegt, bildet sich eine zweite im Spätsommer. Die Falter dieser Generation, gleichfalls schwarz wie die der normalen im Sommer, schlüpfen aus den Puppen Mitte bis Ende August. Bis Anfang September sind sie dann noch zu sehen. Tatsächlich gab es in den letzten Jahren eine solche Zweitgeneration im Sommer, und zwar Ende August 2012. Hatte sie den Massenflug 2013 mit gefördert, ist die leider nachträglich nicht mehr zu klärende Frage. Denn sie könnte dem Druck der Parasiten durch ihr unzeitgemäßes Vorkommen entgangen sein.

Also ein Fall, der auf den Klimawandel und seine Folgen hinweist? Ältere Befunde mahnen zu Skepsis. So steht im Baden-Württembergischen Handbuch (Band 1, Seite 407): »Sichere Tiere (»Landkärtchen«) der 3. Gen. wurden in heißen Jahren ab 20.8. notiert.« Leider ohne Nennung der betreffenden Jahre. Meine eigenen Aufzeichnungen aus dem niederbayerischen Inntal, das klimatisch weniger warm als das Oberrheintal ist, beinhalten aber aus den 1960er bis 1980er Jahren mehrfach Landkärtchen der 3. Generation von Ende August/Anfang September. Ihr Zustandekommen hängt also einfach vom Verlauf der Frühjahrs- und Frühsommerwitterung ab und nicht von den Zehntelgraden ansteigender Sommermitteltemperaturen.

Die Natur ist zu vielfältig für simple Verallgemeinerungen

Mit den gerade erläuterten Befunden wird das geografische Verbreitungsgebiet des Landkärtchens ganz gut verständlich. Es erstreckt sich von den Pyrenäen in einem breiten Bogen über Frankreich und Deutschland nach Mittelost- und Osteuropa. Auf der Iberischen Halbinsel, auf den Britischen Inseln, in Frankreich im mediterranen Süden und im atlantisch milden Nordwesten sowie in größeren Teilen Norddeutschlands und im gesamten mediterranen Raum kommen keine Landkärtchen vor. Die Art fehlt also in den wintermilden Regionen, in denen es keine ausgeprägten, länger anhaltenden Frostperioden gibt. Auch hierzu passt der Hinweis für

Baden-Württemberg im obigen Zitat aus dem Ebert'schen Handbuch bestens. Das Landkärtchen, ein Sonderfall? Bei Verallgemeinerungen ist Zurückhaltung geboten. Allzu leicht erliegt man dem Risiko, Einzelbefunde übermäßig zu bewerten. Doch was wir jetzt aufgerollt haben, fügt sich mosaikartig zu einem Ergebnis von weit größerer Tragweite zusammen.

Nicht das Landkärtchen allein, auch die anderen Brennnesselfalter unterliegen dem Druck der Parasiten. Wir sehen dies direkt im Verhalten der Raupen. Ihre Zusammenballung zu »Nestern« vermindert für die einzelne Pfauenaugen-Raupe die Wahrscheinlichkeit, von einer Schlupfwespe gestochen und parasitiert zu werden. Denn je mehr Nachbarn eine Raupe hat, desto kleiner wird das Risiko, betroffen zu werden. Dass die Nesselzünslerraupen die Blätter zu Tüten rollen, in denen sie scheinbar zu viel Platz haben und von denen viele leer sind, weil die Raupen sie bereits verlassen haben, weist in dieselbe Richtung. Raupenfliegen und Schlupfwespen können sie in ihren Blatttüten nicht so leicht finden, zumal wenn viele der aufgesuchten einfach leer sind. Spinnefäden an den Enden der Tüten können den Raupen signalisieren, dass Gefahr droht, wenn die parasitischen Wespen die Fäden berühren. Blitzartig lassen sich die Raupen dann aus der Tüte zu Boden fallen, wo sie kaum noch zu finden sind. Auch Gespinste, wie sie die kleinen Raupen der Pfauenaugen und Kleinen Füchse fabrizieren, bieten einen gewissen Schutz. Die Bedeutung der Gespinste wird bei der Behandlung der Gespinstmotten (Seite 114) vollends deutlich. Schmetterlingsraupen spinnen nicht einfach so vor sich hin. Das chemische Ausgangsmaterial für die Fäden könnten sie sich sparen und anderweitig besser verwenden, wenn Gespinste nicht überlebenswichtig wären. Um Fressen und Gefressenwerden geht es in der Insektenwelt viel heftiger, als wir dies mitbekommen. Wir sind einfach viel zu groß, um das Geschehen in der Umwelt der Schmetterlinge genauer mitverfolgen zu können.

Meist sehen wir nur das Ergebnis, nämlich dass die Tätigkeit der Raupen aller Brennnesselschmetterlinge die Brennnesseln bei weitem nicht so stark dezimiert, dass der Fraß auffällig würde. Pfauenaugen & Co. werden daher wohl kaum jemals als biologische Bekämpfer der Brennnesseln genutzt werden können. Umso ungewöhnlicher, ja unnatürlicher ist es, dass die Insekten so stark bekämpft werden müssen, die von Kulturpflanzen leben.

Die langjährigen Zählungen der Häufigkeit von Pfauenauge & Co. zeitigten einige weitere gänzlich unerwartete Befunde. Die Brennnesselfalter sind von Jahr zu Jahr unterschiedlich häufig. Ihre Bestände fluktuieren weit stärker, als das der Fall sein dürfte, da die landwirtschaftlichen Stickstoffüberschüsse seit Jahrzehnten das Wachstum der Brennnesseln anhaltend begünstigen. Wenn die Parasiten tatsächlich die solcherart verbesserten Lebensbedingungen für die Brennnesselfalter weitestgehend kompensieren, müssten sie auf die verschiedenen Arten in etwa gleich wirken. Aber Tagpfauenaugen und der gleichfalls zu den Brennnesselfaltern gehörende C-Falter *Polygonia c-album* wurden in letzter Zeit deutlich häufiger, der Kleine Fuchs aber in den meisten Jahren viel seltener. Für manche habe ich kaum einen Nachweis.

Bei vielen Naturschützern und Freunden der Schmetterlinge hat sich der Rückgang des Kleinen Fuchses offenbar noch nicht so recht herumgesprochen. Man hält die Art nach wie vor für häufig. Das ist sie nur noch in einzelnen Jahren, längst nicht in allen. Ein einziges Gegenbeispiel wird zwar gute, schlüssige Ergebnisse nicht gleich völlig umwerfen, aber doch auf ihre Grenzen verweisen. Die Natur ist zu vielfältig für simple Verallgemeinerungen. Die Kleinen Füchse und das starke Auf und Ab bei den Tagpfauenaugen leiten über zu einem immer noch kaum verstandenen Phänomen: zu den Schmetterlingswanderungen und ihrer Bedeutung für die Bestandserhaltung der Arten. Sie werfen bezeichnende Schlaglichter auf den Klimawandel, der inzwischen als Universalerklärung für nicht verstandene oder noch gar nicht näher untersuchte Veränderungen in der Natur herhält.

Schmetterlinge auf großer Wanderung

In meinen alten Aufzeichnungen über Schmetterlinge fand ich eine höchst ungewöhnliche Notiz. Am 9. März 1959, einem »wunderbaren Frühlingstag«, wie ich vermerkt hatte, sah ich einen Distelfalter *Vanessa cardui* als ersten Schmetterling des Jahres. Das war auf dem Nachhauseweg von der Schule. Um 12.45 Uhr flog er unmittelbar vor mir über die Straße. Für den Distelfalter als Wanderfalter aus dem Süden ist dies ein extrem frühes Datum. Es liegt Wochen vor dem im Handbuch über die Schmetterlinge Baden-Württembergs als früheste Feststellung angeführten 1. April 1966. Um 15.20 Uhr ging ich zum Auwald am Inn hinaus und sah bei der Überquerung der Wiesen »mehrere Kleine Füchse«, wie ich zu diesem Tag vermerkte. »Die Falter sonnten sich, und es wehte Südostwind«. Dieser kommt im niederbayerischen Inntal meist dann zustande, wenn Föhn von den Alpen weit ins Vorland weht. Für den Distelfalter, wie auch für die Kleinen Füchse, hatte es an jenem Tag also eine kräftige Südströmung gegeben. Als Höchsttemperatur der Luft notierte ich 16 Grad Celsius. Das Vorjahr, 1958, war in Baden-Württemberg ein »starkes Flugjahr« für Distelfalter gewesen, steht im zitierten Handbuch. Dass davon einer in unserer Gegend überwintert hätte, lässt sich ausschließen. Dafür war der Winter 1958/59 viel zu kalt. Den Messungen vom Hohenpeißenberg zufolge lag er im Schwankungsbereich der Normalwinter. Im Januar 1959 hatte ich mit meinem Maximum-Minimum-Thermometer am Haus minus 15 Grad registriert.

So eine Kälte kann kein Distelfalter überleben, auch nicht an verhältnismäßig geschützten Orten, wie sie Tagpfauenaugen zum Überwintern aufsuchen. Der Distelfalter von Anfang März war also ziemlich sicher kurz vorher über die Alpen geflogen. Wahrscheinlich hatte ihn der Föhn mitgerissen. Denn dass Distelfalter aus Afrika im März nach Italien einfliegen und dort eine erste Generation im Jahr erzeugen, ist durchaus normal. Der erste, den ich 2018 in Südostbayern sah, war mit Datum 19. April sicher auch so ein früher Einflieger. Wiederum gilt für ihn, dass der Winter davor viel zu kalt gewesen war für ein erfolgreiches Überdauern im bayerischen Alpenvorland. Am 28. Februar 2018 hatte es −13 °C als nächtliches Minimum in der Gegend und als Höchstwert am Tag auch nur −6 °C gegeben.

Die Wanderflüge der Distelfalter

Die Wanderflüge der Distelfalter erstrecken sich, wie wir inzwischen wissen, von der Sahelzone, dem südlichen Übergangsbereich der Sahara, in die nordafrikanische Savanne, über Süd- und Mitteleuropa nordwärts bis Nord- und Nordosteuropa. Im Hoch- oder Spätsommer streben sie wieder zurück nach Afrika. Den Rückflug machen sie oft auf einer östlichen Route über den Bosporus, die westliche Türkei und den Libanon. Auf diese Weise kommt, ein günstiger Gesamtverlauf der Witterung im betreffenden Jahr vorausgesetzt, ein großer Ring mit rund 5000 Kilometer Durchmesser zustande. Der ganze Flugkreis dehnt sich über 15 000 Kilometer aus. Das sind Strecken, die denen der Fernzieher unter den Zugvögeln durchaus nahe kommen.

Im Frühjahr nutzen die Distelfalter südwestliche und südliche Luftströmungen, mit deren Unterstützung sie von der westlichen Hälfte Nordafrikas nordwärts wandern. Im Spätsommer und Herbst fliegen sie mit aus Nordost und Nord wehenden Winden gen Afrika. Dazwischen produzieren sie zwei Generationen. Doch das ist ein stark vereinfachtes Muster. Jahr für Jahr passt sich jede Generation der Distelfalter den tatsächlichen Gegebenheiten von Niederschlägen und Winden an. In vielen Jahren kommen sie gar nicht oder lediglich in Einzelstücken über die Alpen nach Mitteleuropa. In einigen wenigen jedoch fluten sie zu Millionen nord- und nordostwärts. Wie im Frühsommer 2003 und dann wieder 2009. Davon später mehr.

Distelfalter – frisch geschlüpfter Nachkomme der im Mai eingeflogenen Falter aus Nordafrika

Die Kleinen Füchse, die ich an jenem 9. März 1959 notiert hatte, sollen nicht aus dem Blickfeld geraten. An ihnen erkennen wir nämlich ziemlich gut den Übergang zwischen dauerhafter Bodenständigkeit und regelmäßiger Wanderung. Sie sind sozusagen die Teilzieher unter den Schmetterlingen, vergleichbar manchen unserer Vogelarten, von denen ein Teil des Bestandes den Winter über hier verbringt, der andere, meist der größere, aber nach Süden zieht und rund ums Mittelmeer überwintert. Und von dort im Frühjahr wieder zurückkehrt. Die Kleinen Füchse vom 9. März 1959 waren solche Wanderer. Das kann ich nun, fast sechzig Jahre später, mit großer Sicherheit behaupten. Denn einmal darauf aufmerksam geworden, erkannte ich Jahr für Jahr ihre Frühjahrswanderung. Aber sie kamen in jeweils sehr unterschiedlichen Mengen von Süden her. Die nordwärts zur Donau hin gerichteten Flusstäler dienen ihnen dabei als Leitlinien. Dieser Befund wird, genauer betrachtet, die Erklärung dafür liefern, warum der Kleine Fuchs in seiner Häufigkeit von Jahr zu Jahr weitaus stärker schwankt als die Tagpfauenaugen und andere Falter, deren Raupen an den so häufigen Brennnesseln leben.

Kleine Füchse als Durchwanderer

Begeben wir uns dazu an einem (Vor)Frühlingstag, an dem der Föhn den Himmel über Oberbayern so eindrucksvoll in Blau taucht, ins Isartal südlich von München. Dünne weiße Wolken driften nordostwärts. Durchs Tal weht der warme Wind in Schüben. Nahe den Bergen kann er so stark werden, dass man von Föhnsturm spricht. Voll davon getroffen, muss man sich in schräger Körperhaltung gegen ihn stemmen. Schmetterlinge mögen in der Regel keinen stärkeren Wind. Er reißt sie fort und behindert bei der Suche nach Blüten, die Nektar enthalten, oder nach Artgenossen zur Paarung. Und doch sind es gerade solche Bedingungen, bei denen wir Kleine Füchse sehen können, wie sie mit dem Wind in schnellem Flug zielgerichtet nordwärts streben. Wie an einer unsichtbaren Schnur gezogen, eilen sie dahin. Mitunter landet der eine oder andere, um sich, wenn die Luft bloß um die zehn Grad warm ist, mit ausgebreiteten Flügeln am Boden aufzuwärmen.

Dort kann es zwanzig Grad und mehr haben, wenn die Frühlingssonne Ende Februar oder Anfang März kräftig strahlt. Bezeichnend ist, dass die Falter, anders als sonst, wenn sie auf der Suche nach Blüten sind, in ein bis zwei Metern Höhe und sehr geradlinig dahinfliegen. Manchmal weichen sie den Menschen erst im letzten Moment aus. Kommt uns ein Kleiner Fuchs auf ein paar Handspannen Distanz vors Gesicht, haben wir Schwierigkeiten, ihn bei seinem reißenden Flug richtig zu erkennen. In solchen Momenten versteht man, warum es den Vögeln alles andere als leicht fällt, einen dahinfliegenden Falter zu schnappen, obwohl sie doch viel schneller als dieser fliegen können. Ist erst mal einer vorbeigeflogen, lohnt es, sich niederzulassen und das Geschehen weiter zu beobachten. Bald wird sich zeigen, dass immer wieder Kleine Füchse vorübereilen. Alle halten die gleiche Richtung; zumeist nordwärts, aber durchaus der Ausrichtung des Flusstales folgend. Ein Dutzend oder mehr können es pro Stunde werden, vor allem zwischen 11 und 15 Uhr, der Hauptflugzeit. Manchmal kommen sie so dicht, dass eine Viertelstunde genügt, um sich davon zu überzeugen,

Kleiner Fuchs –
ein verkannter Wanderfalter

dass gerade der Frühjahrseinflug der Kleinen Füchse stattfindet. Es muss nicht unbedingt eine starke Föhnlage sein, aber wenn der Wind aus West oder Nordwest kommt und die Wolken nur kurz Sonnenlücken lassen, werden wir vergeblich darauf warten.

Die Wetterverhältnisse müssen also passen. Bekommen wir, wie so oft im Vorfrühling zwischen Ende Februar und Mitte bis Ende März, ausgeprägte Westwetterlagen ohne Südströmungen und Föhn, fällt der Einflug der Kleinen Füchse weitestgehend aus. Im Frühsommer und Sommer werden sie fehlen oder sehr rar bleiben, je nachdem, wie viele eine Überwinterung als Falter im nördlichen Alpenvorland geschafft haben. Deren Anteil festzustellen ist fast unmöglich, weil längst nicht alle Ritzen und Schlupfwinkel abgesucht werden können, in die sich Kleine Füchse im Herbst zum Überwintern zurückgezogen haben könnten. Die meisten werden bemerkt, wenn sie in misslicher Lage an den Fenstern von Gartenhäuschen oder Schuppen flattern. Sie streben jetzt, im März oder Anfang April, dem Licht zu. Mit dem Glas kommen sie nicht zurecht. Im Herbst hatten sie nach dunklen Spalten und Zugängen gesucht. Ihr inneres Verhaltensprogramm passt zu natürlichen Schlupfwinkeln wie Höhlen oder Felsspalten. Die zappelnden Kleinen Füchse – und Tagpfauenaugen, die sich ganz ähnlich verhalten – erwecken den Eindruck, dass viele von ihnen bei uns überwintern. Vergleiche ich aber meine eigenen Funde überwinternder mit den Zählungen einfliegender Falter, wird der Mengenunterschied sehr deutlich. Möglicherweise sind es nur wenige Prozent der Herbstbestände, die überwintern. Längst nicht alle kommen durch; viele gehen dabei zugrunde, entweder weil es im Schlupfwinkel zu warm ist, wie in Häusern, oder zu kalt wird, wie an Orten, die sie im Freien aufgesucht haben. Für diese Einschätzung spricht, dass die Häufigkeit der Kleinen Füchse von Jahr zu Jahr sehr stark schwankt. Die erfolgreich Überwinternden können offenbar nicht ausgleichen, wenn der Frühjahrseinflug über die Alpen schwach oder ganz ausfällt. Beobachtungen im Schweizer Hochgebirge haben schon vor vielen Jahren ergeben, dass sich an den Bergen Kleine Füchse in großer Zahl auf der Südseite ansammeln und offenbar auf günstiges Wetter zum Weiterflug über die Alpenpässe warten.

Den Winter können sie dort oben am Fuß der Felszone gewiss nicht verbracht haben. Noch wissen wir nicht genau genug, wie diese saisonale Wanderung der Kleinen Füchse und die geografisch viel größere der Distelfalter verläuft, aber die Grundzüge zeichnen sich nun ähnlich deutlich ab wie vor hundert Jahren der Vogelzug. Damals hatten erste Kennzeichnungen mit winzigen Aluminiumringen die Ära der wissenschaftlichen Vogelzugsforschung eingeleitet. Dank der Größe vieler Vögel lässt sich ihr Zug nunmehr sogar individuell verfolgen. Wir können am PC sehen, wo sich beispielsweise der Schelladler Tönnes gerade befindet, wohin genau er nach Afrika ins Winterland der Distelfalter zieht, wann er aufbricht, um wieder zurück in seine baltische Heimat zu fliegen und welche Kurven und Abweichungen von der Hauptroute er dabei macht. Noch ist die Technik nicht so weit miniaturisiert, dass Vergleichbares auch mit Kleinen Füchsen oder Distelfaltern möglich wäre. Aber die biochemischen Feinanalysen gestatten bereits die Feststellung, aus welcher Gegend Afrikas die im Frühsommer nach Mitteleuropa einfliegenden Distelfalter stammen. Denn sie tragen über die von ihren Raupen aufgenommene Nahrung die Signatur der Region in sich.

Moderne Spitzenwissenschaft und das von Begeisterung für die Schmetterlinge getragene private Engagement von Laien, den Bürgerwissenschaftlern, treffen sich besonders intensiv und ergebnisreich in der Erforschung der Wanderflüge der Schmetterlinge. Und darüber hinaus bei der Erfassung von Vorkommen und Schwankungen der Häufigkeit der verschiedenen Arten. Davon später mehr, weil dies zentrale Bedeutung hat für das Verständnis der Ursachen, die zum so starken Rückgang der Schmetterlinge geführt haben. Die Wanderfalter überlagern ihn mehr oder minder regelmäßig mit den Massenzuflügen aus dem Süden. Sie erwecken damit den Eindruck, dass es um unsere Schmetterlinge gar nicht so schlecht stehe. Sammeln sie sich doch mitunter in solchen Mengen an den Blüten des Schmetterlingsflieders, dass diese unter der Last der Falter zu brechen drohen.

Falterinvasionen

Daher zurück zum Distelfalter und seinen großen Wanderflügen. Die beiden bislang größten im 21. Jahrhundert fanden 2003 und 2009 statt. Schätzungen zufolge, die selbstverständlich nur sehr grob sind, weil ein hinreichend dichtes Netz von Beobachtern fehlte und keine objektive Methode, die durchfliegenden Faltermengen zu erfassen, vorhanden war, sollten es jeweils 20 Millionen und mehr Distelfalter gewesen sein. Es könnte sich aber auch um zehnmal so viele gehandelt haben. Große Zahlen beeindrucken bekanntlich durch ihre schiere Größe. Nachhaltiger wirken aber direkte Erlebnisse, wie die Ansammlung spätnachmittags und abends rastender Distelfalter im Botanischen Garten in München. Ihre Mengen wurden an manchen Büschen so groß, dass sie die Äste nach unten drückten. Die Zweige trugen weit mehr Falter als Blätter.

Der Einflug hatte sich durch eine Art Vorhut angedeutet. Anfang Mai waren die ersten Distelfalter eingetroffen. Am 5. Mai 2003 überflog abends um 19.00 Uhr einer die Zoologische Staatssammlung in München Richtung Norden. Der Tag war heiß; 30 Grad Celsius war das Maximum, verursacht von Saharaluft, die am folgenden Tag die Temperatur auf 33 Grad hochtrieb. An diesem sah ich am frühen Nachmittag zwei Distelfalter die

Zoologische Staatssammlung überfliegen. Diese ersten Exemplare kamen also früh im Jahr. Das fiel nicht sonderlich auf, weil das Frühjahr recht warm verlief und die Falter zum Wetter passten. Die bunten Tagpfauenaugen waren auffälliger, denn sie hatten es nicht annähernd so eilig wie die ockerfarbenen Distelfalter, die sich kaum irgendwo niederließen und im zielstrebigen Flug den Blicken rasch entschwanden. Nach der Maimitte, die einen kurzen Kälteeinbruch gebracht hatte, mehrten sich die Beobachtungen von nordwärts fliegenden Distelfaltern. Einzelne waren nun fast täglich zu sehen. Da diese aber »bummelten«, wirkten sie nicht als Vorhut des Geschehens, das nach den beiden letzten kalendarischen Maitagen, die hochsommerlich heiß geworden waren, ganz plötzlich am 1. Juni einsetzte.

Vormittags sah ich erst einen Distelfalter. Kurz nach Mittag kamen vier weitere, die es sichtlich eilig hatten. Richtig los ging es am Nachmittag. Pro Viertelstunde zählte ich 13, mehr als 50, über 100, sodann 175 von 17.51 bis 17.55 Uhr und über 500 von 18.15 bis 18.45 Uhr. Den letzten notierte ich um 21 Uhr. Am 2. und 3. Juni ging der Einflug weiter. Die größte Intensität des Durchfluges wurde jeweils am späten Nachmittag zwischen 17 und 18 Uhr erreicht. Tageszeitliche Verteilung der Distelfalter und ihre Fluggeschwindigkeit, die je nach Stärke des Rückenwindes 30 bis 40 Kilometer pro Stunde erreichte, legten nahe, dass die Falter morgens am Südrand der Alpen gestartet waren, nachdem sie sich dort in der Sonne aufgewärmt hatten. Nach acht bis zehn Stunden Flug kamen sie im Münchner Raum an. Die Falter hielten sich weitgehend ans Isartal, durchquerten München, hielten dabei die Richtung Nordnordost, auch wenn höhere Gebäude im Weg waren. Diese überflogen sie, ohne den Kurs zu ändern.

Tausende gerieten dabei in die Halle des Hauptbahnhofes, in der die meisten zugrunde gingen, weil sie es nicht schafften, ihre Flugrichtung umzustellen und zurückzufliegen. Wenige fielen den Autos zum Opfer. Denn die Falter überquerten die Autobahnen bei München fast ausnahmslos in der sicheren Höhe von zwei bis zweieinhalb Metern. Mit Lastwagen könnte es Kollisionen gegeben haben. Im Isartal und auf der freien Flur außerhalb von München flogen sie niedriger, so dass Distelfalter mit ihrer Flügelspitze mehrfach unser Gesicht streiften, ohne ganz auszuweichen. Um von der Breite des Zugverlaufs eine Vorstellung zu gewinnen, fuhr ich westwärts bis zum Lechtal bei Augsburg und nach Osten eine ähnliche Strecke von rund 50 Kilometern. Freunde und Kollegen berichteten aus noch weiter westlichen Flusstälern und dem Inntal.

Aus der Breite der Erfassungsstrecken und der Menge pro Viertelstunde ließen sich Größenordnungen zur Gesamtzahl der Distelfalter kalkulieren. Zweifellos waren es Millionen; viele Millionen. Allein was durchs Tal der Isar flog, dürfte mehr als 20 Millionen Falter umfasst haben. Eine ähnliche Größenordnung wurde für den weiter östlich verlaufenden Durchzug im Frühsommer 2009 in Österreich abgeschätzt. Da kamen sie vor allem über das Salzachtal und noch weiter östlich liegende Alpentäler und -pässe. Im nördlichen Alpenvorland blieben wenige zurück. Im Sommer 2003, jenem legendären Super-Sommer mit mediterraner Witterung von April bis September, gaukelten Distelfalter im Juli und August zwar wie auch heimische Tagfalter um nektarreiche Blüten – vor allem an Schmetterlingsflieder waren sie zu sehen –, aber Raupenfunde blieben rar. Zweifellos war die Hauptmasse weiter nach Norden und Nordosten bis ins Baltikum und nach Nordwestrussland geflogen. Dorthin zogen damals auch die Tiefdruckgebiete und brachten diesen Regionen reichlich Sommerniederschläge. Weiter südlich, von Frankreich über Deutschland bis Polen und Tschechien fehlten sie.

Die wenigen Hitzegewitter, aus denen durchaus größere Regenmengen niederprasselten, behoben das Niederschlagsdefizit nicht, so dass der Sommer 2003 nicht nur sehr heiß, sondern auch sehr trocken verlief. In der Münchner Umgebung warfen viele Bäume bereits Anfang August ihr Laub ab. Für die Distelfalter hätte es nicht gelohnt, den Fernflug über die Alpen in einem Gebiet zu beenden, das dem gleichen Hitzestress ausgesetzt war wie die Regionen rund ums Mittelmeer. Im Rückblick auf das Geschehen mochte daher der Eindruck entstanden sein, die Distelfalter hätten Anfang Juni 2003 »gewusst«, dass sich so ein außerordentlicher Hitzesommer nördlich der Alpen entwickelt. Doch die viel einfachere Erklärung besagt: Sie flogen dorthin, wo die frühsommerlichen Fronten der atlantischen Tiefdruckgebiete reichlich Regen brachten und die bodennahe Vegetation entsprechend üppig wuchs. Im Sommer 2009 war dies großenteils schon im zentralen Mitteleuropa der Fall, so dass hier viele Distelfalter ihre Eier ablegten und sich nach erfolgreichem Aufwachsen der Raupen und Schlüpfen der Puppen ein südwärts gerichteter Rückflug im Hochsommer entwickelte. Noch mehr Distelfalter wanderten nach weniger auffälligem Einflug im Frühjahr im Sommer 2006 von hier nach Süden. Dieser Rückflug ließ sich über fast zwei Wochen und dank der dabei geringeren Fluggeschwindigkeit der Distelfalter gut beobachten. Sie »tankten« immer wieder an Blüten, flogen aber danach ziemlich geradlinig süd- oder südwestwärts weiter, ohne länger an einem Ort, im Garten etwa, zu verweilen.

Massenwanderungen von Distelfaltern gibt es sicher schon lange. Aufzeichnungen dazu reichen Jahrhunderte zurück. Im Handbuch der Schmetterlinge Baden-Württembergs (Ebert, G. 1991) sind große Wanderflüge für die Jahre 1879, 1918 und 1931 vermerkt. Eine Massenwanderung mit »Hunderte Millionen von Faltern« in Südfrankreich, von der J. Thiele berichtete (im Handbuch zitiert), streifte Südwestdeutschland nur. Die große von 2009 durch Österreich machte sich umgekehrt im Westen kaum bemerkbar.

Derartige Naturereignisse drücken augenfällig aus, was sonst weitestgehend verborgen bleibt, nämlich die Bedeutung geeigneter Fortpflanzungsbedingungen für die Insekten. Schmetterlinge brauchen zwar auch Blüten, die Nektar liefern und sie mit Energie versorgen, aber entscheidend für Vorkommen und Häufigkeit sind die Futterpflanzen der Raupen. Distelfalter sind in dieser Hinsicht nicht besonders wählerisch. Ihre Raupen können sich an einer Vielzahl von Pflanzenarten entwickeln, keineswegs nur an Disteln, wie der Name vermuten lässt. Disteln sind bedeutsam, sofern sie im Wachsen sind und noch nicht weitgehend (von sommerlicher Hitze) vertrocknet. Aber es eignen sich auch Kletten, Brennnesseln, Huflattich und andere recht verschiedenartige Pflanzen als Raupennahrung. Afrikanische Pflanzen kommen dazu, an denen die Wintergeneration heranwächst. Dies bedeutet, dass der Zustand der Vegetation mindestens so wichtig ist wie die Pflanzenarten selbst. Das wird uns wieder beschäftigen, wenn es um

links: Gammaeule – häufigster Wanderfalter aus dem Süden
rechts: Admiral, gleichfalls häufiger Zuwanderer, der selten in Mengen gesehen wird

die Wirkungen der übermäßigen Düngung auf die Schmetterlinge und andere Insekten geht.

Wanderfalter, wie der Distelfalter, machen mit ihrer Suche und ihren Fernflügen deutlich, wie sich Lebenszyklen von Faltern gestalten. Oft sehen wir nur kleine Ausschnitte davon. Und halten diese für besonders bedeutsam. Das können sie sein, müssen es aber nicht. Kleine Füchse, die im Hoch- oder Spätsommer an den Blütentrauben der *Buddleja*, des Schmetterlingsflieders, Nektar saugen, verraten mit ihrem Kommen wenig über ihre Herkunft und wie die vorausgegangene Vermehrungssaison für sie verlief. Diese kann örtlich günstig gewesen sein, so dass die Falter vielleicht sogar direkt aus dem Garten stammen oder aus der näheren Umgebung gekommen sind. Aber es kann sich auch um Durchwanderer auf dem Flug zur Überwinterung in den Süden handeln, die von weit her stammen.

Und wenn Distelfalter zu Millionen das Land kurzzeitig überschwemmen, dürfen sie keinesfalls in die Berechnungen zur Häufigkeit heimischer Schmetterlinge mit einbezogen werden. Sie würden die Lage total verändern und gänzlich falsche Eindrücke vermitteln. Doch nicht allein die Distelfalter. Es gibt weitere Wanderfalter, die in sicherlich vergleichbaren Mengen von Süden her einfliegen, aber weit weniger auffallen, weil sie klein, grau und großenteils nachtaktiv sind. Beispielsweise die zu den Eulenfal-

Pierluigi Collina erwehrt sich bei der Fußball-EM 2016 im Stadion umherschwärmender Gammaeulen

tern gehörenden Gammaeulen *Autographa gamma.* Ihr Kennzeichen ist ein silbernes Ypsilon, das einem handgeschriebenen (griechischen) Gamma ähnelt, mitten auf dem Vorderflügel.

Gammaeulen besuchen im Hoch- und Spätsommer gern auch tagsüber die Blüten des Schmetterlingsflieders. Bei der Fußball-Europameisterschaft im Juli 2016 in Frankreich machten sie sich bemerkbar und »erregten öffentliches Ärgernis« als sie in großer Zahl ins Stadion flogen und die Spieler irritierten. Bilder vom berühmten Schiedsrichter Pierluigi Collina, der sich ihrer zu erwehren versucht, gingen um die Welt.

Gammaeulen fliegen alljährlich über die Alpen nach Mittel- und Nordeuropa. Im Hoch- und Spätsommer, mitunter auch noch weit in den Herbst hinein, wandern ihre Nachkommen zurück. Den Winter würden sie nicht überstehen. Die an diesem Schmetterlingszug beteiligten Mengen gehen in manchen Jahren sicherlich in die Millionen. Wahrscheinlich übertreffen sie die Distelfalter um ein Mehrfaches. Wir bemerken einfach zu wenig von ihren Wanderflügen. Die großen, am Tag fliegenden Distelfalter fallen auf.

Deshalb war es nötig, sie dem Kleinen Fuchs, der zur selben Verwandtschaftsgruppe zählt, gegenüberzustellen. Denn was für den Fernwanderer Distelfalter gilt, der in den meisten Jahren nur in sehr geringer Zahl oder gar nicht über die Alpen nach Mitteleuropa kommt, trifft grundsätzlich auch für den in seinem Wanderverhalten weit weniger auffälligen Kleinen

Fuchs zu. Und ebenfalls für das gleichfalls in beträchtlichem Umfang im Frühjahr zuwandernde Tagpfauenauge. Seine Häufigkeit kann je nach Gunst oder Ungunst der Frühjahrswitterung sehr stark schwanken, so dass wir im Sommer und Herbst viele oder wenige Pfauenaugen und Kleine Füchse sehen. Der »bodenständige Bestand«, wie wir ihn nennen, lässt sich daraus also nicht ableiten. Wollen wir den Trend der Schmetterlinge bei uns ermitteln, sollten wir Wanderfalter wie den Distelfalter und den vor allem sommers in den Gärten auffälligen Admiral besser ganz ausschließen, und die Kleinen Füchse und Tagpfauenaugen in Abhängigkeit von ihrem Frühjahrseinflug betrachten. Schmetterlinge zu zählen ist reizvoll und bei der Lage unserer Natur eminent wichtig. Aber um zu aussagekräftigen Befunden zu kommen, müssen wir die Lebensweise der Falter hinreichend kennen und in der Analyse der Daten gebührend berücksichtigen.

Dazu ein weiteres Beispiel aus dem Bereich der Tagfalter, die anders als Distelfalter oder Pfauenaugen mit unseren Interessen im Garten und auf Feldkulturen in Konflikt geraten können. Es sind dies die Kohlweißlinge.

Giftige Schmetterlinge – vom Kohlweißling zu den Blutströpfchen

Etwas Wichtiges vorweg: Es gibt nicht »den Kohlweißling«, sondern drei verschiedene Arten, die in Mitteleuropa verbreitet und häufig vorkommen, nämlich den Großen Kohlweißling *Pieris brassicae*, den nur wenig kleineren Kleinen Kohlweißling, auch Rapsweißling genannt, *Pieris rapae* und den Grünaderweißling *Pieris napi*. Weitere Weißlingsarten, wie der dem Kleinen Kohlweißling sehr stark ähnelnde Karstweißling, der sich gegenwärtig in Deutschland ausbreitet, sind etwas für Spezialisten und hier nicht von Belang. Die drei Hauptarten bieten Stoff genug, sie näher zu betrachten. Dazu eine grobe Charakterisierung zum Einstieg. Der Große Kohlweißling wird ganz treffend Kohl-Weißling genannt, weil Weißkohl/Weißkraut Hauptfutterpflanze seiner Raupen ist bzw. war, bevor diese selten(er) wurde. Alternativen, die nun häufiger genutzt werden, sind Kapuzinerkresse *Tropaeolum majus* und Steinkrautarten *Alyssum sp.* Eigentlich gilt er als Spezialist für Kreuzblütler (*Brassicaceae*), wie die beiden anderen Weißlinge auch.

Kohlgewächse als Teilgruppe der Kreuzblütler sind eine artenreiche und vielfältige Pflanzenfamilie. So nimmt es nicht wunder, dass es bei den Kohlweißlingen beträchtliche Unterschiede in deren Nutzung gibt. So fliegt der Kleine Kohlweißling weit weniger auf Kohlgewächse im Garten oder auf den Fluren (Krautfelder). Er zieht Wildpflanzenarten der Kreuzblütler vor. Die Artenliste der in Deutschland als Raupenfutterpflanzen festgestellten Gewächse ist beim Kleinen mehr als doppelt so umfangreich wie beim Großen Kohlweißling. Und während dieser vornehmlich in der freien Landschaft, also auch in Gärten und Anlagen vorkommt, zieht es den Kleinen deutlich mehr in die Wälder an die Ränder von Wegen und Forststraßen.

Großer Kohlweißling

Den Grünaderweißling trifft man nahezu ausschließlich dort an. Sitzt er mit hochgeklappten Flügeln an Blüten oder auf Blättern, sind die »grünen Adern« gut zu erkennen und hilfreich bei der Artbestimmung. Eine grünliche Bestäubung mit besonderen Schuppen lässt die Adern der Hinterflügel so auffällig hervortreten. Die drei Arten bilden einen »Weißlingsbogen«, der vom Garten und den Fluren über Buschland und Gehölzränder bis in (lichte) Wälder reicht. Gemeinsam ist den dreien, dass ihre Raupen vornehmlich bis ausschließlich an Kohlgewächsen fressen. Diese enthalten giftige Senfölglykoside. Aus dem Raupenstadium gelangt davon über die Puppe genug in die Falter, dass diese weitestgehend von Vögeln gemieden werden. Die Kohlweißlinge können sich daher leisten, so frei und auffällig mit ihrem Weiß umherzufliegen. Sie brauchen weder große Schnelligkeit noch besondere Vorsicht, denn einmal probiert und für schlecht befunden, haben die Vögel rasch fürs Leben gelernt. Übrigens schätzen wir die aus den Kohlgewächsen gezüchteten Nutzpflanzen wie Weiß- und Rotkraut oder Rettiche gerade wegen ihrer Gehalte an Senfölglykosiden. Diese reinigen gleichsam unser Innenleben von unerwünschten Bakterien und gelten daher zu Recht als gesund.

Blutströpfchen – ein kopulierendes Paar des Sechsfleck-Widderchens *Zygaena filipendulae*

Diese Nebenbemerkung erschließt uns Wichtiges. Denn warum sollten Vögel die leicht zu fangenden Kohlweißlinge verschmähen, wenn die Senfölglykoside, die sie enthalten, doch gesund sind? Diese Frage stellt sich jedes Mal wieder, wenn wir Schmetterlinge betrachten, die durch Giftstoffe in ihrem Körper geschützt sind vor Nachstellungen durch Vögel oder auch Säugetiere, die von Insekten leben. Die Antwort: Es kommt auf die Menge an. Beispiele sind die auffällig roten und rot gefleckten »Blutströpfchen«, tagfliegende Schmetterlinge aus der Familie der Widderchen (*Zygaenidae*). Auch manche gleichfalls sehr auffällig gefärbte und gezeichnete Bärenspinner (*Arctiidae*) verbinden Giftigkeit bzw. unangenehmen Geschmack mit Langsamkeit. Besonders verbreitet ist dieses Phänomen unter tropischen Schmetterlingen.

Die durch solche »Warntracht« geschützten Insekten verhalten sich geradezu »unvorsichtig«, mitunter so »herausfordernd«, als ob sie signalisierten: Probier mich, und du wirst schon sehen, was das für ein Fehler ist! Die Wirksamkeit dieser optischen Warnung ist so hoch, dass sich zahlreiche andere, nicht durch Gifte in ihrem Körper geschützte Schmetterlinge zu »Nachahmern« in Färbung, Musterbildung und Verhalten entwickelt haben. Auch davon gleich mehr. Behandeln wir zunächst die Kohlweißlinge als Beispielarten für giftige oder zumindest unangenehm schmeckende Schmetterlinge weiter. Auch wenn sie nicht schnell fliegen, sind sie doch wendig genug, um den linkischen Nachstellungen verärgerter Menschen mühelos zu entgehen, wenn wir sie im Garten daran hindern möchten, ihre Eier an Kraut, Kohlrabi oder an Kapuzinerkresse abzulegen.

Gibt es im Garten ein nistendes Paar Grauschnäpper *Muscicapa striata* oder Rotschwänzchen, so lässt sich leicht beobachten, dass sich diese von Insekten lebenden Vögel überhaupt nicht für die Kohlweißlinge interessieren; auch dann nicht, wenn sie unter Erfolgszwang beim Insektenfang stehen, weil Junge im Nest nach Futter gieren. Allenfalls Stare schnappen sich mal einen Weißling, lassen diesen aber meist gleich wieder fallen – und wischen den Schnabel danach mit deutlicher Geste des Missfallens ab. Der Schutz, den die Senfölglykoside vermitteln, wirkt offensichtlich. Auch bei den Raupen, denn weder Amseln und Stare noch die durchaus am Boden nach Raupen suchenden Kohlmeisen interessieren sich für die »Krautwürmer«, wie sie süddeutsch-volkstümlich genannt wurden – als man sie noch gemeinhin kannte und notfalls per Hand vernichtete.

Ohne natürliche Feinde sollten die Kohlweißlinge aber über alle Maßen häufig sein und an den Nutzpflanzen enorme Schäden verursachen. Tatsächlich sehen wir die weißen Falter häufig. Darum sind sie auch weithin bekannter als die bunten Pfauenaugen. Aber abgesehen von lokalem Ärger im Garten bleiben die Kohlweißlinge erstaunlich unbeachtet. Man mag sie nicht, bekämpft sie aber auch nicht (mehr) besonders, von wenigen Regionen abgesehen, in denen es große Krautäcker gibt. Aus meiner Kindheit und frühen Jugendzeit kenne ich sie noch, diese Krautäcker. Jede Bauernfamilie im Dorf hatte sie und verpachtete welche gegen Mithilfe bei der Pflege und Ernte an Nichtlandwirte. Eigenes Kraut gehörte zur Grundnahrung. Wer keinen Krautacker hatte, zog Kraut nach Möglichkeit im eigenen Gemüsegarten. Damals, in den 1950er und frühen 1960er Jahren, war das im niederbayerischen Inntal noch ganz selbstverständlich.

Längst kauft man dort wie nahezu überall Krautköpfe im Supermarkt oder gleich als Sauerkraut oder Rotkohl. Im Garten wird nur noch wenig Kraut gezogen. Entsprechend weniger häufig sind nun die Kohlweißlinge; die Großen Kohlweißlinge, muss präzisiert werden. Denn die Kleinen sind nach wie vor überall vorhanden. Konkrete Mengenvergleiche zu früher fehlen allerdings. Wer hätte vor einem halben Jahrhundert daran gedacht, ausgerechnet Kohlweißlinge zu zählen, und zwar nach verlässlichen Kriterien, wie festgelegten Zählstrecken zusammen mit der Registrierung des Vorhandenseins von Krautäckern?! Kohlweißlinge werden immer noch wenig beachtet. Sie scheinen unverwüstlich; geradezu unbeeindruckt vom Masseneinsatz von Gift auf den Fluren, über die sie immer noch, gleichwohl eher vereinzelt, hinweggaukeln.

Kohlweißlingswolke an der dalmatinischen Küste

Kohlweißlinge hatte ich bis in die 1980er Jahre hinein tatsächlich wiederholt gezählt. Aber aus einem ganz anderen Grund. Damals war mir aufgefallen, dass sie im Hoch- und Spätsommer in mehr oder minder großer Zahl wanderten, und zwar südwärts zur selben Zeit, wie auch Tagpfauenaugen und die als Wanderfalter bekannten Admirale und Distelfalter. Gut zu sehen war dies an großen Buchten der Stauseen am unteren Inn. Von den Dämmen aus ließen sich die Wasserflächen überblicken, und anhand leicht abzugrenzender Strecken konnte ich zählen, welche Falter in welchen Mengen in bestimmten Zeitspannen übers Wasser folgten. Je nach Stärke des Schmetterlingszuges waren fünf oder fünfzehn Minuten geeignete Zeitabschnitte für die Zählung. Zudem gab es viele interessante Wasservögel im Gebiet, so dass das Falterzählen nie langweilig wurde. Die Ergebnisse überraschten mich in doppelter Hinsicht. Erstens dass Kohlweißlinge überhaupt ganz regelhafte Flüge in Richtung Süden machten, und zweitens, dass ich dazu so gut wie nichts in der Wanderfalter-Fachliteratur fand. Im Baden-Württembergischen Handbuch ist zwar (1991, also viel später) vermerkt, dass der Große Kohlweißling »einen stark ausgeprägten Wandertrieb hat«, aber dass »anscheinend nur von G. Reich … im August 1920 eine Massenwanderung von Ost nach West beobachtet (wurde), 5 Tage lang«.

Sein Wanderverhalten wird, sicher ganz zutreffend, auf das ursprünglich natürliche Vorkommen dieser Weißlingsart bezogen. Dafür gehalten werden die »Spülsäume der Meere mit Wildkohl, Meerkohl und Meersenf« und diese sind »von recht ephemerer Natur«, wie es im zitierten Handbuch heißt. Unter solchen ökologischen Bedingungen musste der Große Kohlweißling neu entstandene Lebensmöglichkeiten rasch und effizient nutzen, wenn sie an strandnahen Zonen zustande kamen. Das setzt Wanderbereitschaft voraus. Mit der Kultivierung der Kohlarten ist dann seinen Raupen ein ungleich größeres Nahrungsareal im Binnenland geschaffen worden, das grundsätzlich ähnlich wie an der Küste starken Schwankungen unterworfen ist. Weil nicht alljährlich auf den gleichen Feldern Kraut gezogen wird. Doch das erklärt nur einen Teil des Geschehens beim Großen Kohlweißling. Wanderungen zu neuen Biotopen werden in der Fachliteratur als »Binnenwanderungen« bezeichnet. Arten, die sich so verhalten, werden von den Fernwanderungen der eigentlichen Wanderfalter als »Binnenwanderer« abgegrenzt.

Die Ergebnisse meiner Zählungen wiesen jedoch in eine andere Richtung. 1975 und 1979 bestätigten sie, dass Große Kohlweißlinge auch Fernwanderungen unternehmen. Im August 1979 waren Tausende in typischer Wanderfalterart mit Flugrichtung Süden über die kilometerbreiten Wasserflächen an den Stauseen am unteren Inn gezogen. Einige Tage später war ich an den Krimmler Wasserfällen unterwegs, die inzwischen einbezogen sind in den österreichischen Alpennationalpark Hohe Tauern. Da überholten mich beim Aufstieg an den insgesamt 380 Meter hohen Wasserfällen Tausende Große Kohlweißlinge. Zog eine Wolke über den Berg, was häufig geschah, rasteten sie neben den Kaskaden. Sobald sie wieder von der Sonne beschienen wurden, flogen sie weiter. Währte der Wolkenschatten einige Minuten, bildete ich mir ein, die weißen Schmetterlinge überholen zu können, die ich um die Leichtigkeit ihres Fluges beneidete, wenn der Wanderweg neben den Fällen besonders steil wurde. Doch dann flogen sie so leichtbeschwingt an mir vorbei, der mir mehr Schweiß von der Stirn rann als Gischt von den Wasserfällen. Und oben, im Hochtal, eilten sie weiter südwärts der Sonne entgegen. Wie ein Gestöber riesiger Schneeflocken zogen sie fort, vom Bergwind unterstützt, der an jenem Tag genau anders als bei Föhn nach Süden gerichtet blies. Wohin mochten sie ziehen, die großen weißen Falter? Auch weiter in den Süden die dalmatinische Küste entlang wie 1975 im Oktober? Damals hatte ich einen großen Wanderflug von Kohlweißlingen auf der Fahrt zurück vom Skutari-See in Montenegro erlebt.

Mit Freunden war ich dorthin gefahren, um die Ansammlungen von Wasservögeln auf dem Skutari-See zur Hauptzeit des Herbstzuges zu erfassen. Das war kaum mehr als ein erster Versuch. Denn noch trennte eine unüberbrückbare Grenze Jugoslawien vom extrem kommunistisch regierten Albanien. Sie verlief quer durch den landschaftlich vielleicht schönsten See Europas. Dieser Grenzlage verdankte der Skutari-See seine für damalige Verhältnisse einzigartige Abgeschiedenheit. Er war ein Traumziel für Naturfreunde. Ich wage nicht, mir vorzustellen oder gar es selbst nachzuprüfen, was inzwischen daraus geworden ist. Vielleicht, so hoffe ich, blieb genug erhalten von diesem See, dessen nordwestliche Teile fjordartig in die montenegrinischen Berge hineinreichen und voller Teichrosen sind.

Es war nicht die erste Tour an den Skutari, von dem wir im Herbst 1975 zurückkamen. Im Frühsommer, zur Brutzeit, hatten wir bereits eine gemacht und die Pelikane bewundert, die vor den »Schwarzen Bergen« wie urzeitliche Flugsaurier auf die offenen Seeflächen hinausschwebten. Aber die Oktoberreise war auch so voller faszinierender Einblicke in die Naturfülle des Balkans, dass wir keinen Zwischenaufenthalt entlang der dalmatinischen Küstenstraße vorgesehen hatten, sondern einfach heimwärts fuhren. Nördlich von Šibenik trafen wir sie, die weißen Schmetterlinge. Wie eine lockere, aber nicht zu übersehende Wolke kamen sie uns entgegen. Tausende und Abertausende. Die Falter, die es trotz der geringen Fahrgeschwindigkeit auf der kurvenreichen Strecke an der Windschutzscheibe zerschmetterte, machten es leicht, die Art zu erkennen. Es waren Große Kohlweißlinge. Mit dem Kilometerzähler im Auto und der Armbanduhr ließen sich Streckenabschnitte ganz gut unterteilen für die sofort begonnene Zählung. Rückblickend war sie sicher nicht ganz ohne Risiko, denn rechts stieg meist der Fels des Küstengebirges steil an, und linkerseits ging es ohne halbwegs sichernde Leitplanken abwärts zum Meer, zur Adria.

Das Ergebnis der Zählung lohnte die Herausforderung: Der Wanderflug der Großen Kohlweißlinge sah aus wie der Umriss eines Wals mit dickem, ansteigendem Kopf und langsamer ausgleitendem Körperende. »Fischverteilung« wird diese Verteilungsform in der mathematischen Statistik genannt. Und sie wirkte wie die tageszeitliche Spiegelung der Ergebnisse zum Durchflug der Distelfalter Anfang Juni 2003 mit dem »dicken Ende« zum Abend hin. Aber die Unterschiedlichkeit ging noch tiefer. Während die Distelfalter stets einzeln ziehen und sich eindeutig nicht darum kümmern, ob andere Falter ihrer Art mit ihnen oder in der Nähe unterwegs sind, wandern die Großen Kohlweißlinge im Schwarm. Deshalb stießen wir so plötzlich auf sie und gelangten schon nach wenigen Minuten in die Hauptmasse, die dann langsam über viele Kilometer Strecke ausdünnte. Nun verstand ich, warum dem Flug übers Wasser am unteren Inn stets ein Phänomen vorausgegangen war, das ich lediglich der Notwendigkeit zugeschrieben hatte, dass die Falter vor längeren Flugstrecken »tanken« müssen. Hunderte und Aberhunderte hatten sich nämlich auf den (blühenden) Kleefeldern im Inntal bei den Stauseen angesammelt. Pro Quadratmeter war bis zu einem Dutzend Kohlweißlinge zu sehen. Um die Mittagszeit starteten sie zum Überflug übers Wasser, und das geschah tatsächlich oft, ja meist in größeren Gruppen, nicht einzeln wie bei den Distelfaltern oder Pfauenaugen. Die Kohlweißlinge brauchen dementsprechend viel länger, um größere Distanzen zurückzulegen. Wahrscheinlich machen sie häufig Zwischenrast. Deshalb halte ich es für möglich, dass ich mit jenem Kohlweißlingsflug an der dalmatinischen Küste tatsächlich Falter angetroffen hatte, die Wochen vorher über den Inn nach Süden geflogen waren.

Immer wenn es in der Wüste regnet

Warum aber taten die Kohlweißlinge das? Weshalb zogen sie nicht in jedem Jahr nach Süden, sondern nur ausnahmsweise? Als sich mir diese Fragen aufdrängten, wusste man noch nicht, warum Distelfalter in manchen Jahren zu Millionen nach Mittel- und Nordeuropa einfliegen, dazwischen aber oft jahrzehntelang gar nicht oder in wenigen, kaum auffallenden Exemplaren kommen. Erst zu Beginn des 21. Jahrhunderts wurden dank kontinuierlicher Daten von Wettersatelliten und der Möglichkeiten, große Datenmengen mit leistungsfähigen Computern auszuwerten, die Hintergründe klar. Es liegt an der Ausgiebigkeit bzw. dem Ausfall von Winterregen in der Sahel-Zone. Davon hängt es ab, ob sich die Wintergeneration(en) der Distelfalter stark oder schwach entwickeln und im Frühjahr einen Massenflug nach Norden starten oder nicht.

Für die Distelfalter, die auch in Afrika keine Schäden an Nutzpflanzen verursachen, hätte sich allerdings kaum jemand interessiert, gäbe es nicht die enge Verbindung mit den Wanderheuschrecken. Sie reagieren in der Sahel-Zone in gleicher Weise auf die Gunst oder Ungunst der Winterregen wie die Distelfalter und entwickeln entsprechend Wanderflüge. 2003 überzogen sie weite Bereiche Nordwestafrikas. Der Passatwind erfasste sie, trieb Unmengen von ihnen aufs Meer hinaus und hinüber zu den Kanarischen Inseln, wo sie aber in einen Wetterwirbel gerieten, der sie gegen Weihnachten in großem Bogen zurück nach Südwesteuropa trieb. Dort, in Südportugal und Andalusien, trafen sie allerdings zu gänzlich unpassender Jahreszeit direkt vor Winterbeginn ein, so dass sie keine Schäden verursachten und ihr Erscheinen vor Weihnachten lediglich kleine Notizen in den Zeitungen brachte.

Nun war aber klar, warum es so lange, fast die ganze zweite Hälfte des 20. Jahrhunderts, keine Massenflüge der Distelfalter nach Europa mehr gegeben hatte. Es war dies die Zeit der verheerenden Sahel-Dürre, die viele Menschen und große Mengen ihres Viehs das Leben gekostet hatte. Und uns in Mitteleuropa nasskalte Sommer bescherte, weil die Regenfronten in jenen Jahren nahezu alpenparallel darüber hinwegzogen. Diese feuchte Witterung kam den Großen Kohlweißlingen zugute. Auch den Kleinen, aber bei ihnen verliefen die Häufigkeitsveränderungen, wie gleich näher ausgeführt wird, nicht so ausgeprägt wie beim Großen.

Welche Faktoren bei der Vermehrung der Schmetterlinge wann eine Rolle spielen

Natürlich war und ist es das Wetter nie allein. Temperatur und Niederschlag begünstigen das Gedeihen von Pflanzen, beeinträchtigen es oder bleiben, so sie im gebietsklimatischen Normalbereich verlaufen, ohne für uns erkennbare Auswirkungen. Im Fall der Distelfalter war das Entscheidende, dass die ausgiebigeren Winterregen die Vegetation in einer Großregion sprießen ließen, die jahrzehntelang überweidet und von anhaltender Dürre betroffen war. Wahrscheinlich hatte die vorausgegangene intensive Heuschreckenbekämpfung einen wesentlichen Teil zur Misere beigetragen, weil von Flugzeugen aus großflächig DDT versprüht worden war. Bei unseren Großen Kohlweißlingen ist die Sachlage zur Verursachung von Massenvermehrungen allerdings bei weitem nicht so klar. Und für das spätere Seltenwerden, das bis in die letzten Jahre anhielt, kann das Wetter gewiss nicht verantwortlich gemacht werden (so bequem dies auch wäre).

Der feuchte Sommerverlauf 1975 mag förderlich, dürfte aber nicht der entscheidende Grund gewesen sein. Denn in den eineinhalb Jahrzehnten davor und bis in die frühen 1980er Jahre hatte ich regelmäßig größere bis sehr große Ansammlungen von Kohlweißlingen beobachtet und ihre Überflüge über die Stauseen verfolgt. Mehr nebenbei als gezielt, aber immerhin mit gewisser Verwunderung über das, was ich sah. In den 1960er Jahren hatte ich mich sogar in jugendlich-studentischer Neugier intensiver mit den Kohlweißlingen befasst, weil ihre Raupen in unserem Garten an den Weißkohlstauden und am Kohlrabi fraßen. Ihre Fraßschäden waren unübersehbar, gleichwohl nicht entscheidend für die Bildung ordentlicher

Krautköpfe oder Kohlrabiknollen. Waren die gelb gepunkteten, nicht unbedingt schön wirkenden Raupen verpuppungsbereit, krochen viele von ihnen, wie eingangs bereits kurz beschrieben, an der Hauswand hoch. Ein erheblicher Teil blieb aber merkwürdigerweise auf der Strecke, was bedeutet, dass sie nicht dort ankamen, wohin es andere geschafft hatten, nämlich unter den Fensterläden. Dort verpuppten sich diese. Die auf der Strecke Gebliebenen verpuppten sich nicht. Vielmehr geschah etwas höchst Auffälliges. Lang ausgestreckt hingen sie an der Stelle, die sie erreicht hatten, und rührten sich nicht mehr. Ein paar Tage später waren sie mit einem Dutzend oder mehr kleiner gelblicher Kokons bedeckt, die auf die Raupe geklebt schienen. Die Larven, die sich darin verpuppt hatten, stammten, wie auf Seite 68 f. schon einmal anerzählt, von der Brackwespe *Cotesia glomerata* (früher *Apanteles glomeratus*). Die kleinen Larven dieser schwärzlich-unscheinbaren Miniwespe hatten sich im Raupenkörper entwickelt und diesen nach und nach ausgefressen, während die Raupe heranwuchs. Als sie nicht mehr weiterkriechen konnte, hatten die Parasiten auch die Muskeln aufgezehrt. Nun selbst fertig zur Verpuppung, bohrten sie sich durch die Raupenhaut nach draußen und fertigten sich einen länglicheiförmigen Kokon.

Nach einiger Zeit, abhängig von der Temperatur, der sie während der Umbildungszeit zur fertigen kleinen Wespe im Kokon ausgesetzt sind, schlüpfen die Brackwespen und machen sich auf die Suche nach jungen Raupen der neuen Kohlweißlingsgeneration, die gerade heranwächst. Denn zwei oder drei solche können auf die Frühjahrsgeneration folgen. Man kannte sie (damals), diese Raupeneier, wie sie genannt wurden, weil sie vielfach, wahrscheinlich so gut wie überall in den Gärten, zu finden und an Wänden von Gebäuden zu sehen waren; auch etwas abseits der von ihnen ausgezehrten Kohlweißlingsraupen. Ohne größeren Enthusiasmus züchtete ich solche in größerer Zahl in den 1960er Jahren, um zu erfahren, wie groß das Ausmaß der Parasitierung war. Der Enthusiasmus fehlte, weil ich die erfolgreich geschlüpften, aus nächster Nähe betrachtet ja zweifellos schön aussehenden Falter mit der rahmgelb gefärbten Unterseite der Hinterflügel nicht einfach töten wollte. Aber Kohlweißlinge zu vermehren, das durfte auch nicht sein. Gerade (klein)bäuerliche Nachbarn haben wenig Verständnis für so ein verschrobenes Tun. Die Kohlweißlinge waren Ungeziefer, basta!

So ganz genau erinnere ich mich nicht mehr, wie ich mich aus der Affäre zog. Jedenfalls erzielte ich klare Ergebnisse: Der Parasitierungsgrad lag hoch; sehr hoch. Außer in Jahren, in denen es im Sommer zu jenen Massenansammlungen der Kohlweißlinge auf den Kleefeldern im Inntal kam, von wo aus der Überflug übers Wasser startete. Irgendwie müssen sie in solchen Sommern den Parasiten so weit entgangen sein, dass die davon üblicherweise verursachten Verluste in der ersten Generation zu gering ausfielen. Die zweite schaffte sodann die Massenvermehrung. Anders als beim Distelfalter die Witterung, die Menge des Regens, war es also beim Großen Kohlweißling der Verlust an Nachwuchs durch die Parasitierung, von dem die bestandssteuernde Hauptwirkung ausging. Anders ausgedrückt: War es dort ein Faktor der nicht lebendigen Umwelt, ein abiotischer Faktor, so war es bei den Kohlweißlingen ein biotischer. Dieser Befund machte die Deutung nicht einfacher. Im Gegenteil. Es sind in aller Regel abiotische Wirkgrößen, die sich leichter verstehen und (für Computeranalysen) modellieren lassen als biotische. Denn alles Nichtlebendige wirkt direkt und gänzlich unabhängig davon, ob die betroffene Art häufig oder selten ist. In der Ökologie wird dies »dichte-unabhängig« genannt. Wirkungen von Lebewesen auf andere sind jedoch davon bestimmt, wie häufig beide im Verhältnis zueinander (gerade) sind. Man nennt diese Auswirkungen deshalb »dichte-abhängig«.

Die Unterscheidung ist eminent wichtig, denn dichte-abhängige Faktoren regulieren. Sie dämpfen die ansonsten zwangsläufig auftretenden stärkeren oder starken Bestandsschwankungen. Weil der Zunahme der einen Art die entsprechende, mehr oder weniger schnelle der anderen folgt. Werden hingegen Distelfalter oder Wanderheuschrecken häufiger, weil es in einem bestimmten Winter reichlich geregnet hat, so wird es als Reaktion darauf das Wetter im nächsten nicht trockener werden, »um zu regulieren«. Wetter und Klima kümmern sich nicht um ihre Folgen, so könnten wir es auch ausdrücken.

Solche Unterschiede selbst zu erleben gehört zu den wichtigsten Erfahrungen für Ökologen. Modelle mögen noch so überzeugend sein, sie müssen sich in der Wirklichkeit bewähren. Aus guten Gründen sagt man, dass alle Theorie grau sei. Allzu sehr vertrauen sollte man theoretischen Konzepten oder gar als »Gesetze« deklarierten Modellen nicht. Die Natur, zumal die lebendige, hält sich selten an derartige Vorgaben. Oft erweisen sie sich kaum mehr als Wunschvorstellungen. Sie scheitern an der Komplexität der Natur, die für die Erstellung der Modelle zu sehr vereinfacht wurde.

Ökologische Gesetze, Regeln und Konzepte hatte ich reichlich zu lernen gehabt im Studium. Manches war schwer zu verstehen, weil es in Lehrbüchern allzu akademisch ausgedrückt wurde. Ein Satz aus einem großen Ökologie-Lehrbuch blieb mir im Gedächtnis. Oft habe ich ihn zitiert: »Die situativ variable Realisierung der Potenz Vagilität ergibt die Mobilität.«

Das war Lehrbuchstil, der intensiv verdaut werden musste, bis der Inhalt anwendungsfähig wurde. Gemeint war lediglich, dass die betreffenden Tiere je nach Situation mehr oder weniger weit umherschweifen. Amerikanische Lehrbücher boten bessere Alternativen zu so harter Kost, lebendiger waren sie aber auch nicht unbedingt: Auf Modelle, insbesondere auf mathematische, wurde in ihnen ähnlich viel Wert gelegt wie in den deutschen Lehrbüchern auf den so hochwissenschaftlichen Stil.

Als ich in der zweiten Hälfte der 1960er Jahre an der Universität München studierte, herrschten noch große Freiheiten. Beschränkungen gab es kaum. Im Mai 1968, kurz nach Beginn des Sommersemesters, wurde ich mit einer Massenvermehrung von Schmetterlingen konfrontiert, die bis in die Gegenwart Schlagzeilen machen, mit Gespinstmotten. Ihre nähere Behandlung wird zeigen, wie blauäugig es ist, anzunehmen, dass klare, wieder und wieder bestätigte Forschungsergebnisse zu Änderungen in der öffentlichen Wahrnehmung von Naturereignissen führen – geschweige denn dazu, dass sie Maßnahmen, die getroffen werden, nennenswert beeinflussen. In der sogenannten Schädlingsbekämpfung herrschen nach wie vor uralte Voreingenommenheiten.

Die Notwendigkeit der Langsamkeit

Doch vorerst gilt es, Angerissenes aufzugreifen und zu vertiefen. Ein ganz großer Unterschied zwischen Distelfalter und Kohlweißlingen besteht ja darin, dass letztere durch giftige, unangenehm schmeckende Inhaltsstoffe ziemlich gut (vor Vögeln) geschützt sind, ersterer aber nicht. Daraus ließe sich folgern, der Distelfalter müsse sehr schnell fliegen können, weil er sonst zu häufig Vögeln zum Opfer fällt. Nur wenn die Fluggeschwindigkeit hoch genug ist, werden auch fluggewandte Vögel oft genug vergeblich danach schnappen, dass der für sie damit verbundene Energieaufwand verglichen mit dem Gewinn, der sich aus einem nur gelegentlich erfolgreichen Fang ergibt, zu groß wird. Denn »die Natur«, so heißt es, verhält sich ökonomisch. Dem schnellen Falter rennen nur Schmetterlingssammler nach, die vom Fang nicht leben müssen, sondern sich diesen Luxus leisten können. Dass zu solchen auch hoch angesehene Literaten und Banker zähl(t)en, darauf werde ich im Kapitel »Die Schönheit der Schmetterlinge« eingehen. Dennoch ist diese abwegig erscheinende Bemerkung angemessen, denn tatsächlich stellt die Kosten-Nutzen-Kalkulation so etwas wie den Heiligen Gral in jenem bedeutenden Teilbereich der Ökologie dar, in dem es um Nahrung und Nahrungserwerb geht. Nehmen wir daher das Konzept zum Ausgangspunkt der abschließenden Betrachtungen zu den Kohlweißlingen.

Sie fliegen langsam; viel langsamer als die Distelfalter. Sie brauchen demzufolge auch viel länger für weite Wanderflüge. Das setzt sie unterwegs verstärkt den Unbilden der Witterung aus, die nicht berücksichtigt, ob sie gerade häufig oder selten sind. Kurz: Die Verluste während der Wanderung werden gewiss mitentscheiden, ob sich Wanderverhalten etabliert oder auf besonders günstige Umstände beschränkt bleibt. Das gilt übrigens genauso für die Vögel und den Vogelzug. Damit kommen wir zurück zur Fluggeschwindigkeit und stellen die Frage dazu etwas verändert neu: Warum fliegen die großen Kohlweißlinge nicht einfach auch schnell wie die Distelfalter, denen sie in Körpergröße und -form so stark ähneln, dass wahrscheinlich sogar Schmetterlingsexperten kaum in der Lage wären, feinsäuberlich geputzte Falter beider Arten, die keinerlei Schuppen mehr am ganzen Körper tragen, auf Anhieb zu unterscheiden? Die Großen Kohlweißlinge sollten in ihrer Brust nicht weniger Muskeln für den Flug und Fett als Treibstoff im Körper haben als die Distelfalter. So eine Frage zu stellen ist nicht abwegig. Aber sie enthält bei näherer Überlegung zwei Aspekte.

Erstens den direkten Leistungsvergleich entsprechend großer Falter. Der eine, der Distelfalter, fliegt schnell und weit. Zweitens die Frage nach dem (lohnenden!) Ziel. Der Distelfalter peilt es an, weil er auch dann die Wanderung macht, wenn seine Bestände nicht so groß sind und die Flüge nur bis in den Mittelmeerraum reichen. Dann wird daraus sozusagen der Kleine Jahreskreis, mit dem der Schmetterling dem Wüstenklima mit seiner unerträglichen Sommerhitze ausweicht. Mag es auch rund ums Mittelmeer sommerlich heiß werden, diese Hitze bleibt erheblich unter den Temperaturen südlich der Sahara. Und Sommergewitter mit Schauern gibt es rund ums Mittelmeer häufig genug. Die Wanderung über die Alpen hinaus sind die gleichsam logische Ausweitung des Kleinen zum Großen Jahreskreis, wenn es südlich der Sahara zu Massenvermehrungen gekommen ist. Damit ist das Ziel klar, und zwar keineswegs nur für den hier exemplarisch behandelten Distelfalter, sondern auch für den viel regelmäßiger zwischen Mittelmeerraum und den Regionen nördlich der Alpen wandernden Admiral oder den kleinen, häufig am Tag fliegenden Schwärmer namens Taubenschwänzchen *Macroglossum stellatarum*, das immer wieder mal für einen Kolibri gehalten wird. Und für eine Reihe weiterer, weniger bekannter Wanderfalter, wie den kleinen, schmalflügeligen Wanderzünsler *Nomophila noctuella* oder das riesige, besonders schöne Gegenstück dazu, den tropisch bunten Oleanderschwärmer *Daphnis nerii*. Viele weitere Insekten ließen sich anführen, die ähnliche Wanderungen zwischen Mittelmeerraum bzw. Nordafrika und Mittel- bis Nordeuropa in jahrweise höchst unterschiedlichen Mengen durchführen. Sogar Fliegen gehören dazu. Die Luft ist in günstigen Sommern voll mit solchen Fliegern. Gemeinsam ist ihnen allen, dass ein (aus unserer Sicht vernünftiges, d. h. nachvollziehbares) Ziel vorhanden ist. Die von ergiebigen Sommerregen versorgte Vegetation nördlich der Alpen im klimatisch gemäßigten Bereich bietet bessere

Bedingungen für die Vermehrung als das von Hitze und Sommertrockenheit geprägte Land ums Mittelmeer. Das dortige Klima wird aus guten Gründen Mediterranklima genannt. Gemeinsam ist ihnen allen auch, dass die Verluste auf den Wanderflügen hoch sind und sich diese häufig nur »lohnen«, wenn günstige Luftströmungen dazu beitragen, dass die Reisegeschwindigkeit entsprechend steigt und die Reisezeit sich verkürzt. Deshalb gibt es gute und schlechte Sommer für die Zuflieger aus dem Süden.

Beim Großen Kohlweißling tun wir uns jedoch schwer, ein Ziel anzugeben. Wohin sollte er wandern? Wo gäbe es für ihn etwas zu gewinnen in der unerbittlichen Bilanz zwischen Aufwand und Ertrag? Die oben zitierte Angabe im Handbuch der Schmetterlinge Baden-Württembergs scheint meinen eigenen Feststellungen sogar zu widersprechen. Dort steht, dass der Massenflug im August von Ost nach West gerichtet war, nicht nach Süden! Doch vielleicht steckt in diesem scheinbaren Widerspruch sogar die Lösung. Sollten die im August 1920 fünf Tage lang nach Westen geflogenen Kohlweißlinge ähnlich denen, die im August früherer Jahre in Südostbayern den Inn überquerten, weiter gewandert sein, müssten sie in für sie durchaus angemessener Zeitspanne von vielleicht einer Woche die Küste des Atlantiks erreicht haben. Und die nach Süden geflogenen aus Südostbayern wären an Mittelmeerstränden oder vielleicht sogar an der nordafrikanischen Küste angelangt. Beides wären »vernünftige« Ziele für eine Art, als deren ursprüngliche Herkunft man die meernahen Küstenregionen annimmt, an denen die Wildformen von Kohl und Rettichen wachsen. Aber die trotz gutem Schutz vor Vogelfraß verlustreiche Wanderung dürfte sich eigentlich nur gelohnt haben, wenn es den hierzulande verbliebenen, nicht fortgeflogenen Kohlweißlingen schlechter ergangen sein sollte. Ihre Puppen überwintern im temperierten Klima Mitteleuropas, was für die Distelfalter weder als Falter noch als Puppe oder Raupe in Frage kommt und anderen Wanderfaltern, wie dem Admiral, als Falter nur ausnahmsweise gelingt. Gut vorstellbar, dass nach erfolgreicher Vermehrung, wie sie vor der Massenwanderung zustande gekommen war, der Druck der Parasiten so enorm angestiegen wäre, dass die an Ort und Stelle verbliebenen kaum noch Überlebenschancen gehabt hätten.

Diese hier offen bleibende Frage lässt sich bei den Gespinstmotten vertiefen. Unmittelbar angebracht ist der schon zitierte Hinweis aus dem Handbuch der Schmetterlinge Baden-Württembergs zum einst natürlichen Vorkommen des Großen Kohlweißlings an den Küsten: »Die Spülsäume der Meere mit Wildkohl, Meerkohl und Meersenf sind von recht ephemerer Natur. Eine Art, die hier leben will, muss ein r-Stratege* sein, also eine möglichst schnelle Generationenfolge bei hoher Nachkommenzahl aufweisen, um damit einen neu entstandenen Lebensraum rasch zu erobern, aber auch große Verluste durch hereinbrechendes Meerwasser etc. schnell wieder wettzumachen.« Massenvermehrungen erfordern Abwanderungen. Lebensräume, die nur kurzzeitig existieren, können nur solche Arten besiedeln, die entsprechend mobil sind. Das ist die Botschaft aus obiger Formulierung. Ein r-Stratege zu sein bedeutet, dass die Art bei ihrer Fortpflanzung in möglichst viele Nachkommen investiert, so dass an Ort und Stelle der Bestand sehr schnell anwächst und die Nahrungsbasis unter Umständen rasch übernutzt. Das führt zu starken Bestandsschwankungen. Das Gegenstück, die K-Strategen, richtet ihre Vermehrungsquote stärker an den vorhandenen Lebensmöglichkeiten aus, so dass sie länger am Ort leben können und geringere Bestandsschwankungen durchmachen.

Also dürfte es sich bei den Wanderflügen der Großen Kohlweißlinge gar nicht um reguläre Wanderungen entsprechend jenen der »echten Wanderfalter« gehandelt haben, sondern um sogenannte Dismigration und Abwanderungen aus einem Vermehrungszentrum mit großen Überschüssen. Neubesiedelungen können dadurch zustande kommen. Die allgemeine Flugrichtung mag zu den Küsten hin orientiert sein, wo von Natur aus die geeigneten Lebensräume vorkommen. Die eine der beiden Teilfragen darf damit als beantwortet gelten. Die Folgerungen, die sich ergeben haben, lassen sich gezielt überprüfen. Die zweite Teilfrage verdient eine eigene Betrachtung, weil sie viele Schmetterlingsarten und andere Insekten in prinzipiell gleicher Weise betrifft. Es war dies die Frage nach dem Zusammenhang von Giftigkeit und langsamem Flug.

* Unterstreichung von mir

Gift im Körper

Drehen wir die Frage um und stellen sie folgendermaßen: Weshalb können bestimmte Schmetterlinge und andere Insekten Gifte in ihren Körpern als Schutz vor dem Gefressenwerden speichern, ohne sich damit selbst zu vergiften? Darin steckt doch offensichtlich das größere, der Beweglichkeit vorgelagerte Problem. Denn wäre es einfach, von der Raupe schützendes Gift über das Puppenstadium zum Schmetterling übertragen zu können, dann sollten längst viel mehr Arten oder so gut wie alle giftig und geschützt sein. Da dies offenbar nicht so ist und wir Menschen auch gezwungen sind, darauf zu achten, was uns als pflanzliche Kost bekommt oder nicht, müssen die giftfesten Arten über irgendetwas verfügen, das sie in die Lage versetzt, mit Gift in ihrem Körper zu leben.

Zwei unterschiedliche Formen des Umgangs mit Giftstoffen in der Nahrung sind vorstellbar und tatsächlich auch bei Schmetterlingen zu finden: Bei der Verdauung wird das Gift mit besonderen Enzymen chemisch so umgebaut, dass es im veränderten Zustand nicht mehr giftig wirkt, aber rasch wieder in die giftige Form zurückgeführt werden kann. Oder es wird schnell genug in ein Depot verfrachtet und gespeichert, bevor es die Raupe schädigt. Die große Mehrzahl der Insekten, die von giftigen Pflanzen leben, und fast alle Pflanzen sind irgendwie giftig, entledigen sich des Giftes durch enzymatische Umformung und chemische Zerlegung. Das macht es nicht bloß unwirksam, sondern ermöglicht seine Ausscheidung. Damit haben sie zwar die Schwierigkeit gemeistert, sind aber nicht grundsätzlich besser dran. Denn wenn kein Gift mehr in ihrem Körper ist, bleibt ihnen auch kein Schutzeffekt.

An dieser Stelle wäre es reizvoll, ins chemische Detail zu gehen, weil auch die Bildung von Farbstoffen eng damit zusammenhängt und viele Schmetterlinge und ihre Raupen durch besondere Farben auffallen. Doch das würde den Rahmen des Buches sprengen. Es muss reichen, klarzustellen, dass es sich bei den allermeisten Giftstoffen um Verbindungen handelt, die chemisch komplex aufgebaut sind, und dass die Giftwirkung häufig mit Schwefel- und Zyan-Verbindungen zusammenhängt. Bei den Kohlweißlingen sind es die schon mehrfach genannten schwefelhaltigen Senfölglykoside, bei den Widderchen (Blutströpfchen) andere Stoffe, die hochgradig giftige Blausäure freisetzen. Nun gilt aber die allgemeine (bio)chemische Gesetzmäßigkeit, dass die Wirkung chemischer Stoffe und die Geschwindigkeit chemischer Reaktionen von der Temperatur abhängig sind. Wir Menschen sind auch deswegen ziemlich giftempfindlich, weil unser Stoffwechsel im Körper mit hoher Intensität bei (knapp) 37 Grad Celsius verläuft. Vögel, zumal die kleinen Singvögel übertreffen uns darin jedoch beträchtlich. Ihre Körperinnentemperatur erreicht bis zu 42 Grad, was bedeutet, dass sie knapp unter der Todesgrenze leben. Kurzzeitig, insbesondere bei schnellem Flug und hohen Außentemperaturen, können auch Insekten 40 bis 42 Grad Betriebstemperatur erreichen. Ihr Stoffwechsel läuft dann auf Höchsttouren. Da nun aber die Giftwirkung mit steigender Temperatur zunimmt, müssen Schmetterlinge, deren Körper gefährliche Giftstoffe enthalten, entsprechend zurückhaltend mit Bewegungen sein, die Wärme im Überschuss erzeugen. Ihre Langsamkeit schützt sie vor Selbstvergiftung. Und hält sie davon ab, schneller und länger zu fliegen. Da sich alle giftigen Insekten so verhalten, hat diese Deutung viel für sich. Sogar für die Giftschlangen trifft sie zu. Sie sind träge, verhältnismäßig langsam und allenfalls nur ganz kurzzeitig schnell, wenn sie zustoßen. Auch giftige Kröten laufen langsamer als ungiftige Frösche. Gift bremst, so die allgemeine Folgerung.

Woraus sich ergibt, dass auch alle anderen Aktivitäten, die mit erhöhtem Umsatz von Energie verbunden sind, bei den giftigen Arten gedämpft oder unterdrückt bleiben. Der (große) Vorteil, Schutz vor Fressfeinden, bringt Einschränkungen in anderen Bereichen mit sich. Gift im Körper anzusammeln ist also keineswegs die uneingeschränkt beste Option, wie es auch enorme (Energie-)Kosten nach sich zieht, schneller als die Verfolger zu sein, Energie, die anderweitig, etwa bei der Erzeugung von Eiern, fehlt. Parasiten schaffen es ohnehin, die Giftabwehr zu umgehen, indem sie beispielsweise Gewebe wie Fettkörper nicht fressen, in denen die Gifte im Raupenkörper gespeichert sind. Auffälligkeit durch Warnfarben und exponiertes Fressen an den Pflanzen kann sich daher zum Nachteil entwickeln, wenn die Parasiten in der Lage sind, die Farbsignale und die Muster zu erkennen. Im Wechselspiel zwischen Feind und Beute gewinnt letztlich keiner den entscheidenden Vorteil. Aus unserer theoretischen Sicht auf die Natur darf dies auch nicht geschehen, weil der zu effiziente Parasit seine Beute und damit seine Existenzgrundlage ausrotten würde, oder die feind(druck)frei gewordene Beuteart ihre Nahrung allzu rasch komplett aufbrauchen und sich so selbst vernichten würde. Ob sich die Natur an unsere Vorstellungen hält, wissen wir nicht. Aussterben findet statt; immer und überall, aber meist unbemerkt. Dass die (agro)chemische Schädlingsbekämpfung nach der Totalauslöschung der bekämpften Arten strebt, sollte in diesem Zusammenhang dennoch zu denken geben. Die Geschwindigkeit, mit der das Gegenteil erreicht wird, nämlich Giftresistenz und neue Massenvermehrung der bekämpften Art(en), hat zu einem abstrusen Wettrennen geführt: zwischen den Schädlingen, die immer schneller immer besser werden, und den immer wieder neu konzipierten chemischen Vernichtungsmitteln. Verschärft wird diese Problematik durch extreme genetische Vereinheitlichung der Nutzpflanzen. Dabei ist längst bekannt, dass Massenvermehrung und Resistenzbildung der Schädlinge am besten durch genetische Vielfalt der betroffenen Nutzpflanzen in Schach gehalten werden kann. Wäre die Lage nicht so ernst, könnte man sich zurücklehnen und den Kopf schütteln.

Das Problem der zeitweise zu häufig gewordenen Großen Kohlweißlinge mit mehr oder weniger ausgeprägten Schäden an den Krautkulturen oder im Garten erledigte sich vielerorts weitgehend von selbst. Allerdings auf eine andere, im Prinzip naturgemäßere Weise. Es wurde immer weniger Kraut angebaut, so dass der Große Kohlweißling das frühere Super-Nahrungsangebot einbüßte. Da zudem die Kleefelder weithin verschwanden, weil die Naturdüngung durch Klee von Gülle ersetzt wurde, die im Übermaß anfiel, fehlten den Kohlweißlingen im Hoch- und Spätsommer auch die »Großtankstellen« für längere Wanderflüge. Nicht nur Kohlweißlinge bekamen den weitgehenden Ausfall der Kleefelder zu spüren, sondern auch andere Tagfalter der Fluren wie der Wandergelbling *Colias crocea*, auch Postillon genannt, und weitere, früher für Wiesen und Kleefelder typische Schmetterlinge. Die Verminderung der Nahrungsgrundlage wirkt sich generell am stärksten auf Häufigkeit und Bestandsentwicklung der davon lebenden Arten aus. So hat die Häufigkeit von Fliegen stark abgenommen, wo in den Viehställen auf Schwemmentmistung umgestellt wurde. Denn in der Gülle können die Fliegenlarven nicht leben, die sich vormals in den Misthaufen gut entwickelten. Die Anlage von Bio-Kompost in den Gärten mehrte manche Fliegenarten, doch bei weitem nicht in dem Ausmaß, in dem das die früheren Misthaufen aus der Viehhaltung getan haben. Würden Brennnesselbestände großflächig vernichtet, müssten die Brennnesselfalter rar werden. Das sind zwar einige Beispiele dafür, wie die verfügbare Nahrung und ihre Veränderung Häufigkeit und Vorkommen von Arten bestimmen, doch selten einmal kann diese Möglichkeit zur Regulierung in der freien Natur tatsächlich eingesetzt werden. Meist geht das nicht, weil die Nutzpflanzen erhalten und produktiv bleiben sollen. Weit eher kommt daher für die Regulierung von Schäden verursachenden Insekten der nächstwirksame Faktor in Frage. Es sind dies die natürlichen Feinde, allen voran die Parasiten. Wie sie wirken, zeigt sich am eindrucksvollsten bei den Gespinstmotten. Haben sie Traubenkirschen befallen, können wir dem Geschehen ganz entspannt zusehen, weil keine nachhaltigen Schäden entstehen. Und daraus viel lernen.

Das geheimnisvolle Leben der Gespinstmotten

Kahl gefressene, silberweiß eingesponnene Bäume in Flussniederungen und Auenwäldern mitten im grünenden Mai sind ein irritierend schöner Anblick. Die inneren Alarmglocken schrillen, weil die mitunter bis aufs letzte Blättchen abgefressenen Bäume rettungslos verloren scheinen. Und da sich die Gespinste über die Bodenvegetation ausbreiten, droht der ganze Auwald vernichtet zu werden. Was bei Maiensonnenschein gegen den strahlend blauen Himmel irgendwie apart, zumindest skurril wirkt, verliert rasch den morbiden Charme, wenn es, wie im Mai üblich, länger kräftig regnet. Dann verfärbt sich das nur bei schönem Wetter silbrig glänzende Gespinst zu schmutzigem Graubraun, weil die eingeschlossenen Kotreste der Raupen zerfließen. Die Baumskelette irritieren in diesem Zustand noch mehr. Das ist verständlich, aber unnötig. Wenige Wochen später, meist schon um die Wende vom Mai zum Juni, treiben die Bäume nämlich wieder frisches Grün. Später, im Hochsommer, verraten nur noch die Reste der Gespinste an den Stämmen, dass die Bäume im Mai kahl gefressen waren. Die neuen Blätter sehen jetzt sogar besser aus als die im Frühjahr abgefressenen. Den allermeisten fehlt nichts. Sie verbräunen im Herbst in ganz normaler Weise, fallen als dürres Laub ab. Auf den totalen Kahlfraß der wie skelettiert aussehenden Bäume folgt ein geradezu idealer Zustand, so als ob nichts gewesen wäre. Wie kann das sein, und warum sehen wir dieses Phänomen nur in manchen Frühjahren und nicht alljährlich? Diese einfach klingenden Fragen lassen sich, wie sich gleich zeigt, gar nicht leicht und vor allem nicht über Untersuchungen, die einige wenige Jahre umfassen, beantworten. Mich beschäftigen die Gespinstmotten seit Mai 1968, also bereits ein halbes Jahrhundert. Und immer noch sind wichtige Fragen offen. Was ich in den fünfzig Frühsommern über die Gespinstmotten ge-

Traubenkirsche, von Gespinstmotten kahl gefressen und eingesponnen

lernt habe, lässt sich in zwei Kernsätze fassen. Erstens: Mehrjährige Untersuchungen reichen nicht, um die Bestandsdynamik von Schmetterlingen zu verstehen; auch ein Jahrzehnt ist oft zu wenig. Zweitens: Die Wechselwirkungen zwischen Insekt und Pflanze sind viel intensiver und komplexer, als wir sie uns vorzustellen pflegen, zumal in der Schädlingsbekämpfung.

Die Traubenkirsche, ein Auwaldbaum

Nachfolgend versuche ich, die wesentlichen Befunde zu erläutern. Fast alles kann man selbst und ohne großen technischen Aufwand direkt mitverfolgen. Beginnen wir mit den oben schon kurz geschilderten Beobachtungen. Wir sehen eingesponnene und mehr oder minder kahl gefressene Bäume. Es handelt sich um Traubenkirschen *Prunus padus*; ausnahmslos. Wichtigster Befund, der sogleich die Befürchtungen stark einschränkt: Nur sie ist betroffen, keine der anderen Baumarten des Auwaldes. Traubenkirschen sind eine typische Baumart feuchter Niederungen. Sie wachsen in Bachtälern und Auenwäldern. In Jahren ohne stärkeren Befall durch die Gespinstmotten, sehen und riechen wir sie, wenn sie Ende April oder Anfang Mai blühen. Ihre cremeweißen Blütentrauben, die aus vielen kleinen

Blüten vom »Röschentyp« zusammengesetzt sind, heben sich dann unübersehbar vom jungen hellen Maiengrün ab. In manchen Jahren, in denen sie besonders üppig blühen, sehen die Traubenkirschen aus, als wären sie mit Schaum überzogen.

Dieser duftet weithin. Und ganz charakteristisch. In seiner Besonderheit leider nicht beschreibbar, weil wir für Düfte keine brauchbaren, allgemein verständlichen Bezeichnungen haben. Wer Wein schätzt, weiß das. Das Bukett, das er laut Etikett oder Anpreisung haben soll, gleicht weit mehr phantasievollen Erfindungen als der mit der Nase nachvollziehbaren Wirklichkeit. Was keine Kritik sein soll, sondern lediglich das Manko ausdrückt, das wir in Bezug auf Differenzierung und Charakterisierung von Gerüchen haben. Von Gestank ganz abgesehen, der für die Nase eines Hundes ein Wohlgeruch sein kann und den er sich, sich auf der Quelle des fragwürdigen Duftes wälzend, auch noch aufs Fell zu übertragen versucht. Diese Abschweifung hat durchaus ihre Berechtigung. Das wird man alsbald feststellen, wenn man sich den im Auwald so besonderen Duft der Traubenkirschenblüten nach Hause holt. Die Blütenzweige halten gut in Vasen mit ausreichend Wasser. Aber nach wenigen Stunden, spätestens in der Nacht, wird sich der draußen so bezaubernde Duft in einen recht unangenehmen Geruch oder einen schier unerträglichen, empfindlichen Menschen Kopfschmerzen verursachenden Gestank verwandeln.

Was die Atmosphäre des Frühlingsauwaldes prägte, nehmen wir im geschlossenen Raum nach einiger Zeit offenbar ganz anders wahr. Charakteristisch bleibt der Geruch dennoch. Woher er kommt, ließe sich vordergründig mit »aus den Blüten« beantworten. So richtig diese Feststellung auch ist, so wenig besagt sie. Denn die Blüten erzeugen Düfte nicht einfach so. Sie können nur absondern, was der Baum, was die jeweilige Pflanze, an Rohstoffen erzeugt. Mit dieser Überlegung kommen wir zum Kern. Die Traubenkirsche ist eine Kirschbaum-Art und als solche nahe verwandt mit unseren Süßkirschen und den wild wachsenden Vogelkirschbäumen *Prunus avium*. Diese gehören, wie auch die Schlehen und weitere Verwandte zur Gattung *Prunus* = Kirsche. Tatsächlich entwickeln die Traubenkirschen richtige Kirschen, die aber im Vergleich zu den Wild- oder Vogelkirschen klein bleiben und gereift glänzend schwarz aussehen. Sie sind zwar essbar, enthalten aber zur Süße einen adstringierenden Bitterstoff. Den Kern umgibt wenig Fruchtfleisch. Daher sind sie als Wildfrüchte bei uns nicht sonderlich geschätzt. Vielfach hält man sie für giftig. Die Schlehenfrüchte, gleichfalls Kirschen, entwickeln viel mehr Bitterstoffe und wirken giftiger, so dass wir sie unbearbeitet nicht wie die Wild- und die veredelten Süß- oder Sauerkirschen genießen können.

Giftstoffe in der Traubenkirsche

Wiederum ist so ein Seitenblick auf die Kirschen wichtig. Denn was wir über die Kirschen der Traubenkirschen am Rande mitbekommen, ist für die Gespinstmotten lebenswichtig. Im Blütenduft der Traubenkirschen äußert sich, dass es um Inhaltsstoffe geht, die vor allem den Blättern und den dünnen Zweigen einen besonderen, ganz unverwechselbaren Geruch verleihen. Zerreibt man ein paar Blätter zwischen den Fingern, wird dieser freigesetzt. Er wirkt für die allermeisten Menschen unangenehm bis abstoßend. Zumindest regt er nicht dazu an, daraus einen Tee bereiten zu wollen, was bei der Giftigkeit auch nicht anzuraten wäre. Die Blätter enthalten Amygdalin und Isoamygdalin. Das sind hochgradig giftige Blausäure-Glykoside. Die Giftwirkung kommt zustande, wenn der Blausäure-Anteil davon getrennt wird.

Darauf hatte ich im Kapitel »Gift im Körper« bereits allgemein hingewiesen. Enthalten sind diese Blausäure-Glykoside in den deswegen auch giftigen Bittermandeln und anderen Samen von Steinfrüchten sowie in Apfelkernen. In Magen und Darm wird daraus Blausäure frei. Womit wir zur Gespinstmotte zurückgekommen sind, deren Raupen ausschließlich (!) von den Blättern der Traubenkirschen leben. Sie heißen daher ganz richtig Traubenkirschen-Gespinstmotten, leider aber wissenschaftlich falsch und verwirrend *Yponomeuta evonymella.* Falsch deswegen, weil der Artname *evonymella* das Pfaffenhütchen *Euonymus* meint, an dem die Traubenkirschen-Gespinstmotten aber nicht leben. An diesem fressen die Raupen einer anderen, als Falter sehr ähnlich aussehenden Gespinstmotte namens *Yponomeuta cagnagella*. Ihre Besonderheiten werden uns im Zusammenhang mit den Gespinsten noch einmal beschäftigen.

Halten wir hier fest, dass die Traubenkirschen-Gespinstmotte nur auf der Traubenkirsche vorkommt und auf sonst keiner anderen Baum- oder Strauchart. Die Verwechslung bei der wissenschaftlichen Benennung hatte Gründe, die bis in die Gegenwart fortwirken: Die geschlüpften Gespinstmotten sind kleine, schmal länglich gebaute, silberweiße Schmetterlinge. Auf den Vorderflügeln tragen sie Längsreihen feiner schwarzer Punkte. Fünf sind es bei der Traubenkirschen-Gespinstmotte. Drei bei der an Pfaffenhütchen und Weißdornsträuchern lebenden. Die bei uns vorkommenden Arten lassen sich kaum voneinander unterscheiden, außer man hat sich die Unterschiede, wie die feinen Punktereihen, die Färbung der Fransen am Rand der Flügel und ob diese einen dunklen Wisch tragen oder nicht, gut genug eingeprägt und die Lupe zur näheren Betrachtung dabei. Als Gruppe stellen sie ein ökologisches Lehrstück dar für die Auffächerung einer Gattung in ein Spektrum unterschiedlicher, ökologisch sehr fein eingenischter und voneinander getrennter Arten. Unsere Natur enthält sehr wohl eindrucksvolle Beispiele für Evolution und Ökologie. In die Lehrbücher müssten nicht die üblichen Standardversionen der angloamerikanischen Fachliteratur übernommen werden, die aus fernen Regionen stammen.

In unserem Fall geht es um die spezifischen Inhaltsstoffe der Traubenkirsche, die nur sehr wenige Insekten als Bestandteil der Nahrung vertragen. Wenn wir diesen Baum genauer absuchen, finden wir in der Regel kaum mehr als eine Handvoll unterschiedlicher Insektenarten. Die Raupen des Ulmen-Harlekins *Abraxas sylvata*, einer Spannerart, gehören dazu. Sie nutzen aber mehr die Ulmen, wie der deutsche Name verrät, als die Traubenkirschen; verglichen mit den Traubenkirschen-Gespinstmotten bleibt dieser durch rundliche rostbraune Flecken auf seidenartig hellen Flügeln gekennzeichnete Falter sehr selten. Häufiger finden wir Blattläuse und hörnchenartige Auswüchse auf den Blättern, die vom Befall mit Gallmilben herrühren. Die Gallmilbenart *Eriophyes padi* ist auf die Traubenkirsche spezialisiert. Und das ist es dann auch schon. Keine andere Baumart hat bei uns so wenige an ihr lebende Insekten wie die Traubenkirsche. Bei den Eichen geht die Artenzahl in die Hunderte, obwohl sie einen so hohen Gehalt an Gerbstoffen aufweisen, die eigentlich Fressfeinde fernhalten sollten. Sie halten diese mehr »im Zaum« als ab, so dass es an den Eichen selten zu Kahlfraß kommt. Und wenn doch, kann dieser die Bäume tatsächlich beeinträchtigen. Massenentwicklungen von Eichenwicklern *Tortrix viridana* oder die wegen ihren Raupen, die giftig und irritierend wirkende Haare tragen, gefürchteten Eichenprozessionsspinnern *Thaumetopoea processionea* können die Eichen tatsächlich schädigen. Gegenwärtig, im Frühsommer 2018, gibt es wieder einen sehr starken Befall der Eichenwälder in verschiedenen Regionen Mitteleuropas. Besonders betroffen ist Nordbayern. Abgebrochene Raupenhaare trägt der Wind umher. Viele Menschen leiden unter Hautreizungen und Erkrankung der Atemwege. Die Massenvermehrung wird dem sehr warmen Jahr 2015 und den warmen Folgejahren zugeschrieben. Die wirklichen Ursachen sind offenbar unbekannt und zu wenig erforscht.

Erklärt wird die sehr geringe Artenzahl der von den Traubenkirschen lebenden Insekten damit, dass dieser Baum nach Ende der letzten Eiszeit erst spät wieder in Mittel- und Nordwesteuropa eingewandert ist. Er hatte die Kaltzeit im südosteuropäisch-vorderasiatischen Refugium überlebt, wie viele andere Baum- und Pflanzenarten auch. Das mag für die zuletzt von der Traubenkirsche erreichten Britischen Inseln plausibel sein, für Mitteleuropa überzeugt so eine Deutung der Artenarmut des Insektenlebens auf dieser Baumart aber nicht. Denn warum sollte sie bei ihrer nacheiszeitlichen Rückkehr nicht ein übliches Spektrum von Insektenarten mitgebracht haben? Die Traubenkirsche war ja nicht künstlich nach Mittel- und Nordwesteuropa eingeführt worden wie die Rosskastanie, deren »Motte« *Cameraria ohridella* in den letzten beiden Jahrzehnten Schlagzeilen machte, weil sie die bayerische Biergartenkultur zu gefährden schien. Viel wahrscheinlicher ist es, dass es am speziellen Gift, am Inhaltsstoff liegt, der den eigentümlichen und für uns abstoßend wirkenden Geruch erzeugt.

Mit diesem kommen offenbar nur sehr wenige Insekten zurecht. Das drückt sich über die Vögel aus, die Raupen fressen. Selbst der Kuckuck, der sogar die stachligsten Raupen verzehrt und die im Magen abgebrochenen Haare in Form von Speiballen wieder auswürgt, hält wenig bis nichts von den oft in dichten Massen vorhandenen Raupen der Traubenkirschen-Gespinstmotten. Der Pirol, von tropischen Insekten voller Abwehrstoffe nicht gerade verwöhnt, nutzt die Raupen auf den Traubenkirschen ebenfalls kaum. Anderslautende Berichte können auf Beobachtungen beruhen, die andere, weniger oder ungiftige Gespinstmottenraupen betreffen, die allerdings denen der Traubenkirschen-Gespinstmotte außerordentlich ähnlich sehen.

Die Raupen der Traubenkirschen-Gespinstmotte vertragen offensichtlich die giftigen Inhaltsstoffe der Blätter, und zwar so gut, dass sie immer wieder Kahlfraß verursachen. Sehen wir uns daher ihren Lebenslauf etwas genauer an. Er wird sich als sehr aufschlussreich erweisen.

Das Raupenleben der Gespinstmotten

Zeitgleich mit dem Austreiben der Traubenkirschen schlüpfen die Räupchen der Gespinstmotte im Frühjahr aus den Eihüllen, in denen sie gut geschützt Herbst und Winter verbracht haben. So klein, wie sie sind, so schwach sind auch noch ihre Kiefer. Sie können nur die ganz jungen, noch nicht gehärteten Blätter zerbeißen und verzehren. Das tun sie in den sich entfaltenden Frühjahrstrieben, in denen sie vor den Witterungseinflüssen gut geschützt sind. Es sei denn, es kommt ein später Wintereinbruch mit Frost. Dann gehen viele dieser frisch geschlüpften Jungraupen zugrunde. Alle sind es nie, denn es gibt immer welche, die nicht gleich mit den ersten sich öffnenden Blattknospen schlüpfen, sondern Wochen später Ende April, mitunter auch Anfang Mai. Sie entgehen meist Spätfrösten, gleichwohl nicht jedes Jahr, denn das Wetterphänomen der »Eisheiligen« bringt nicht selten noch in der ersten Maihälfte Frostnächte. Die Unterscheidung zwischen »frühen« und »späten« Räupchen ist außerordentlich wichtig, denn letztere stellen gleichsam die Reserve dar, sollten die früh geschlüpften zugrunde gehen. Sie haben aber keine Chancen, erfolgreich zu überleben und sich zu verpuppen, wenn das Wetter für die frühen Räupchen günstig war. Denn diese haben den Entwicklungsvorsprung und können Kahlfraß verursachen. Den »Späten« bleibt dann zu wenig oder gar nichts. Sie werden zu Hungerraupen, deren Tätigkeit gleich näher behandelt wird. Wichtig ist, festzuhalten, dass beide unentbehrlich sind, weil die Witterungsverhältnisse von Frühling zu Frühling sehr stark schwanken. Die Vorteile günstiger Aprilwitterung wandeln sich allzu rasch in den tödlichen Nachteil bei ungünstigem Witterungsverlauf im Mai.

Nach der ersten Häutung fressen die Raupen nun von außen an den inzwischen größer und üppiger gewordenen Blättern der Traubenkirschen. Und sie beginnen damit, mehreckige, zeltartige Gespinste zu fabrizieren. In diese ziehen sie sich bei ungünstiger Witterung zurück; auch in der Kühle der noch kalt werdenden Maiennächte. Ist der Befall gering, weil im vorausgegangenen Sommer wenige Gespinstmotten geschlüpft waren, sich gepaart und die Weibchen Eier abgelegt hatten, bemerken wir wenig von ihnen. Sehen wir mal ein Gespinst an den Enden von Zweigen in mittleren und unteren Etagen der Traubenkirschbäume, verschwindet es im sich derweilen üppig entfaltenden Blattwerk, das bei den Traubenkirschen viel dichter und kräftiger grün wird als bei den Grauerlen in ihrer Umgebung. Hatten viele Weibchen im Juli letzten Jahres erfolgreich Gelege an die Knospen der Traubenkirschen abgesetzt, die für den Austrieb im nächsten Jahr gebildet wurden, nimmt der Befall sichtlich zu.

Das Blattwerk der Traubenkirschen wird rasch lichter, die Gespinste werden ausgedehnter und dichter. Mitte oder Ende Mai können erste Bäume ganz eingesponnen und kahl gefressen sein. Wo sie in Gruppen beisammenstehen, weil es sich um Austriebe aus Wurzelstöcken handelte, ergreifen Kahlfraß und Gespinste alle Bäume. Nie aber werden Erlen, Eschen und andere Auwaldbäume befressen. Die Raupen sind ausschließlich auf die Traubenkirschen spezialisiert. Sie sind monophag, wie es im Fachjargon heißt, also auf eine einzige Nahrungsart eingestellt. Und wie zu sehen ist, sind sie dabei sehr erfolgreich. In Massen kriechen sie nun aus den leer gefressenen Kronen an den eingesponnenen Stämmen herab zu Ast-

Traubenkirschen-Gespinstmotten – Raupenmassen mit beginnender Verpuppung

abzweigungen oder zum Stammfuß und suchen nach einer für die Verpuppung geeigneten, einigermaßen geschützten Stelle. Sie soll insbesondere regen- und hagelsicher sein. An dieser klumpen sie sich zu Hunderten, ja zu Tausenden zusammen. In wenigen Tagen entstehen aus den fahl gelblichen, schwarz gepunkteten Raupen schmale spindelförmige Tönnchen. Sie haben sich diese ihre Puppenwiegen selbst gesponnen und ganz dicht aneinandergefügt. Doch nun passiert häufig etwas Eigenartiges. Ausgezehrt aussehende Raupen überziehen diese Ansammlungen von Puppen mit einem dichten Außengespinst. Dieses schützt vor Regen und den Witterungseinflüssen. Es hält insbesondere aber Schlupfwespen und Raupenfliegen fern, die versuchen, ihre Eier an die Puppen abzulegen. Die Larven dieser parasitischen Insekten würden die Puppen leer fressen. Ist das äußere Schutzgespinst dicht genug, tun sie sich schwer, durchzukommen. Oder sie schaffen es gar nicht mehr. Viele Untersuchungen von Puppenmassen, die ich dem geschützten Zentrum entnahm, ergaben geradezu phänomenale Schlupfraten der Schmetterlinge von bis zu 98 Prozent.

In Kahlfraßjahren mit den silberweiß eingesponnenen, scheinbar zu Skeletten gewordenen Traubenkirschen im Mai folgt daher im Juni und Juli ein Massenschlüpfen der kleinen Gespinstmotten. Im Hochsommer sieht man sie überall im Auwald auf der Vegetation oder an den Baumstämmen sitzen. Nähert man sich diesen kleinen Schmetterlingen, fliegen sie meist nicht auf. Sie springen weg und lassen sich hinab in den dichten Bodenbewuchs fallen. Logischerweise sollte auf so einen Massenschlupf im nächsten Jahr eine weitere Massenentwicklung mit Kahlfraß folgen. Doch das geschieht höchst selten einmal und nur, wenn der vorausgegangene Sommer zwar ein »guter« für die Gespinstmotten war, aber kein Massenjahr. Warum das so ist, beschäftigte mich seit vielen Jahren. Bevor ich gleich darauf eingehe, möchte ich auf die Raupen zurückkommen, die das Außengespinst fertigen und damit ihre Artgenossen in den schon vorhandenen Puppen schützen.

Hilfreiche Hungerraupen

Wie schon betont, sehen diese Raupen nicht gut aus. Hungerraupen nennt man sie, weil ihre Körper meist (deutlich) dünner sind als die Kopfkapsel. Ihre Bewegungen wirken langsamer, »müder«. Tatsächlich schafft es, meinen Untersuchungen zufolge, keine, bis zur Verpuppung zu kommen, auch nicht, wenn ich sie mitnahm und daheim hielt. Der Grund dafür ist oben in den Bäumen sichtbar: Die anderen Raupen, die sich erfolgreich verpuppten, hatten die Traubenkirsche kahl gefressen. Für die Hungerraupen war zu wenig übrig. Das dürfte das übliche Schicksal der »späten« Raupen des Frühjahrs sein, wenn das Wetter für die »frühen« günstig verläuft. Trifft diese aber ein verspäteter Wintereinbruch, gewinnen die »Späten«, denn nun verbleibt genug Nahrung für sie im wenig bis kaum befressenen Blattwerk.

Als Hungerraupen ohne Chance auf Verpuppung und, was noch wichtiger ist, ohne die Stoffe als Vorrat im Körper, welche die Weibchen für die Bildung der Eier benötigen, haben sie gewissermaßen nichts mehr zu verlieren. Aber da sie möglicherweise, sehr wahrscheinlich sogar mit den erfolgreichen Raupen nahe verwandt sind, weil sie aus Gelegen derselben Weibchen stammen können, verbessert ihr Tun die Überlebenschancen der Geschwister. Denen kommt das Einspinnen der Puppenmassen durch die dem Tod geweihten Raupengeschwister zugute. Diese eignen sich ja nicht einmal für die Parasitierung durch Schlupfwespen. Zumindest vermute ich dies stark, ohne bisher entsprechende Untersuchungen durchgeführt zu haben. Denn nie sah ich, dass Hungerraupen von Schlupfwespen untersucht wurden. Zur Klärung sollte ich Hungerraupen einsammeln und überprüfen, ob sie überhaupt und wenn ja, von welchen Parasiten befallen sind und wie deren Schlupfraten ausfallen. Wie schon eingangs angedeutet, ist längst noch nicht alles klar im komplexen Beziehungsgefüge zwischen Gespinstmotte und Traubenkirsche.

Zwischen Parasitierung und Massenvermehrung

Gut gesichert ist der Befund, dass das Ausmaß der Parasitierung mit der Häufigkeit der Gespinstmotten zunimmt, aber bei sehr hoher Häufigkeit wieder stark abfällt. Gibt es (sehr) wenige, bleibt der Parasitierungsgrad gering. Sind die Raupen mäßig häufig bis häufig, steigt dieser an und kann über 50 oder sogar über 70 Prozent hinausgehen. Doch bei Massenbefall mit Kahlfraß nimmt er so stark ab, dass nur periphere Puppen betroffen sind, die in der Gesamtmenge wenig bis nichts ausmachen. 98 Prozent Schlupfrate der Gespinstmotten, die in den Schlupfnächten im Sommer aus den Puppenmassen hervorquellen, als ob diese überschäumen würden, kommen zustande. Sie werfen die Frage auf, warum die bremsende Wirkung oder eine richtige Kontrolle durch die parasitischen Schlupf- oder Brackwespen und die an stachelige Stubenfliegen erinnernden Raupenfliegen ausgerechnet dann nicht mehr funktioniert, wenn die Gespinstmotten besonders häufig geworden sind. Die Verlustquote an die natürlichen Feinde liegt bei Massenvermehrung sogar niedriger als in den Phasen der geringen Häufigkeit.

Ein Befund machte die ganze Geschichte vollends undurchsichtig. Denn nach einer Massenvermehrung hatte sich gezeigt, dass die so erfolgreich geschlüpften Falter deutlich kleiner waren als solche aus Normaljah-

Gespinstmotten
in Massen geschlüpft

ren mit mittlerem bis geringem Befall der Traubenkirschen. Die nähere Untersuchung ergab, dass hauptsächlich die Weibchen betroffen waren. Sie hatten viel weniger oder gar keine Eier im Hinterleib. Das verkürzte ihre Körperlänge um bis zu zwei Millimeter. Das Massenschlüpfen täuschte somit einen Erfolg vor, der fortpflanzungsbiologisch gar keiner war. Denn was nützt es, wenn aus einem Großteil der Raupen Schmetterlinge entstehen, deren Fruchtbarkeit stark vermindert oder gar nicht mehr gegeben ist? Das schien die Erklärung dafür zu sein, dass auf Kahlfraßjahre mit hohem Schlupferfolg der Gespinstmotten trotz sehr geringer Parasitierung im darauffolgenden Jahr der Befall zurückging oder gering ausfiel. Über Jahrzehnte betrachtet, hoben sich Gruppen von Jahren mit gehäuft stärkerem Auftreten der Traubenkirschen-Gespinstmotten von solchen mit geringem Befall deutlich ab.

Die Massenvermehrungen haben allerdings im vergangenen halben Jahrhundert nicht generell zugenommen, wie neuerdings wiederholt behauptet wurde, weil man den »Eindrücken« glaubte und vorhandene quantitative Untersuchungen dazu nicht abfragte. Denn die derzeitige Zunahme der Gespinstmotten würde allzu gut zum Klimawandel passen, mit dem sich eben nicht jede Veränderung erklären lässt. In den späten 1960er und frühen 1970er Jahren hatte es jedoch eine größere Häufung von Jahren mit stärkerem oder starkem Gespinstmottenbefall als seit 2010 gegeben. Doch die Frage nach einem wie auch immer gearteten Trend betrifft nur die eine Seite des Phänomens. Die andere steckt in der wichtigeren Frage, welche Aussagekraft 50 Jahre in Bezug auf die Entwicklung des Bestands einer so eng spezialisierten Schmetterlingsart besitzen. Wie kommt das starke Auf und Ab wirklich zustande? Das ist immer noch nicht hinreichend geklärt.

Längerfristige Häufigkeitszyklen

Erweitern wir den Blick auf die Abläufe von Jahr zu Jahr. Wie bereits betont und wie auch draußen leicht zu sehen ist, gibt es Jahre mit starkem Befall, solche mit mäßigem bis schwachem und schließlich solche, in denen die Gespinstmotten gesucht werden müssen. Und wie vorhin festgestellt, ist der Parasitierungsgrad am höchsten bei mittlerer Häufigkeit. Also ist anzunehmen, dass die Gespinstmotten, genauer ihre Raupen, in jenen Jahren, nach denen es im darauffolgenden zur Massenentwicklung mit Kahlfraß gekommen ist, dem Druck der Parasiten besser entgingen als in den meisten anderen Jahren. Kann die (Sommer-)Witterung dabei eine Rolle spielen? Oder liegt es an der Winterkälte?

Die Prüfung dieser Möglichkeiten ergab keinen klaren Zusammenhang. So lagen die durchschnittlichen Sommertemperaturen Anfang der 1970er Jahre unter dem Durchschnitt der letzten 50 Jahre. Im Massenflugsommer 1974 war sie sogar fast 3 °C niedriger als 1983, dem nächsten Jahr mit besonderer Massenentwicklung der Gespinstmotten. 1991, als wieder alle Traubenkirschen kahl gefressen und eingesponnen waren, nahm das Temperaturmittel eine mittlere Position ein, und 1997 war es auf nur noch ein Grad über dem Wert von 1974 gesunken. Die Temperaturen im jeweils dem Massenflug vorausgegangenen Winter blieben allesamt im durchschnittlichen Bereich mit lediglich geringfügigen Abweichungen. In neuerer Zeit verhielt es sich nicht anders. Es ergab sich also kein erkennbarer Zusammenhang mit den Sommer- oder Wintertemperaturen. Eher sieht es nach längerfristigen Häufigkeitszyklen aus, die in Abständen von sieben bis neun oder zehn Jahren aufeinander folgen. In den letzten Jahren lief wieder so ein Zyklus. Daher die mediale Aufmerksamkeit bezüglich der eingesponnenen Bäume, die wider Erwarten dann doch nicht abstarben.

Das nach dem Kahlfraß gebildete, neue Blattwerk ist so leistungsfähig, dass sich in den Jahresringen der Stämme Kahlfraßjahre kaum erkennen lassen. Vielmehr kommt der Eindruck zustande, dass der totale Blattverlust nur etwa dem entspricht, was die Traubenkirschen in Jahren ohne Gespinstmottenbefall in die Blüten und in die Produktion der Früchte, der kleinen schwarzen Kirschen, investieren. Denn solche gibt es nach Kahlfraß natürlich nicht mehr. Die zweite Blattgeneration bleibt dank der Tatsache, dass der Baum keine anderen Insekten hat, die nennenswerte Blattverluste verursachen könnten, weitestgehend unbeschädigt und damit hochleistungsfähig. Einzig eine Langzeitwirkung ist vorstellbar und durchaus wahrscheinlich, wenn man das Wachstum der Auwaldbäume bei der traditionellen Niederwaldnutzung mitverfolgt.

Niederwaldbewirtschaftung und ihre Folgen

Bei Niederwaldbewirtschaftung werden Bäume im Auwald in Abständen von 15 bis 20 Jahren »auf Stock gesetzt«, also dicht über dem Boden abgesägt. Der Wurzelstock bleibt. Die etwa armstarken oder etwas dickeren Stämme werden in etwa 30 Zentimeter lange Stücke geschnitten, gespalten und als Brennholz genutzt. Diese Nutzung nimmt gegenwärtig wieder zu unter dem Deckmantel der erneuerbaren Energien. Unberücksichtigt bleibt, weil Erneuerbares als grundsätzlich gut gilt, dass dabei große Mengen an Feinstaub freigesetzt werden, die pro erzielter Energieeinheit die von Diesel erheblich übertreffen. Auf Stock gesetzte Bäume, vornehmlich Grauerlen *Alnus incana*, Schwarzpappeln *Populus nigra* und eben Traubenkirschen, treiben wieder aus und bilden im Lauf der Jahre, die sie aufwachsen, eng stehende Gruppen neuer Stämme. Ihre nach innen gerichtete Krümmung direkt an der Bodenoberfläche verrät noch Jahrzehnte später diese traditionelle Nutzungsform.

Die Grauerlen sollten beim Aufwachsen eigentlich einen großen Vorteil haben, weil ihre Wurzeln in Symbiose mit Strahlenpilzen leben, die in der Lage sind, Luftstickstoff direkt zu binden, den sie den Erlen zur Verfügung stellen. Tatsächlich entwickeln sich die Stockausschläge der Traubenkirschen aber viel schneller. Nach wenigen Jahren überragen sie den Erlen- und auch den Pappeljungwuchs. Mindestens bis zum Ende des ersten Jahrzehnts ihres Aufwachsens hält ihr Wachstumsvorsprung an. Erst danach holen die Erlen auf.

Sie übertreffen die Traubenkirschen und machen aus ihnen, lange genug anhaltendes Weiterwachsen des Auwaldes vorausgesetzt, Bäume der zweiten Schicht. Das könnte an der bremsenden Wirkung des Befalls durch die Raupen der Gespinstmotten liegen. Gleichwohl ist das kaum mehr als eine begründete Vermutung. Denn es könnte auch sein, dass nach etwa einem Jahrzehnt des Aufwachsens die Wurzelkonkurrenz zwischen den verschiedenen beteiligten Baumarten stark zunimmt. In der Argumentationskette steckt jedoch eine Schwachstelle, die eigentlich sogleich auffallen müsste: Warum nutzen die Traubenkirschen-Gespinstmotten nicht auch die zweite Blattgeneration, indem sie selbst eine solche entwickeln? Die neuen Blätter sind ja, wie zu sehen ist, bestens entwickelt und so üppig vorhanden, dass der vorausgegangene Kahlfraß die Traubenkirschbäume nicht schädigt. Eine zweite Generation im Sommer würde alles Geschilderte und Vermutete grundlegend verändern. Warum tritt sie nicht auf?

Generationen und langjährige Zyklen der Gespinstmotten

Vergegenwärtigen wir uns, was zu Beginn der ersten Generation geschieht, wird sofort klar, weshalb eine zweite unwahrscheinlich, wenn nicht ganz unmöglich ist. Wie geschildert, schlüpfen die bereits seit dem letzten Sommer fertig entwickelten, aber in der Eihülle verbliebenen Räupchen synchron mit dem Austrieb der Knospen der Traubenkirschen im Frühjahr. Mit ihren winzigen Kiefern können sie nur die ganz zarten, ganz jungen Blättchen befressen, die sich selbst gerade entwickeln. Solche gibt es im Hochsommer nicht, wenn die Gespinstmotten-Weibchen die Eier abgelegt und die Gelege gezielt an die fürs nächste Frühjahr entwickelten Knospen platziert haben.

Das geschieht Ende Juni bis Mitte oder Ende Juli, je nachdem, wann genau die Gespinstmotten geschlüpft sind. Austreibende Knospen und schlüpfende Räupchen lassen sich im Frühsommer nicht mehr synchronisieren. Hatte es Kahlfraß gegeben, entwickeln die davon betroffenen Bäume viel schneller neues Blattwerk, nämlich schon, wenn sich die Mottenraupen verpuppen oder kurz nachdem sie sich verpuppt haben. Deren Entwicklung braucht Zeit. Der Baum ist da einfach schneller als die Gespinstmotten.

Frisch geschlüpfte Raupen haben an bereits kräftig und hart gewordenen Blättern keine Chancen mehr; möglicherweise auch, weil diese dann zu viel von den Giften enthalten, deren Entgiftung für die Raupen gewiss nicht so einfach ist und Energie kostet. Somit kann sich die Motte mit dem Baum nur einmal synchronisieren, wenn dieser im Frühjahr austreibt. Die Traubenkirsche ist nicht bloß der unter dem Raupenbefall leidende Teil in der Wechselbeziehung mit den Gespinstmotten. Wie entscheidend dieses Synchronisierung ist und welch eminente Rolle sie bei zahlreichen Schmetterlingsarten spielt, vor allem bei solchen, die durch Massenvermehrungen und damit eventuell verbundenen Schäden auffallen, wird uns bei den Frostspannern weiter beschäftigen.

Möglicherweise gibt es einen Zusammenhang zwischen den langjährigen Gespinstmotten-Zyklen, die sich über sieben bis neun Jahre erstrecken, und der Synchronisierung der Raupen mit dem Baum. Dass die Zyklen auftreten, ist eine Feststellung. Aber sie bedeutet keine Erklärung für ihr Zustandekommen. Es muss einen triftigen Grund dafür geben. Um einen solchen ausfindig zu machen, ist das Jahresraster viel zu grob. Erst das auf Wochen verkleinerte Raster zur Erfassung der Flugzeiten der Gespinstmotten liefert einen aufschlussreichen, aber ganz unerwarteten Befund. Massenvorkommen, eindeutig angezeigt durch die Anflugmengen der Gespinstmotten ans Licht, gab es nur dann, wenn die Flugzeit im Sommer völlig normal lag, und zwar in der 28. und 29. Jahreswoche, also Anfang bis Mitte Juli. Nicht frühe, durch überdurchschnittlich schönes und warmes

Wetter im Mai und Juni gekennzeichnete Jahre, und auch nicht zu kühlfeuchte in dieser Zeit, was die Parasiten beeinträchtigt haben könnte, erzeugen den Massenflug, sondern die ganz normalen Verhältnisse. Die Witterung als direkter Auslöser der langjährigen Zyklen wird damit noch weniger wahrscheinlich. Aber was kann es dann sein? Die Sonnenfleckenzyklen, denen auch in mittleren Breiten, nicht nur in polaren Regionen manche Organismen mit ihren Häufigkeitsmustern folgen, dauern mit neun bis elf Jahren deutlich länger. Etwas anderes muss das Sichaufschaukeln und die nachfolgende Abbremsung der Bestandsentwicklung bei den Gespinstmotten entscheidend beeinflussen.

Erneut bietet es sich an, die parasitischen Wespen als Hauptfeinde der Raupen für die eigentlichen Verursacher zu halten, weil sie bei mittlerer bis größerer Häufigkeit der Raupen die stärksten Verluste verursachen. Fällt ihre Wirkung in diesem Stadium der Bestandszunahme zu gering aus, ist es vorstellbar, dass ihre Kontrolle versagt. Die Witterung könnte also mehr die Parasiten als die Schmetterlinge oder ihre Raupen treffen. In diese Richtung weist die Tatsache, dass eingesponnene Traubenkirschen in der Regel gleichzeitig in ganzen Gegenden auffällig werden; im gesamten nördlichen Alpenvorland zum Beispiel. Nur das Wetter kann so ein flächenhaftes Phänomen bewirken.

Rein lokale Effekte, wie sie durchaus auch vorkommen, bleiben großräumig bedeutungslos. Wenn diese plausible Vermutung zutrifft, muss es sich um spezielle Effekte der Witterung handeln, die sich nicht aus den regionalen Durchschnittswerten oder gar aus den Jahresmitteln ablesen lassen. Kurze, scharfe Fröste in einem ansonsten durchschnittlich milden Winter könnten dies ebenso sein, wie zu viel Regen oder eine Phase trockenwarmen Wetters beim Austreiben der Bäume im Frühjahr. Das Wettergeschehen ist komplex. Kein Jahreslauf gleicht genau dem anderen. Deshalb scheitern »Hundertjährige Kalender« und ähnliche langfristige Vorhersagen stets an der Wirklichkeit. Mittelwerte sind, so notwendig sie für meteorologische Statistiken auch sein mögen, für die Vorgänge in der lebendigen Natur oftmals bedeutungslos.

Parasiten bei anderen Gespinstmotten

Die starke Einflussnahme der Parasiten erkennen wir bei vergleichender Betrachtung der Gespinste, die von den eingangs genannten Arten der Gespinstmotten gefertigt werden. Es gibt Unterschiede, ohne hier ins Detail zu gehen, nicht nur innerhalb einer Art, sondern vor allem auch zwischen den verschiedenen Arten. Einige, wie die Apfelbaum-Gespinstmotte *Yponomeuta malinella*, machen nur kleine, wenig auffällige Gespinste. Haben sie Apfelbäume befallen und bemerkt man sie, ist es für die Blüten meist schon zu spät. Die Raupen dieser Gespinstmotte verhalten sich ganz ähnlich wie die der Traubenkirsche. Sie schlüpfen beim Aufbruch der Knospen und befressen die kleinen, sich entfaltenden Blätter sowie die Blütenanlagen.

Bei stärkerem Befall, der gar nicht bis zum weitgehenden Blattverlust führen muss, blühen deshalb die Traubenkirschen schwach oder gar nicht. Wie auch die Apfelbäume, die von ihrer gegenwärtig eher selten gewordenen Gespinstmotte befallen sind. Pfaffenhütchen und Weißdornbüsche treffen wir mäßig stark bis kräftig eingesponnen, wenn sich auch die Traubenkirschen-Gespinstmotten stark vermehrt haben. Dieses Zusammentreffen unterstreicht die Plausibilität einer speziell witterungsbedingten Förderung. Doch wenn die Raupen der Pfaffenhütchen-Gespinstmotte verpuppungsbereit sind, machen sie genau das Gegenteil der Traubenkirschen-Gespinstmotten. Sie scharen sich nicht zu dichten Massen zusammen, die sich gemeinsam verpuppen, sondern spinnen zuerst ein ganz lockeres Geflecht mit länglichen Hohlräumen von der Größe dicker Tafel-Weintrauben. Dann spannen sie einen Faden hindurch, fertigen ihren gleichfalls silberweißen Puppenkokon und hängen ihn daran auf. Als Seidenspindeln können sie darin fast waagerecht, schräg oder nahezu senkrecht hängen. Die einzelnen Puppen bleiben voneinander getrennt, so dass die Puppengespinste eine faszinierende Innenstruktur zeigen, die man durchblicken kann. Die Wände der länglichen Hohlräume, in denen die Puppen hängen, sind dicht genug gesponnen, dass Schlupfwespen nicht durchkommen. Vergeblich versuchen sie, mit ihrem Legestachel die Puppe zu erreichen, der Leerraum dazwischen ist zu groß.

Sollten sie die Puppe dennoch gerade erreichen können, weicht diese, da wie eine Hängematte elastisch am Befestigungsfaden hängend, immer noch ein wenig aus. Diese besondere Struktur der Puppenwiegen bedingt einen geringen Parasitierungsgrad. Dass so etwas Delikates im Lauf der Evolution zustande kam, drückt aus, wie bedeutsam der Druck der Parasiten auf die Gespinstmotten war und immer noch ist. Dennoch, und wie meist gibt es diese Einschränkung, hat diese Version des Puppenschutzes einen großen Nachteil. Solche Gespinste sind weit anfälliger für Witterungseinwirkungen, wie Starkregen oder heftige Windböen, als die dicht geschlossenen Puppenmassen der Traubenkirschen-Gespinstmotten. Wie bereits betont, wirkt die Witterung als abiotischer Faktor unabhängig von der jeweiligen Häufigkeit der Gespinstmotten, also dichte-unabhängig. Wahrscheinlich liegt es daran, dass die Pfaffenhütchen-Gespinstmotten zwar weit geringere Häufigkeitsschwankungen durchmachen als die Traubenkirschen-Gespinstmotten, aber auch zu keinen vergleichbaren Massenvermehrungen kommen. *Yponomeuta cagnagella* verhält sich damit ziemlich normal, wie andere Schmetterlings- und Insektenarten auch.

Der Lebenszyklus der Schmetterlinge

Haben wir nun endlich das Rüstzeug, die großen Veränderungen in Vorkommen und Häufigkeit unserer Schmetterlinge zu beurteilen? Eine kurze Zwischenbilanz erscheint angebracht, damit die Grundzüge nicht in den vielen Details verschwinden. Vergegenwärtigen wir uns dazu den Lebenszyklus, den alle Schmetterlinge durchlaufen. Er beginnt mit den abgelegten Eiern, in denen sich die Jungraupen entwickeln. Diese schlüpfen, fressen an für sie geeigneter Nahrung, bis sie sich häuten müssen, um weiter wachsen zu können. Nach mehreren Häutungen sind sie ausgewachsen und durch Hormone bereit gemacht zur Verpuppung. Dafür suchen die Raupen einen geeigneten Ort auf. In ihrem Innern formt sich nun die

Raupe vom Mittleren Weinschwärmer in Drohstellung. Durch Zurückziehen des Kopfes wirken die Augenflecken auf dem Vorderkörper und die zuckende Raupe wie eine drohende kleine Schlange

Puppe, die sich zappelnd und schiebend aus der letzten Raupenhaut befreit. Manche Puppen hängen frei, andere liegen in Erdhöhlen, die von der Raupe vorher gefertigt wurden, wieder andere befinden sich im Innern eines Gespinstes, dem Puppenkokon, der sie schützt. Abhängig von der Umgebungstemperatur, dauert die Puppenruhe, die in Wirklichkeit eine Phase heftiger innerer Umbildungen ist, mehr oder minder lange. Schließlich ist die Umgestaltung beendet, und der Falter kann schlüpfen. Dieser ist das Fortpflanzungsstadium.

Die Nahrungsaufnahme der Schmetterlinge beschränkt sich auf das Saugen von Nektar, oder es werden nur einige Tropfen Wasser aus Tau oder Pfützen aufgenommen. Manche Arten brauchen Mineralsalze und einige andere Stoffe, die sie Exkrementen oder Tierkadavern entnehmen. Aber all das ist nur Zugabe. Das eigentliche Ernährungsstadium ist die Raupe. Ihr Leben währt daher meist erheblich länger als das der fertigen Schmetterlinge. Deren letzter Anteil am Zyklus ist erfüllt mit der Paarung und der Eiablage der Weibchen. So weit, so klar, so einfach: Ei → Raupe → Puppe → Schmetterling → Ei und so fort. Aber die Natur ist nicht einfach, sondern höchst komplex.

Der Kreislauf muss sich ohne Unterbrechung in den Jahreslauf einfügen. Auch in den Tropen, in denen das, was bei uns Winter und Sommer

Mittlerer Weinschwärmer; kaum zu glauben, dass der altrosafarbene, schnittige Schwärmer das Ergebnis der Umwandlung aus einer dicken, schlangenartigen Raupe (vorheriges Bild) ist

ist, durch Trocken- und Regenzeiten ähnlich starken Einfluss nimmt auf die Lebenszyklen. Nicht einmal in den dauerfeuchten Inneren Tropen sind die Lebensbedingungen ununterbrochen gleich. Die Zyklen der Schmetterlinge (und aller anderen Lebewesen) müssen sich den zyklischen oder auch unregelmäßigen Veränderungen in der Natur anpassen. Bei uns in den klimatisch gemäßigten Breiten bilden Sommer und Winter die beiden Pole, um die sich die Lebenszyklen drehen. Der Sommer, präziser, die Vegetationszeit, fördert, der Winter, speziell Frost, bremst die Lebenstätigkeiten. Jede neue Generation muss durch Engpässe, die ihnen die Umwelt setzt, und hat ungünstige Perioden, wie den Winter oder zu große Hitze und Trockenheit, zu überbrücken. Das ist uns im Prinzip vertraut, auch wenn wir Menschen es geschafft haben, die Abhängigkeit von den Außenbedingungen erheblich zu vermindern. Dennoch bleiben auch für uns, die wir die Wohnungen im Winter heizen und die kurzen Tage mit künstlichem Licht verlängern, die beiden Grundzyklen Tag und Nacht und der Jahreslauf wirksam. Wir versuchen, unsere eigenen Vorstellungen und Bedürfnisse auf Schlaf und Wachsein, auf die Tageslänge und die Jahreszeit einzustellen. Was nicht immer perfekt gelingt.

In der Natur unterliegen die Lebewesen den natürlichen Zyklen weitaus stärker als wir. Doch ganz ausgeliefert sind sie ihnen nicht. Es zeichnet das Leben aus, dass es sich im Verlauf der Evolution immer mehr vom direkten Diktat der nicht-lebendigen Umwelt gelöst und weitgehende Selbstständigkeit erreicht hat. Wir könnten diesen Prozess auch Emanzipation der Organismen vom Diktat der Umwelt nennen. Wunderbar beispielhaft zeigt sich dies an den Frostspannern, die mit ihrer Lebensweise aus der (aus unserer Sicht) angenehmen warmen Sommerwelt der Schmetterlinge in die Übergangszeiten zum und vom Winter ausgewichen sind, und an einem besonders zart und zerbrechlich erscheinendem Falter, der dank seiner Vorkommen in Wäldern und Gärten noch zu den bekanntesten unserer Tagfalter zählt, dem Zitronenfalter *Gonepteryx rhamni.*

Kältetolerante Frostspanner

Die allermeisten Schmetterlinge fliegen im Sommer. Der Artenzahl nach sind es über 90 Prozent, deren Flugzeiten zwischen April und September liegen. Die Hauptphase des Schmetterlingsfluges reicht von Mitte Juni bis Ende August. Für die einzelnen Arten währen die Flugzeiten jeder Generation zwar meist nur wenige Wochen. Viele haben nur eine solche pro Jahr, wenige zwei oder sogar drei. Aber zusammen überdecken sie sich so, wie wir es vom allgemeinen Geschehen in der lebendigen Natur kennen: Rasche Zunahme im Frühjahr mit Gipfel zur Sommersonnenwende und Abnahme zum Spätsommer und Herbst hin. Die Durchschnittswerte des Anflugs nachtaktiver Schmetterlinge ans Licht zeigen diesen Ablauf ganz klar.

Doch übers ganze Jahr betrachtet erkennen wir markante Abweichungen. Bereits Ende Februar, in wintermilden Gebieten noch früher, setzt ein erster Nachtfalterflug ein. Dieser gipfelt Ende März sehr deutlich und geht danach rasch zurück. Mitte April bis Anfang Mai können mehrere Wochen folgen, in denen überhaupt kein Schmetterling ans Licht fliegt. Erst danach nimmt der Anflug rasch zu und erreicht, wie eben ausgeführt, im Juli den Höhepunkt. Ab Mitte Oktober steigen die Anflugmengen erneut an und bilden einen (Spät-)Herbstgipfel. Vorfrühlings- und Spätherbstgipfel bringen zwar keine auch nur annähernd so großen Schmetterlingsmengen wie der Sommer, aber sie sind deutlich ausgeprägt und klar abgesetzt. Also muss es eine besondere Bewandtnis damit haben. Tatsächlich enthalten sie Arten, die auf diese für Schmetterlinge ungewöhnlichen Jahreszeiten spezialisiert sind, die Frühjahrs- und Herbsteulen und die Frühjahrs- und Herbst-Frostspanner. Beide Gruppen lohnen eine nähere Betrachtung; die Frostspanner ganz besonders.

Sie gehören zu den Spannern (Geometridae) und haben mit frühen und späten Frösten zu tun. Das drückt ihre deutsche Bezeichnung sehr zutreffend aus. In ihrer Verwandtschaft repräsentieren sie aber nicht etwa dick bepelzte, gegen Kälte besonders geschützte Schmetterlinge. Vielmehr könnten sie durchaus zu den normalen, dünnleibigen Spannern gehören, die im Sommer fliegen. Genau diese Eigenschaft, nach den ersten Frostnächten des Herbstes bei nur wenigen Graden über null zu fliegen, macht sie so besonders. Denn wenn sie in dieser Jahreszeit der Wende zum Winter durch die Dämmerung geistern und bei nächtlichen Fahrten an die Autoscheiben geraten, kann man sich schwer vorstellen, dass derart zarte Falter bei solchen Außenbedingungen überhaupt ihre Flügel bewegen können. Und sogar die ersten Fröste als Signal benötigen, dass ihre Zeit gekommen ist. Sie fliegen, wenn sie aktiv geworden sind, auch nicht etwa nur einzeln umher. Vielmehr schwärmen sie regelrecht aus in der späten Dämmerung feuchtkalter Nächte im November oder Dezember. Führt die Straße durch einen Buchenwald und ist sie nicht allzu stark befahren, erfasst sie das Scheinwerferlicht und verrät ihren Flug. Man könnte sie für kleine dürre Blätter halten, die vom Wind herumgewirbelt werden. Doch sie sind lebendig. Auch irren sie nicht ziellos umher.

Was sie anpeilen, sind die Weibchen ihrer Art. Seltsamerweise sind diese flügellos. Wie dicke Larven sitzen sie an den Baumstämmen oder kriechen ganz langsam an ihnen empor, bis sie die geeignete Höhe für die Absonderung ihrer Duftstoffe erreicht haben. Diese locken die Männchen an. Und da windarme bis windstille, neblig feuchte Nächte den Frostspannerflug auslösen, müssen die Männchen so erratisch umherfliegen. Nur so können sie eine Duftspur orten und den gezielten Anflug beginnen. Sind die Weibchen bereits begattet, geben sie keinen Lockstoff mehr ab. Sie kriechen nun, eher ist es ein Dahinschleppen ihres zu dick und zu schwer geratenen Hinterleibs, noch ein Stück weiter in die Höhe, bis sie ihre Eier in Ritzen der Borke absetzen. Diese bleiben fortan sich selbst überlassen. Die Weibchen schrumpfen nach der Eiablage sichtlich ein wie ein geleerter Sack und sterben alsbald. Auch die Männchen gehen ein, wenn sie ihre geringen Energievorräte für den Flug in der kalten Nacht aufgebraucht haben. Zweifellos ist dies eine besondere Art, sich zu paaren. Ganz Entsprechendes, ausgelöst von milden Nächten nach dem Winterfrost in der Wendezeit zum Vorfrühling, vollzieht sich bei ihrer Verwandtschaft, den Frühjahrsfrostspannern zwischen Ende Januar und Anfang März.

Die Frühjahrsarten gleichen dabei sogar in ihrem Aussehen den Herbstarten ziemlich stark. Unterscheiden lassen sie sich von den Kennern aber durchaus, sofern es sich um die Männchen handelt, an Färbung, Muster und Form ihrer Flügel. Da diese den Weibchen fehlen, ist deren Unterscheidung zwar schwieriger, aber unproblematisch, weil die Herbst- und die Frühjahrsarten ja durch den Winter getrennt sind. Tagsüber sind sie nicht leicht zu finden, selbst wenn die Männchen mit nach Spannerart flach ausgebreiteten, aber schräg gehaltenen Flügeln an Baumstämmen sitzen. Denn ihre Färbung ist entweder spätherbstbraun oder dumpf rostbraun, wenn es sich um etwas früher, zur Spätzeit des Laubfalles, fliegende Arten handelt.

Leben am Rand der Winterzeit

Wie und warum kommen Schmetterlinge zu einer so seltsamen Lebensweise? Und warum ist dies von mehr als nur schmetterlingskundlichem Interesse?

Die Frage nach dem Wie und die nach dem Warum sind eng miteinander verbunden. Zur Behandlung dieser Doppelfrage müssen wir an der Jahreszeit ansetzen. Der Spätherbst nach den ersten Frösten und der Vorfrühling mit den ersten milden Nächten sind ganz klar jahreszeitliche Randbereiche des Schmetterlingslebens und fern der optimalen Bedingungen, wie sie normalerweise im Sommer herrschen. Wer so extrem an den Rand gedrängt lebt, sollte selten sein, möchte man meinen. Denn die Außenbedingungen können gar keine größere Häufigkeit zulassen. Doch das ist offensichtlich zu sehr aus unserem Empfinden heraus gedacht, weil wir den finsteren Übergang vom Spätherbst zum Winter, den Toten Herbst, wie er genannt wird, der depressive Stimmungen auslösen kann, nicht mögen. Frühes Tauwetter Ende Januar oder Anfang Februar ist uns zu früh, weil wir den Rückschlag des Winters fürchten. Tatsächlich gehören die Frostspanner aber zu den recht häufigen, gebietsweise sogar Schäden im Obstbau verursachenden Schmetterlingsarten. Ihrer Häufigkeit zufolge müssten die Lebensbedingungen für die Frostspanner sogar als sehr günstig eingestuft werden. Das sind sie auch, wie sich gleich zeigen wird. Aber eigentlich sollten sie das nicht sein. Denn sonst würden doch viel mehr Schmetterlinge in der Jahreszeit der Frostspanner und nicht im Sommer fliegen. Mit dem Wie und Warum verhält es sich also komplizierter; wieder einmal.

Versuchen wir das Frostspannerleben zu verstehen und einzuordnen, indem wir mit der Beantwortung der zweiten, tiefer in die Vergangenheit reichenden Frage nach dem Warum beginnen. Zwei Gründe für ihren Lebenszyklus sind offensichtlich und ähnlich wie beim frühen Flug der als Frühlingsboten bekannten Zitronenfalter. In der Zeit der ersten Frostnächte gibt es nahezu keine Insekten fangende Vogelarten mehr bei uns. Die Meisen, die im Sommer intensiv nach Raupen und Schmetterlingen passender Größe suchen, haben sich bereits auf Körnernahrung umgestellt. An Zaunkönigen, die hierzulande überwintern und nicht in den Mittelmeerraum geflogen sind, herrscht gewiss kein Überfluss. Und in tiefer Dämmerung machen ohnehin keine Vögel mehr Jagd auf Insekten. Aber die Fledermäuse? Sie haben im Spätherbst bereits ihre Winterquartiere aufgesucht. In diesen hängen sie in einem Starrezustand mit Körpertemperaturen von nur wenig über null Grad Celsius. Auch die großen Spinnen im Wald und in Gärten, die Falter fangen könnten, bauen keine Netze mehr. Frühwinter- und Vorfrühlingsnächte sind für die Frostspanner feindfrei. Langsam und ohne auf Angriffe achten zu müssen, können sie umhertaumeln. Dass sie mancherorts an Autos zerschellen, war während ihrer weit in die Zeit vor den Menschen zurückreichenden Entwicklungsgeschichte nicht vorhersehbar. Es bleibt auch gegenwärtig bedeutungslos für ihre Vorkommen und die Häufigkeit.

Dieser enorme Vorteil hat aber einen Haken. Bei zwei bis vier Grad über dem Gefrierpunkt kann kein normaler Schmetterling fliegen. Die Temperatur ist dafür einfach zu niedrig. Die allermeisten Arten brauchen zehn

Grad mehr; mindestens. Die günstigsten Verhältnisse für den Flug liegen bei Außentemperaturen, bei denen auch unser menschlicher Körper unbekleidet im sogenannten Thermoneutralzustand ist, nämlich bei 27 Grad Celsius. Da verlieren wir, ohne mit Schwitzen zu kühlen, gerade so viel von der Köperwärme, wie unser Stoffwechsel im ruhigen Grundzustand erzeugt. Unsere Innentemperatur von 37 Grad bleibt dabei auch mit geringster Energiezufuhr stabil. Wird es außen wärmer, müssen wir schwitzen. Wird es kälter, brauchen wir Kleidung oder entsprechend starke Bewegung, die zusätzliche Wärme erzeugt.

Das gleiche Prinzip gilt für die Körper der Schmetterlinge, jedoch mit der Einschränkung, dass sie keine dauerhaft stabile Körpertemperatur aufrechtzuerhalten haben. Die Schmetterlinge sind wie alle Insekten und die übrigen Tiere mit Ausnahme der Säugetiere und der Vögel »wechselwarm«. In Ruhe oder bei nur leichten Bewegungen entspricht ihre Körpertemperatur direkt der außen herrschenden. Da hält kein noch so dichter Pelz aus Schuppen oder Haaren wärmer. Dieser kann lediglich den Abfluss von Wärme nach draußen bremsen, wenn diese innen, durch die Tätigkeit der Flugmuskulatur, erzeugt wird. Nur große Schmetterlinge, wie die Schwärmer, schaffen mit besonders leistungsfähiger Muskulatur eine Art Zwischenzustand mit zeitweilig (sehr) hoher Körperinnentemperatur. In diesem Zustand entsprechen sie nicht nur in der Flugtechnik des hochfrequenten Schwirrfluges den Kolibris, sondern auch in der mit über 40 Grad extrem hohen Körperinnentemperatur. Für die allermeisten Schmetterlinge kommt so eine den Vögeln angenäherte, zeitweilige Erzeugung von Wärme nicht in Frage, weil ihre Flügel, zumal wenn diese breitflächig und nicht »schnittig« wie bei den Schwärmern sind, dafür zu groß oder zu klein wären. Oder zu viel Fläche haben, mit der es sich zwar gut segeln und gleiten, aber nicht schnell fliegen lässt. Deshalb kommt uns das Fliegen vieler Schmetterlinge auch so taumelnd vor.

Die Eroberung von Jahreszeitnischen

Mit den Frostspannern hat dies alles sehr viel zu tun. Erstens entwickeln sich nur bei den Männchen Flügel, wie schon angemerkt. Die Weibchen sind bis auf für den Flug funktionslose Stummel flügellos. Zweitens fliegen sie bei Temperaturen, bei denen sich ihre Muskeln gar nicht bewegen können dürften. Erst ab etwa plus 10 Grad und mit etwas Aufwärmung, eventuell durch Flügelzittern unterstützt, agieren die Flugmuskeln richtig. Dass sie das bei den Frostspannermännchen bei viel niedrigerer Temperatur tun, liegt an besonderen Enzymen. Deren Wirksamkeit als Überträger von Energie auf die Flugmuskeln setzt bereits bei etwas über null Grad ein. Solche Enzyme zu entwickeln war das Problem in der Evolution der Frostspanner. Und da diese besonderen Stoffe den allermeisten der übrigen Schmetterlinge fehlen, können sie die beiden jahreszeitlichen »Fenster« der Nächte nach den ersten Frösten und frühe milde Nächte im Spätwinter/Vorfrühling auch nicht nutzen für den Flug. Bei so niedrigen Temperaturen bleiben sie stocksteif wie tot.

Das Herumgeistern der Frostspanner in den stillen Nächten am Rande des Winters, durch die das Heulen der Käuze klingt, hat also nichts mit Magie zu tun. Sondern mit Enzymen, die bei so niedrigen Temperaturen normal funktionieren. Den biochemischen Weg zu dieser Errungenschaft zu schildern würde den Rahmen des Buches sprengen. Die dritte Frage, ob mehr als nur schmetterlingskundliches Interesse mit der Beschäftigung mit dem Lebenszyklus der Frostspanner verbunden ist, ergibt sich aus den Folgen ihrer speziellen Enzyme. Ihre Raupen können den Obstbäumen im Frühjahr so stark zusetzen, dass sie als Schädlinge gelten. Auch in Laubwäldern und Parks machen sie sich in manchen Jahren mit Kahlfraß an verschiedenen Bäumen und Sträuchern unliebsam bemerkbar. Allein dieser sichtliche Erfolg weist darauf hin, dass sich für die Frostspanner die Eroberung dieser Jahreszeitnische lohnte. Wahrscheinlich stammen beide Gruppen, die Herbst-, wie auch die Frühjahrsfrostspanner, von Vorfahren ab, die im Winter in weitgehend frostfreien Regionen gelebt hatten. Mit kälter werdendem (Eiszeit-)Klima trieben Schnee und Frost bildlich gesprochen einen Keil dazwischen, der die frühen und die späten Formen immer stärker voneinander trennte. Auf Raupen, die früh, und solche, die spät schlüpfen, hatte ich bei den Gespinstmotten an der Traubenkirsche hingewiesen.

So lange das Frühjahrswetter zur Zeit des Austriebs der Traubenkirschbäume unregelmäßig fluktuiert, hat keine der beiden Formen langfristig einen Vorteil; sie könnten auch nicht zu frühen und zu später sich entwickelnden Arten differenziert werden. Wenn die Trennung aber die Zeit der Fortpflanzung betrifft, entstehen aus frühen und späten Formen im Lauf der Zeit getrennte Arten. Unsere Winter waren nicht immer so, wie sie gegenwärtig sind. Das Klima ändert sich keineswegs nur in unserer Zeit und vom Menschen verursacht. Langfristige, anhaltende Veränderungen im Wetter nennen wir Klimaänderung. Für die Entwicklung der Lebewesen gehörten sie zum normalen Geschehen. Weil die Natur nie »stabil« war. Gerade deshalb ist sie so artenreich.

Warum Frostspannerweibchen keine Flügel benötigen

Zurück zu den Folgewirkungen. Und zum Phänomen der flügellosen oder stummelflügeligen Weibchen. Sie sind, wie schon beschrieben, so etwas wie Eiersäcke mit eingeschränkter Beweglichkeit. Nach erfolgter Paarung und Befruchtung der Eier legen sie mehrere Gelege ab, die nicht wie bei den Gespinstmotten an ganz bestimmten Stellen untergebracht werden müssen. Rindenritzen reichen dazu. Die Eier sind frosthart, wie viele Schmetterlingseier. Hat sich die steigende Temperatur im Frühjahr auf eine bestimmte Wärmemenge aufsummiert, die von den Forstentomologen Tagesgrade genannt werden, schlüpfen die Räupchen und begeben sich, ausgestattet mit einem haarfeinen Spinnfaden, auf die Suche nach ebenfalls gerade austreibenden Knospen. Diese reagieren auf eine ähnliche Summe von Tagesgraden und die Tageslänge. Das weitere Geschehen entspricht dem der schlüpfenden Räupchen der Traubenkirschen-Gespinstmotten. Allerdings mit dem ganz entscheidenden Unterschied, dass diese an die Traubenkirsche gebunden sind, während die Frostspannerraupen überhaupt nicht wählerisch sind, sondern zahlreiche Bäume befressen. Der »Koch«, das für mich wichtigste und meist benutzte Bestimmungsbuch für die heimischen Schmetterlingsarten, vermerkt zu den Raupen des gemeinen Frostspanners *Operophtera brumata*, dass sie an Obstbäumen (Apfel, Birne und Pflaume), ferner an fast allen Laubhölzern fressen und ein »fast alljährlich auftretender, schwerer Schädling des Obstbaus« sind. Der Große Frostspanner *Erannis defoliaria* befällt auch ein großes Spektrum von Laubhölzern und ist nur deswegen weniger gefürchtet, weil die betroffenen Waldbäume langfristig Holz und nicht möglichst alljährlich Obst liefern sollen. Gleiches gilt für den in manchen Jahren in Massen auftretenden Buchenfrostspanner *Operophtera fagata.* Seine Raupen fressen bevorzugt an Rotbuchen, aber auch an Birken. Der Frühjahrsfrostspanner *Erannis marginaria* wird weniger auffällig. Offenbar ist der Spätflug mit Fortpflanzung nach den ersten Frostnächten die wirkungsvollere Form der Anpassung als sehr frühes Fliegen im Vorfrühling. Der Lichtanflug der Herbstfrostspanner in München fiel rund viermal so hoch aus wie der der Frühjahrsfrostspanner. Wahrscheinlich ist die Überwinterung der Eier mit geringeren Verlusten verbunden als das Überwintern der Puppen, die in den ersten milden Vorfrühlingsnächten schlüpfen müssen. Die große Eizahl und das Überleben der Gelege sind somit Schlüsselfaktoren im Leben der Frostspanner. Die Gelege lassen sich in Ritzen und Rindenspalten verstecken, wenn die Raupen nicht spezialisiert sind auf eine bestimmte Futterpflanzenart. Puppen sind anfälliger, zumal für Nässe und Verpilzung im (zu) milden Winter. Die besondere Bedeutung der großen Eierzahl unterstreicht das Phänomen, dass die Weibchen keine Flügel entwickeln. All das Material, das dafür nötig wäre, kommt der Bildung von Eiern zugute. Flügel werden nicht gebraucht; es reicht, dass die Männchen zu den Weibchen fliegen. Die verglichen mit der Masse der Eier unbedeutende Menge der Samenzellen der Männchen erfordert kein zusätzliches Material, das eingespart werden sollte.

Rodung, Gift und die Abnahme von Apfelwickler und Kleinem Frostspanner

Gut, dass es die Frostspanner gibt, könnten Vogelschützer sagen, denn die Raupen dieser Schmetterlinge bilden die oft bei weitem wichtigste Nahrung für die Jungen zahlreicher Kleinvogelarten und für die Vogeleltern selbst. Die Raupen enthalten keine Giftstoffe, die für die Vögel gefährlich wären, und sind fast alljährlich zur richtigen Zeit verfügbar. Nur die mitunter ebenfalls Fraßschäden an den Eichen verursachenden, kleinen grünen Raupen der Eichenwickler *Tortrix viridiana* sind ähnlich wichtig. Dass sie in manchen Frühsommern neuerdings früher als bisher die Eichen befressen, wenn Trauerschnäpper und einige andere Vogelarten mit der Brut noch nicht so weit sind, wird als Beispiel für eine gefährliche, weil ein fest gefügtes Netzwerk von Beziehungen in der Natur verändernde Entwicklung betrachtet. Wie weit die Düngung aus der Luft, der all unsere Wälder seit Jahrzehnten ausgesetzt sind, mit oder gar entscheidend beteiligt ist, blieb dabei unberücksichtigt. Die Düngung ist aber eine ganz andere Wirkgröße als das Klima und dem Wachstum bekanntermaßen förderlicher als ein Grad mehr oder weniger in der Lufttemperatur. Auf die Frostspanner wiederum sollte das Winterwetter einen weit stärkeren Einfluss haben, denn sie fliegen, wie dargelegt, bei ganz bestimmten Temperaturen und hoher Luftfeuchte in einem viel engeren Zeitfenster zu Beginn des Winters und an dessen Ende. Seit den 1960er Jahren hat ihre Häufigkeit stark abgenommen. Aber nicht die aller Arten, sondern im Wesentlichen die des Kleinen oder gewöhnlichen Frostspanners *Operophtera brumata.* Die Mengen, in denen er in den letzten fünf Jahren (2013 bis 2017) flog, liegen um etwa 80 Prozent unter denen der 1970er Jahre. Also setzt ihm die Erwärmung der Winter zu? Da der Buchenfrostspanner als typische Waldart und auch der Große Frostspanner nicht nur nicht ab-, sondern deutlich zugenommen haben, ist an der Wirkung der Klimaerwärmung auf den Kleinen Frostspanner zu zweifeln. Denn veränderte Wintertemperaturen betrafen alle Frostspannerarten.

Die ähnlich starke Abnahme einer ganz anderen Schmetterlingsart aus der Familie der Wickler (Tortricidae) verweist auf den wirklichen Grund. Gemeint ist der Apfelwickler *Cydia pomonella*. Seine Raupen waren als »Wurm im Apfel« allgemein bekannt, als die Äpfel noch vom Baum und nicht (vorsortiert und peinlichst genau nach EU-Normen ausgelesen) aus dem Supermarkt kamen. Die gegenwärtige Häufigkeit macht nur etwa 12 Prozent der 1970er Jahre aus, obwohl der Apfelwickler außer an Äpfeln auch an anderen Frucht- und Nussbaumarten leben kann. Der simple Grund für die starke Abnahme der Häufigkeit beider ist die drastische Verminderung der Apfelbäume.

Staatliche Rodungsprämien hatten vor einem halben Jahrhundert zur Vernichtung sehr vieler Obstgärten und der Streuobstwiesen geführt. Tafelobst wird längst möglichst einheitlich in Normgrößen in Obstbaumplantagen erzeugt. Apfelwickler und Frostspanner bekämpft man mit Gift. Den an Hainbuchen in Hecken und an Waldrändern lebenden Großen Frostspanner trifft die Bekämpfung nicht, auch wenn die mechanisierte Heckenpflege oftmals gerade dort Vernichtungscharakter annimmt.

Kätzcheneulen am Frühlingsanfang

Abschließend möchte ich noch einen kurzen Blick auf die anderen Schmetterlinge werfen, die im Nachgipfel im (Spät-)Herbst und im Frühjahrsgipfel mit enthalten sind. Wie eingangs zu diesem Kapitel bereits betont, gehören vor allem Eulenfalter mit dazu. Im Frühjahr sind es Arten der sogenannten Kätzcheneulen, die in milden Nächten kurz nach der Tag-und-Nacht-Gleiche in großer Zahl fliegen und auch am Tage an den blühenden Weidenkätzchen zu sehen sind. Über 100 solcher Kätzcheneulen können in einer einzigen Nacht ans Licht fliegen. Eine Handvoll Arten bildet diese Gruppe, zu der sich einige weitere, mit ihnen nicht näher verwandte Frühlingseulen gesellen. Ihre Körper tragen eine ziemlich dichte, pelzartige Beschuppung, die offenbar in den rasch kalt, auch frostig werdenden Frühlingsnächten schützt. Ihnen vergleichbar sind die »Herbsteulen«, deren

Färbung und Musterung der Flügeloberseite den Herbstfarben Gelb und Rostbraun entspricht. Damit sind sie tagsüber im Laub am Boden gut getarnt.

Einige wenige Arten der Eulenfalter überwintern sogar als Falter. Gelegentlich fliegen sie dann mitten im Winter in milden Nächten, und wir sehen sie an Schaufenstern sitzen, deren Licht sie angelockt hat. Sie sind als Gruppe weniger einheitlich und nicht so gut überschaubar wie die Frostspanner. Aber mit der Ausdehnung ihrer Flugzeiten in den Herbst bis in die Anfangsphase des Winters und mit dem frühen Flug der Kätzcheneulen drücken sie die gleichen Tendenzen aus. Es geht um die Nutzung der jahreszeitlichen Randbereiche mit geringem Feinddruck, weil die mit Abstand bedeutendsten Feinde der größeren, nachts fliegenden Schmetterlinge, die Fledermäuse, schon oder noch Winterschlaf halten. Deren Reaktion auf die Außentemperaturen vollzieht sich ähnlich wie die der Falter. Ein früher Kälteeinbruch im Herbst treibt sie in die Winterquartiere, eine frühe Wärme im Frühling macht sie eher munter. Aber alles bleibt im verhältnismäßig flexiblen Rahmen der Jahreszeit. Die Änderungen in der Tageslänge sind die besseren Signalgeber. Sie gewährleisten, dass die Variationen der Witterung nicht zu sehr täuschen.

Eine zu enge Synchronisation, die eine starre Abhängigkeit verursacht, wäre viel zu riskant. Es darf bezweifelt werden, dass irgendeine Art mittlerer geografischer Breiten im großen Übergangsgebiet zwischen atlantisch variabler Witterung im Westen und kontinental beständigerer im Osten eine wirklich enge Zeitbindung entwickelt hat und sich deshalb nicht auf die Fluktuationen des Wetters einstellen könnte. Einfacher ausgedrückt: Ein frühes Frühjahr ist für die ganze Natur früh, wie auch ein langer Herbst lang oder ein verfrühter Wintereinbruch zu früh ist. Die Annahme, dass nur einzelne Arten auf Verschiebungen der Wetterphasen reagieren würden, ist zwar nicht grundsätzlich auszuschließen, aber doch alles andere als wahrscheinlich. Im Ausmaß der Temperaturspannen übertreffen die Fluktuationen, die von Jahr zu Jahr auftreten, die Mittelwerte des Trends, so überhaupt vorhanden, um ein Mehrfaches. Und die Tageswerte erst recht, können die doch um 20 und mehr Grad Celsius auseinanderliegen.

Zitronenfalter – der Erste im Frühling

Zitronenfalter, Kleiner Fuchs oder Pfauenauge: Wer ist der Erste im Frühling? Meist sehen wir zuerst einen Zitronenfalter; ein Männchen in aller Regel. Da reicht ein föhniger Tag Ende Februar, und schon fliegen sie. In den Auen und Wäldern am Inn nahe der Salzachmündung waren Zitronenfalter von 2011 bis 2016 fünfmal die Ersten, die ich sah. Nur 2013 kam ein Kleiner Fuchs ein paar Tage früher. Aber vielleicht ist es ein Tagpfauenauge, das wir als ersten Frühlingsboten erblicken – und retten müssen, weil es vergeblich versucht, am Fenster eines Gartenhäuschens flatternd nach draußen zu kommen. Es hängt eben vom Verlauf der Witterung im Vorfrühling ab, welchen Schmetterling wir zuerst sehen. Wer sich an ihrer zarten Schönheit erfreuen möchte, wird auf die Frühlingsfalter achten, sobald es sonnig und über zehn Grad Celsius warm geworden ist.

Es ist die Wärme, die sie munter macht, denn all diese frühen Schmetterlinge überwintern als Falter. Die Zitronenfalter sind dabei besonders hart im Nehmen. Sie hängen sich im Herbst irgendwo im Wald ins Gestrüpp oder in den Gärten in dichtes Gebüsch und verfallen in winterliche Kältestarre. In ihrem Körper verhindert ein Frostschutzmittel, dass sie erfrieren. Zitronenfalter überstehen 20 Grad unter Null. Für Pfauenaugen und Kleine Füchse wäre dies eine tödliche Kälte. Sie müssen geschützte Orte suchen, wie Schuppen im Garten, alte Keller oder andere Schlupfwinkel. Solche Plätze sind rar. Daher überwintern weit weniger Pfauenaugen und Kleine Füchse bei uns als Zitronenfalter. Der schöne Admiral schafft es nur ausnahmsweise, wenn der Winter sehr mild verläuft. Viel besser übersteht der C-Falter den Winter. Auch er, den ein kleines weißes C mitten im Hinterflügel auszeichnet, überwintert als Falter und ähnelt dem Kleinen Fuchs, unterscheidet sich von diesem aber durch einen besonders eckigen

Zitronenfalter – *links:* am Wintermorgen mit Kristallen von Raureif bedeckt, *rechts:* auftauend (Fotos: Dr. Eberhard Pfeuffer)

Flügelrand. Als Brennnesselfalter behandelte ich beide im betreffenden Kapitel mit Bezug auf ihre Raupen und auf den Einflug im Frühjahr aus dem Süden (Seite 59 ff.). Zielgerichtet eilen sie dahin und wärmen sich zwischendurch mit kurzer Rast am Boden auf, wenn die Luft noch zu kühl ist. Dabei sehen wir am besten, dass die Flügel als Sonnenkollektoren wirken. Die Zitronenfalter fliegen anders. Eher selten sonnen sie sich einmal.

Die intensiv zitronengelben Männchen tänzeln an Waldrändern, Forstwegen oder Gartenzäunen entlang wie auf festgelegten Strecken. Zuerst fliegen sie in die eine Richtung und kehren wieder, oft auf fast gleicher Flugbahn, zurück, um ganz ähnlich in die andere Richtung dahinzutaumeln. Offensichtlich kontrollieren sie auf diese Weise ein Revier. Sie fliegen ihre Strecke regelmäßig ab, sobald es am Tag warm und sonnig genug ist. Männchen, die noch kein Revier haben, suchen nach einem, in dem kein Artgenosse mit seinem Zitronengelb schon weithin sichtbar anzeigt, dass es besetzt ist. Mitunter kommt es zu Auseinandersetzungen, wobei die Männchen einander umwirbeln, eines aber bald darauf wegfliegt. Ob der vorherige Revierbesitzer oder der Eindringling, ließe sich nur mit entsprechenden Markierungen klären.

Dass ein Schmetterling ein »Revier« verteidigt, ist ungewöhnlich. So kurzlebig, wie die Falter sind, sollte sich ein derartiges Verhalten nicht rentieren, kostet es doch Energie. Tatsächlich gibt es außerhalb der Tropen und Subtropen nur sehr wenige Falter, die ein Revierverhalten zeigen. Es lohnt nur, wenn sie lange genug leben und wenn die zugehörigen Weibchen nicht gleichzeitig, sondern über eine größere Zeitspanne verteilt schlüpfen. Oder Zeit brauchen, bis sie reif sind für die Paarung, wie die Weibchen der Zitronenfalter. Als Schmetterlinge leben sie nicht nur lange genug, sondern mit an die zehn Monaten sogar ganz außerordentlich lange. Tropische Schmetterlinge erreichen keine derartigen Lebensspannen. Allerdings ruhen die Zitronenfalter in zwei Dritteln ihrer Lebenszeit. Der Rest übertrifft aber immer noch das durchschnittlich aktive Leben anderer Schmetterlinge um ein Mehrfaches.

Als Falter lebt man einfach zu kurz. Eine der wenigen anderen Ausnahmen, die es bei uns gibt, ist ein mittelgroßer, hell gefleckter brauner Falter, das Waldbrettspiel *Pararge aegeria.* Ähnlich wie der Zitronenfalter, aber später im Jahr und in zwei Generationen, patrouillieren die Männchen dieses verbreiteten, jedoch nicht sonderlich auffälligen Tagfalters entlang von Waldpfaden, Schneisen und dergleichen im Laubwald und versuchen, Eindringlinge ihrer Art daraus zu vertreiben. Dabei nehmen sie es nicht so genau. Sie fliegen auch andere ihnen bloß oberflächlich ähnliche Schmetterlinge an. Meist tun sie dies von einer Sitzwarte aus, die Überblick bietet. Sogar die viel größeren Pfauenaugen vertreiben sie erfolgreich. Mitunter bekam ich den Eindruck, dass so ein Waldbrettspiel-Männchen auch mich vertreiben wollte, wenn ich zu nahe kam, denn es flog direkt vor mein Gesicht! Und zog ich mich zurück, drehte es ab und landete wieder auf seinem Sitzplatz.

Schmetterlingsangriffe

Viel eindrucksvoller war allerdings ein »Schmetterlingsangriff«, den ich im Frühsommer auf Istrien erlebte. Dort war ich auf einem schmalen Pfad unterwegs, der durch die Macchie zum Strand führte, als mir urplötzlich ein finsteres, faustgroßes Auge ins Gesicht flog, so dass ich unwillkürlich zur Seite wich. Im ersten Moment begriff ich nicht, was geschehen war, und schaute mich, wie einer Halluzination erlegen, höchst verwundert um.

Aber ich sah nichts als einen großen, dahinschaukelnden Schmetterling. Es war später Vormittag. Die Sonne hatte noch nicht die volle Stärke erreicht. Doch stand sie so hoch, dass es nur kurze Schatten gab. In der Annahme, mir nur etwas eingebildet zu haben, was verwunderlich genug gewesen wäre, weil mir das nie passiert, ging ich ein paar Schritte weiter. Da kam es wieder, das »faustgroße Auge«. Und jetzt erkannte ich, worum es sich handelte. Es war ein Erdbeerbaumfalter *Charaxes jasius*, eine geradezu tropische Falterschönheit, deren Verwandtschaft tatsächlich in den Tropen lebt. Er flog mir so entgegen, und das offensichtlich ganz gezielt, dass die ockerbraunen Säume das dunkle Innere seiner Flügelfläche wie ein riesiges Auge aussehen ließen. Faustgroß ist kaum übertrieben. Keine Handbreit vor meinem Gesicht stoppte er den Anflug und drehte seitlich ab, um Sekunden später erneut auf mich zuzufliegen. Kein Zweifel, der große Schmetterling versuchte mich zu vertreiben. Natürlich gönnte ich ihm den Erfolg und wich weit genug zurück, um ihn näher zu beobachten – durchs Fernglas. Wie es die vertrauten kleinen Waldbrettspiele in den Auwäldern Südostbayerns tun, nahm er einen Sitzplatz ein, der es ihm ermöglichte, den Pfad über eine Gesamtstrecke von sicherlich mehr als zehn Metern zu überblicken. Als kurz danach ein Admiral den Pfad entlangflog, vertrieb er ihn in Sekundenschnelle.

Natürlich geht es bei diesen Verhaltensweise um Weibchen. Die Männchen der Zitronenfalter patrouillieren bereits zwei bis drei Wochen ihre Flugstrecken, bevor die ersten Weibchen zu sehen sind. Diese unterscheiden sich mit ihrem blassen, den Großen Kohlweißlingen recht ähnlichen Gelb ganz deutlich von den Männchen. Sicher werden sie deshalb oft gar nicht als Zitronenfalter erkannt. Die Männchen patrouillieren also erstaunlich lange, bevor die Weibchen fliegen. Im warmem Frühjahr 2014, in dem es aber Anfang April eine kurze Kälteperiode gegeben hatte, waren sie sogar fast einen Monat früher aktiv. 2013 hatte es einen heftigen Nachwinter im März gegeben, der bis in den April andauerte. Da schoben sich die Flugzeiten der Männchen und Weibchen allerdings in den April und Mai zusammen.

Das Problem des frühen Fluges

Doch warum fliegen die Zitronenfalter so früh, wenn es doch auch zur weit günstigeren Zeit im Mai ginge? Sie könnten sich die ganze lange Zeit von Ende Februar bis Mitte April sparen, zumal die Witterung gerade in dieser Phase des Jahres instabil ist und zwischen verfrühter Wärme und Nachwinter schwankt. Aprilfröste sind nicht selten. Es gibt sie auch noch bis Mitte Mai. Nun, wie die Frostspanner haben die frühen Zitronenfalter den Vorteil, dass die allermeisten von Insekten lebenden Singvögel erst Mitte April bis Anfang Mai aus den Winterquartieren zurückkehren. Die frühen Falter am Tage wären für sie viel zu unergiebig. Die Menge an Insekten muss ausreichend groß sein für ihre Ernährung und die ihrer Jungen, zumal wenn die erste Brut geschlüpft ist. Zwischen Ende Februar und Mitte März reicht die nutzbare Insektenmenge dafür bei weitem nicht aus. Die Zitronenfalter sind auffällig. Für geschickte Flugjäger unter den Vögeln sollten sie eine leicht zu fangende Beute sein. Sogar Staren gelingt es mitunter, einen Zitronenfalter, meist ist dies ein Männchen, zu schnappen. Die Weibchen werden eher übersehen, weil sie wie oben geschrieben sehr stark Kohlweißlingen ähneln, vor allem den Weibchen des Großen Kohlweißlings. Diese schützen, wie auf Seite 69 und 94 ff. ausgeführt, giftige Senfölglykoside.

Die Zitronenfalter könnten also Nachahmer der giftigen Kohlweißlinge sein. Oder sie sind, wenn sie doch auch schlecht schmeckende Stoffe von der Hauptfutterpflanze ihrer Raupen, dem Faulbaum *Frangula alnus*, enthalten sollten, Teil eines Mimikry-Rings von Schmetterlingen, die mit ihrer Auffälligkeit signalisieren, dass sie ungenießbar sind. Das ist für die Zitronenfalter vor allem im Sommer bedeutsam, wenn sie frisch geschlüpft sind und die Wochen und Monate überstehen müssen, bis ihre Winterruhe anfängt. Betrachten wir deshalb Männchen (zitronengelb und sehr auffällig) und Weibchen (blassgelb, fast weiß wirkend) genauer. Sollten sie nicht beide gleichermaßen Schutz nötig haben?

Möglicherweise bekommen sie ihn auch. Denn das, was für unser Sehvermögen weiß wirkt, kann für die Vögel mit ihrer beträchtlich anders zusammengesetzten Farbempfindlichkeit ähnlich aussehen und in den Bereich von Ultraviolett reichen. Was bedeutet, dass der Unterschied zwischen Männchen und Weibchen für unsere Augen vielleicht größer ist als für das Sehvermögen der Vögel. Wie es auch sein mag, die Forschung wird dies mit den Möglichkeiten unserer Zeit klären können. Der Unterschied hat auf jeden Fall eine (jahres)zeitliche Dimension. Denn die Männchen fliegen im Frühjahr beträchtlich früher als die Weibchen, aber gleichzeitig mit ihnen in der »Sommergeneration«. Sie ist nur scheinbar eine solche, weil die neuen Zitronenfalter des Sommers dieselben sind, die im nächsten Frühjahr fliegen. Davor halten sie eine Sommerruhe und suchen sich nach kurzem Flug im Herbst eine Stelle, an der sie bis zum Frühjahr überwintern. Im Sommer bemerkt man kaum, wie viele Zitronenfalter vorhanden sind, so wenig und so unauffällig fliegen sie. Das lässt sie seltener erscheinen als sie es sind. Selten sollten sie sein, zumindest entsprechend unauffällig, denn für die Nachahmer in einer Mimikry gilt, dass das Vorbild erheblich häufiger sein muss. Warum, liegt auf der Hand: Die Vögel, die davon abgehalten werden sollen, die giftigen oder unangenehm schmeckenden Falter zu fangen, dürfen weder zu viele positive Erfahrungen machen, noch sollten sie ein spezielles Suchbild für solcherart doch gut schmeckende Falter entwickeln können. Das wäre das Ende des Schutzes und die Auffälligkeit nun ein tödlicher Nachteil.

Müller'sche Mimikry

Natürlich ist die Aktivität der von Insekten lebenden Vögel im (Früh-)Sommer ungleich höher als im Frühling. Und da sich die Zitronenfalter nach dem Schlüpfen nicht paaren, weil ihre Geschlechtsdrüsen noch nicht reif sind, sondern dies erst unter der Einwirkung der Frühlingssonne werden, deutet sich ein Vorteil des frühen Fliegens an. Die Zitronenfalter reifen in dieser Zeit; sie haben Sonne nötig. Sie können sich ihr aussetzen, weil noch keine Singvögel da sind, die sie fangen würden. Sind dann die Weibchen so weit und auf der Suche nach Ablagestellen für ihre Eier, fliegen bereits die Kohlweißlinge, und zwar viel häufiger als die Zitronenfalter. Das

Weibchen kann nun ganz gezielt Ei für Ei einzeln an die gerade austreibenden Blättchen des Faulbaums absetzen; meist nur eines oder einige wenige pro Spitzentrieb. Die Raupen der Zitronenfalter leben davon. Und da auch der Faulbaum giftig wirkende Stoffe enthält, dürfte bei den Zitronenfaltern ebenfalls eine gewisse Giftigkeit zustande kommen. Doch die Anthrachinon-Glykoside aus den Faulbaumblättern wirken nicht annähernd so stark wie die Senfölglykoside vom Kohl, die die Kohlweißlinge aufnehmen. Zumindest nicht auf die Vögel, denn die Steinfrüchte des Faulbaums, die für uns giftig sind, werden von den Vögeln sehr wohl genommen und die darin enthaltenen Samen verbreitet. Dies bedeutet, dass es sich im Verhältnis der Zitronenfalter zu den (Großen) Kohlweißlingen eher um eine Art Zwischenform zweier unterschiedlicher Typen von Mimikry handelt. Die zweite wird nach ihrem Entdecker, dem damals in Südbrasilien lebenden Deutschen Fritz Müller, Müller'sche Mimikry genannt und von der vorher bereits bekannten, nach dem Amazonasforscher Henry Bates benannten Bate'schen Mimikry abgetrennt. Diese meint die einfache Nachahmung einer giftigen oder ungenießbaren Art durch eine nicht giftige, genießbare. Die Müller'sche Mimikry umfasst Gemeinschaften einander ähnlicher Arten, die alle mehr oder weniger giftig oder ungenießbar sind. Der Vorzug dieser Mimikryform besteht darin, dass die Beteiligten beliebig häufig sein dürfen, weil keine die Wirksamkeit der Mimikry dadurch vermindert. So verhält es sich beispielsweise bei den verschiedenen Arten unserer Wespen. Alle kennzeichnet und schützt die »Wespentracht«, und alle haben sie Giftstachel, mit denen sie sich Angriffen von Feinden erwehren. Dass es Spezialisten, wie den Wespenbussard *Pernis apivorus* gibt, die sich davon nicht abschrecken lassen, bekräftigt lediglich, dass nichts in der Natur absolut (sicher) ist. Unsere eigene Spontanreaktion auf Wespen drückt hingegen deutlich genug aus, dass deren Müller'sche Mimikry bestens funktioniert. Wir schauen nicht erst, ob uns eine Gemeine, eine Deutsche oder eine eher harmlose Sächsische Wespe anfliegt.

Die Zitronenfalter verdienen diesen Ausflug in die Mimikrybeziehungen, weil ihr Beispiel wieder einmal unterstreicht, wie schwierig, wenn nicht unmöglich es ist, die Natur in Kategorien und Begriffe zwängen zu wollen. Wer »Definitionen« fordert und solche zugrunde legen will, hat die Natur nicht verstanden. Zitronenfalter sind echte Nachahmer von giftigen Vorbildern, weil die große Ähnlichkeit ihrer Weibchen mit den Kohlweißlingen in diesem Sinne funktioniert. Aber sie bilden miteinander – Männchen und Weibchen und Kohlweißlinge – auch einen Müller'schen Mimikry-Komplex. Dieser besteht aus unterschiedlich giftigen und schlecht schmeckenden Faltern. Die Anthrachinon-Glykoside bieten wie ausgeführt keinen so sicheren Schutz wie die Senfölglykoside der Kohlweißlinge. Dennoch können die Zitronenfalter in Bezug auf die Kohlweißlinge ziemlich häufig werden; insbesondere im Frühjahr. Wären sie reine Bate'sche Nachahmer, würden sie gerade in der wichtigsten Phase, wenn die Weibchen Eier ablegen, gezielt gejagt werden. Sind sie allein deswegen schon höchst bewundernswerte Schmetterlinge, so müssen sie im Frühjahr auch noch in der Lage sein, flexibel auf die in aller Regel kommenden Kälteeinbrüche im März und April oder auch noch im Mai zu reagieren. Flexibel sein heißt hier, die Zeiten der Aktivität gleich um mehrere Wochen zu verschieben. Die Frühjahre 2013 und 2018 erforderten eine solcherart ausgeprägte Verlagerung, wobei in 2013 auch der Mai für sie nicht günstig verlief, während dieser 2018 außerordentlich günstig für Zitronenfalter war. Aber was hat das für Folgen? Warum konnte nach dem außerordentlich ungünstigen Verlauf der Frühjahrswitterung 2013 im Frühjahr 2014 dennoch ein besonders guter Flug zustande kommen?

Wiederum stellt sich die Frage, wie das Wetter wirkt. Beeinflusst die Winterwitterung das Überleben der Zitronenfalter? Die Häufigkeit im Frühjahr gibt darüber tatsächlich zu wenig Aufschluss. Denn es können nicht mehr Falter den Winter überstehen, als im Herbst vorhanden waren. Die Häufigkeit im vorausgegangenen Sommer muss daher auf jeden Fall zur Beurteilung der Winterwirkung berücksichtigt werden. Die von Jahr zu Jahr verschiedenen Frühjahrsbefunde können von der Bestandsgröße im Vorjahr oder vom Überleben des Winters abhängen – oder von beidem.

2014 wurden über viermal mehr Zitronenfalter als 2013 registriert, was an starken Verlusten bei dem schlechten Frühlingswetter von 2013 liegen könnte. Doch wenn ich die Häufigkeit der Zitronenfalter über die Jahre hinweg betrachte, stimmt das so nicht. Der extrem kalte Februar 2012 mit wochenlangen Nachtfrösten bis unter minus 20 Grad schadete den Zitronenfaltern nicht allzu sehr. Denn die Halbierung der Zahlen im Frühjahr 2012 im Vergleich zum Frühjahr 2011 hängt (auch) damit zusammen, dass der Sommerflug 2011 bereits schwach ausgefallen war. So gelangten weit weniger Zitronenfalter im Herbst in die Überwinterung als im Vorjahr oder danach im Sommer 2013, auf den ein »Rekordwert« im Frühjahr 2014 folgte.

Der auffällig hohe Frühjahrsbestand 2014 brachte jedoch keinen noch höheren Sommerbestand zustande, so dass 2015 die Frühjahrshäufigkeit auf weniger als ein Drittel von 2014 sank. Doch dann legte der Sommerbestand 2015 zu, und so passt es, dass wir 2016 wieder einen recht guten Frühjahrsflug hatten. Verwirrend genug? Wie die Natur in ihren Abläufen eben so ist! Auf jede Faltergeneration wirken alle Witterungsphasen des Jahres ein; trockenheiße oder regnerische Sommer, wechselhafter Herbst, Winterkälte oder -milde, die Frühjahrswitterung zur Flugzeit und schließlich die des Frühsommers, im dem die Raupen heranwachsen, sich verpuppen und die Falter schlüpfen. Auf »den Winter« im Lebenszyklus des Zitronenfalters zu schließen oder gar den Verlauf des Winterwetters (Stichwort: Klimaerwärmung) verantwortlich für Bestandsentwicklung und Zukunft dieses Schmetterlings machen zu wollen, drückt lediglich Unkenntnis aus. Das ergeben die langjährigen Untersuchungen. Sie mahnen auch, dass die Zählungen unzuverlässig sein können, weil man nie über viele Jahre exakt in gleicher Weise registrieren kann. Viele Stichproben sind als Zählungen nötig, um über die Jahre einen Trend erkennen zu können, so ein solcher vorhanden ist. Die Fluktuationen von Jahr zu Jahr täuschen. Oft bilden sie per Zufall aufsteigende oder absteigende Serien, die sich nach einem Jahrzehnt oder nach noch längerer Zeitspanne völlig aufheben.

Sicher ist lediglich, dass der Schlüsselfaktor für die mittel- und längerfristige Bestandsentwicklung der Zitronenfalter der Fortpflanzungserfolg im Frühjahr/Frühsommer ist. Vom Überdauern des Winters hängt es viel weniger ab, wie sich die Bestände entwickeln. Diese Schlussfolgerung stimmt bestens mit der großen Verbreitung dieses zu den Weißlingen gehörenden Tagfalters überein, die alle Formen des Winterklimas vom mildatlantischen Westen bis zum kontinentalen Osten in Europa beinhaltet. Ein schöner Frühling ist also das Beste für den Zitronenfalter. Das können wir aus unserer menschlichen Sicht nachvollziehen. So eine Einstufung stimmt zudem gut überein mit dem Vorkommen seines nahen Verwandten südlich der Alpen, dem Cleopatrafalter *Gonepteryx cleopatra*. Diesen Zitronenfalter ziert ein orangerot getöntes Feld im Flügel und er ist etwas größer als unsere Art. Dem Cleopatrafalter widerfährt im mediterranen Sommer, was unser Zitronenfalter vergleichsweise leichter überstehen kann, große Hitze. Die bereits behandelte Sommerruhe, die Ästivation, strapaziert die Körper dieser so zart gebauten Schmetterlinge stärker als das Überdauern von Frost im Winter. Denn die Hitze entzieht dem Körper weit schneller Wasser als der austrocknende Frost. Gegen diesen hilft die Speicherung von Glykol, dem Frostschutzmittel, das bis zu so tiefen Temperaturen wie minus 20 Grad verhindert, dass sich Eiskristalle im Schmetterlingskörper bilden – und dass zu viel Wasser nach draußen verloren geht und der Körper innen austrocknet.

Wir können uns daher vorstellen, dass die Bewältigung der Sommerhitze mit dem von ihr verursachten Wasserentzug beim Zitronenfalter die Vorbedingung für das Überstehen des Winters im Freien war. Nur ganz wenige Falter schaffen das. Der Tagfalter-Spezialist Eberhard Pfeuffer, der sich besonders intensiv mit dem Zitronenfalter befasst hat, beobachtete sogar, dass diese, wenn im Winter der Schnee mal schmilzt, ein Stückchen nach oben aus der Bodenvegetation kriechen, in die sie sich zum Überwintern zurückgezogen hatten. Feuchtkaltes Winterwetter ist für viele überwinternde Insekten ungünstiger als trockene Kälte. Auch weil die Feuchte das Wachstum von Pilzfäden begünstigt, die Puppen und Schmetterlinge befallen und töten können. Die Parallele zu uns Menschen wird wiederum deutlich: Trockene Kälte macht uns weniger zu schaffen als nasskaltes Winterwetter. Tatsächlich ist Frost auch im Hinblick auf die wintertypischen Ansteckungskrankheiten, wie die verschiedenen Formen von Grippe/Erkältung, günstiger. Milde Winter, um es verallgemeinert auszudrücken, sind nicht besser für »die Natur« als kalte. Deshalb darf nicht einfach angenommen werden, sie würden wärmebedürftige Arten begünstigen. Und auch nicht, dass viele Arten von der bei uns vor allem die Winter betreffenden Klimaerwärmung so profitieren müssten, dass sie »überhandnehmen«. Oder weil die Natur »aus dem Gleichgewicht« gerate.

»Gleichgewichte« in der Natur

Was aber bedeuten solche Beispiele und Überlegungen für das Ziel, das zu erkennen, was in der Natur die Steuerung übernimmt? Die geheimnisvolle Regelung, der wir es, so die gängige Meinung, zuzuschreiben haben, dass Insekten mit ihrem gewaltigen Vermehrungspotenzial die Natur nicht überfluten und ruinieren. Dass dies nicht geschieht, bewirkt allein schon die Naturgegebenheit, dass günstige Bedingungen niemals und nirgendwo von Dauer sind. Das schließt ein Anwachsen einzelner Arten über alle Maßen grundsätzlich aus. Über kurz oder lang, meist sogar nach recht kurzer Zeit, verschlechtern sich die Bedingungen, und das Anwachsen des Bestands hört auf. Dies bewirkt die schon genannte dichte-unabhängige Regulierung. Und da die Abfolge günstiger und ungünstiger Außenbedingungen im Jahreslauf und von Jahr zu Jahr mehr oder minder (statistisch) zufällig schwankt, ergibt sich ein gleichfalls mehr oder minder zufälliges Fluktuieren der Bestände. Stabilität in dem Sinne, dass es Jahr für Jahr etwa gleich viele Schmetterlinge einer Art oder auch aller Arten zusammen in einem Gebiet gibt, ist nichts weiter als eine Wunschvorstellung. Wir können eine solche scheinbar erzeugen, wenn wir die zahlenmäßigen Veränderungen logarithmisch fassen. Diese mathematische Methode vermindert Ausschläge nach oben oder unten so sehr, insbesondere wenn der sogenannte Zehnerlogarithmus verwendet wird, dass die nunmehr nur geringfügig schwankenden Zahlen gemittelt das Bild einer Geraden ergeben. Wer will, kann darin das »Gleichgewicht in der Natur« sehen.

In konkreter Situation bedeutet es wenig, um nicht zu sagen nichts, wenn es etwa darum geht, wirtschaftliche Schäden zu verhindern. Ein Zahlenbeispiel verdeutlicht dies. Wächst der Bestand einer Insektenart, die Schäden an Nutzpflanzen verursachen kann, auf dem Feld oder im Wald auf das Zehnfache, das Hundertfache und das Tausendfache an, so drückt sich dies in der logarithmischen Skala lediglich in einer Steigerung um den Faktor (10 hoch) 2, 3 und 4 aus. Dieses Herabdrücken großer Zahlen auf eine überschaubare Skala hilft bei grafischen Darstellungen und mathematischen Analysen, aber kaum jemals draußen auf der Flur oder im Forst. Bei abnehmender Häufigkeit, wenn es darum ginge, lokal oder regional eine Art vor dem Aussterben zu bewahren, ist so eine logarithmische Umformung noch weniger hilfreich. Wird das »Gleichgewicht im Naturhaushalt« auf diese Weise begründet, verschwinden die tatsächlichen Ungleichgewichte, die das Leben und ihre Dynamik erhalten. Denn bliebe alles gleich, müsste es in so einem Zustand verharren, und Evolution könnte nicht zustande kommen. Wir sollten uns von der Vorstellung frei machen, dass alles in der Natur seinen rechten Gang nehmen würde und »in Ordnung« wäre, gäbe es den Menschen und sein Tun und Wirken nicht.

Betrachten wir nach dieser Warnung noch einmal die dichte-abhängigen Wirkungen. Sie ergeben sich nicht nur aus der Einflussnahme von Feinden und Parasiten oder Krankheitserregern, die in ihrer Gesamtheit die Bestandszunahme in der Regel umso mehr bremsen, je größer der Bestand geworden ist. Genau das meint die Bezeichnung dichte-abhängig. Auch die nutzbare Nahrung wirkt dichte-abhängig regulierend. Wird sie zu knapp, überleben die Nutzer nicht, oder sie erlangen eine stark verminderte Fruchtbarkeit, wie bei den Massenvermehrungen der Traubenkirschen-Gespinstmotten ausgeführt. Vereinfacht können wir uns das so vorstellen, dass die Art mit ihrem Bestand – also die Raupen einer Schmetterlingsart auf ihren Futterpflanzen beispielsweise – auf deren Verfügbarkeit »drückt«, während sie selbst dem Druck der Feinde und Konkurrenten ausgesetzt ist. Nutzungsrate der Nahrung und Verlustrate an die Feinde müssen sich, wie leicht einsehbar, zumindest mittelfristig so ausgleichen, dass die Gesamtbilanz nicht zu negativ oder zu positiv wird. Denn dies würde bedeuten, dass der Bestand entweder abnimmt und über kurz oder lang verschwindet, oder eben anhaltend zunimmt und damit in die Instabilität hineingeriete. Das Modell ist wiederum einfach und klar: Nachwuchsrate (b) und Verlustrate (m) ≈ 0.

Eine solcherart ausgeglichene Bilanz würde (biologische) Stabilität bedeuten und das für eine überlebensfähige Menschheit vielfach geforderte Nullwachstum erzeugen. Wiederum ist die Natur jedoch komplexer als das Modell. Sie ist kein geschlossener Raum mit gleichförmigen Bedingungen, in dem sich nur das Wechselspiel einer Art mit einer anderen oder einigen wenigen vollzieht. Vielmehr sind Hunderte, Tausende, Abertausende Arten beteiligt. Je nachdem, wie eng oder wie weit wir den Rahmen des zu erfassenden Gebietes und das Spektrum der betrachteten Arten fassen. Eine Vielzahl unterschiedlicher Lokalbedingungen bildet die Grundlage, genannt Biotop, sobald wir uns mit solchen Modellvorstellungen in die freie Natur begeben. In dieser kommen zwei weitere eminent wichtige Prozesse hinzu, die in den eben ausgeführten Darlegungen nicht berücksichtigt worden sind, nämlich die Abwanderung von örtlichem Überschuss (»Überproduktion«) zu anderen Orten und Gebieten sowie ihr Gegenteil, die Zuwanderung von außen in die betrachtete Stelle.

Diese Charakterisierung kommt der Wirklichkeit schon näher. Denn alle Arten sind ungleichmäßig und eher mosaikartig als gleichmäßig verbreitet. An jeder Stelle, an der sie vorkommen, leben sie in unterschiedlicher, über die Jahre mehr oder weniger stark fluktuierender Häufigkeit. Kurz: Es herrscht ein beständiges Auf und Ab in der Natur ähnlich dem Geschehen in einem brodelnden Wassertopf. Zunahmen und Neuansiedlungen an einem Ort können dabei allgemein laufende Entwicklungen ebenso charakterisieren, wie sie Abnahmen und Aussterben an anderen ausgleichen könnten. Ohne dies weiter zu vertiefen, obwohl die Betrachtung in die zentralen Konzepte und Modelle der Populationsökologie hineinführen würde, lassen sich wichtige Schlüsse ziehen:

1. Um anhaltende Trends von natürlichen Schwankungen (Fluktuationen) unterscheiden zu können, müssen die Zeitspannen der Untersuchungen lang genug sein. Wie lange »lang genug« ist, ergibt sich aus der Dauer von Fluktuationen. Es müssen hinreichend viele Jahre oder Generationen in den Erfassungszeiten vorhanden sein, um Schwankungen vom Trend unterscheiden zu können, so es einen solchen gibt.
2. Lokale Untersuchungen müssen repräsentativ sein für größere Gebiete, um Aussagekraft zu erlangen. In einem neu entstandenen, günstigen »Biotop«, wie es in unserer Zeit auch als Ausgleich für getätigte Eingriffe in Natur und Landschaft vielfach angelegt wird, können über viele Jahre (aus der Sicht des Artenschutzes) ausgesprochen positive Entwicklungen ablaufen, während großräumig der allgemeine Trend stark abnehmend und damit negativ ist.
3. Vergleichstrends, auf die eventuell Bezug genommen werden kann, müssen voneinander unabhängig sein, wie Wetter und Klimatrends es von den Schmetterlingen sind.
4. Die Methoden der Erfassung sollten (sie müssen es eigentlich) nicht von den persönlichen Fähigkeiten der Menschen beeinflusst sein, die die Untersuchungen vornehmen. Physikalisch-automatische Erfassungen sind »bloßen Beobachtungen« klar vorzuziehen.
5. Vergleichbarkeit muss nachvollziehbar begründet werden können, wenn es um die Interpretation der Befunde und die Schlussfolgerungen geht.

Diese fünf zentralen Kriterien setzen meist voraus, dass eine entsprechend qualifizierte Artenkenntnis gegeben ist. Viele Schmetterlingsarten sind nicht leicht zu bestimmen; manche können ohne spezielle Laboruntersuchung gar nicht oder nur unzureichend diagnostiziert werden. Andere Insektengruppen erfordern sogar noch mehr Artenkenntnis. Doch Spezialisten sind rar, und ihre Zeit ist begrenzt; ihre Bereitschaft, schwierige Arten mit viel Zeitaufwand zu bestimmen, hat Grenzen. Das soll die Willigen jedoch nicht entmutigen, »Schmetterlinge zu zählen« und mit ihren Befunden beizutragen zur Kenntnis von Vorkommen, Häufigkeit und Bestandstrends der Falter. Die hier behandelten Methoden sind erprobt und praktikabel. Benötigt werden Schmetterlingszählungen landauf landab, denn viele Arten sind bedroht und am Verschwinden. Den derzeit noch häufigen kann es bald ähnlich wie den dezimierten ergehen.

Die bisher behandelten Beispiele erweckten zwar nicht gerade den Eindruck, dass es sehr schlecht um die Schmetterlinge steht. Es war jedoch wichtig, zunächst an bekannteren und noch häufigen Arten ein tieferes Verständnis der Vorgänge in der Natur zu gewinnen, und aufzuzeigen, wie vielfältig die Wirkmechanismen sind. Das Aussterben an den Anfang zu stellen, auch wenn es vielfach eine unabweisbare Tatsache ist, dürfte zudem nicht hilfreich sein, Interesse an den Schmetterlingen und Begeisterung für sie zu entwickeln. Das aber ist mein Anliegen. Im zweiten Teil des Buchs geht es nun um das Verschwinden der Schmetterlinge und was (noch) dagegen unternommen werden kann.

Teil II

Das Verschwinden der Schmetterlinge

Die Erfassung der Häufigkeit von Schmetterlingen – ein großes Problem

Schmetterlinge sind da und sie verschwinden wieder. Sie tänzeln von irgendwo heran, lassen sich auf Blüten nieder, trinken offensichtlich Nektar, probieren die nächste Blüte oder fliegen weiter. Die Art, wie viele Tagfalter fliegen, könnte den Eindruck erwecken, sie seien leicht betrunken. Wie anders dagegen ein Schmetterling der Nacht, etwa das Taubenschwänzchen, das auch oft am Tag fliegt, pfeilschnell daherkommt, vor der gewählten Blüte im Schwirrflug in der Luft steht und gleich wieder fort ist. Der kleine Schwärmer, denn zu dieser Schmetterlingsfamilie gehört er, fliegt mit so hoher Schlagfrequenz der Flügel, dass wir diese nur als Schatten erkennen.

Beim Schlendern durchs Gras im Garten, so dieses nicht zu kurz geschoren ist und einem Kunstrasen aus Plastik gleicht, stöbern wir kleine, länglich gebaute Schmetterlinge auf, die sich halb hüpfend, halb fliegend den Schritten entziehen. Graszünsler heißt die Gruppe. Sie gehört zur besonders vielfältigen Gruppierung der Kleinschmetterlinge, die zahlreiche recht verschiedene Familien umfassen. Eigentlich steckte man in sie all das hinein, was nicht zu den Tagfaltern, Schwärmern, Bären, Spinnern, Eulen und Spannern und einigen kleineren, aber gut bekannten Schmetterlingsfamilien gehört. Die winzigsten der Kleinen kann das bloße Auge kaum als Schmetterling erkennen. Die größten Schwärmer hingegen entsprechen in Körpermasse und Flugweise durchaus Kleinvögeln wie den Kolibris. Tatsächlich findet in ihrem Körper auch ein ganz ähnlich hoher Umsatz an Energie statt.

Wie kann man bei diesen Gegebenheiten eine »Häufigkeit« von Schmetterlingen ermitteln? Geht dies nur, wenn die Erfassung auf einzelne Arten oder bestimmte, gut abgegrenzte Artengruppen beschränkt wird, beispiels-

Der Ligusterschwärmer *Sphinx ligustri* gehört zu den größten Schmetterlingen Mitteleuropas und kommt noch verhältnismäßig häufig vor, wohl dank der vielen Ligusterhecken, die es in Gärten und Parkanlagen gibt. Als Schmetterling hat er die Größe und Leistungsfähigkeit der kleinsten Kolibris

weise auf Tagfalter oder innerhalb dieser auf die Kohlweißlinge? Immerhin sind diese gut zu sehen, und meist haben sie es nicht so eilig. Auch für Pfauenaugen oder Schwalbenschwänze kann man sich vorstellen, sie auf bestimmten Flächen oder entlang (sinnvoll) festgelegter Wegstrecken zu zählen. Beispiele hierfür werden weiter unten behandelt. Sie zeigen, dass sich aus den Zählungen tatsächlich Wichtiges ablesen lässt. Aber »Schmetterlinge insgesamt« entziehen sich solchen Direktzählungen auf Sicht und über festgelegte Strecken.

Die Behauptungen vieler älterer Kenner und Naturfreunde, dass es früher sehr viel mehr Schmetterlinge gegeben habe als gegenwärtig, tun Verursacher der Rückgänge damit ab, das seien lediglich schönfärberische Erinnerungen. Ist da etwas dran? Dass die »gute alte Zeit« meist nur nostalgische Verklärung ist, weiß man längst. Unsere Landschaften haben sich zudem geändert. Sie werden weiter verändert werden. Das ist der Lauf der Zeiten, aus dem sich das entwickelt, was Geschichte genannt wird. Dennoch haben die alten Kenner und Naturfreunde recht. Früher gab es sehr viel mehr Schmetterlinge und andere Insekten. Dieses »früher« lässt sich datieren. Es war die Zeit vor der massiven (Über-)Düngung und vor dem Einsatz von Giften auf den landwirtschaftlich genutzten Fluren. Die große Veränderung begann mit den Flurbereinigungen nach dem Zweiten Weltkrieg. Die zweite Hälfte des 20. Jahrhunderts ist die Zeit des großen Wandels. Unsere gegenwärtigen Verhältnisse sind die Fortschreibung davon, allerdings ganz erheblich verschärft mit der Umwidmung riesiger Agrarflächen zur Erzeugung von Biodiesel und Biogas. Die Energiewende hin zu den Erneuerbaren stellt die vorerst letzte Steigerung der Industrialisierung der Fluren dar. Eine Behauptung, die ich zu beweisen gedenke.

Bereits zu Beginn von Teil I hatte ich die Methode genannt, deren Ergebnisse den starken Rückgang der Schmetterlinge beweisen. Die Vorgehensweise soll nun näher erläutert werden. Als langfristig angelegte Untersuchungen führen die Forschungen zu Befunden, die anfänglich überhaupt nicht vorhersehbar waren. Sie hätten sich zu ihrem Beginn, Ende der 1960er Jahre, wohl kaum als universitäres Forschungsprojekt beantragen lassen. Selbst nach dem ersten Jahrzehnt zeichnete sich noch nicht wirklich ab, was sich nun nach einem halben Jahrhundert offenbart. Dementsprechend waren die Untersuchungen fast zwei Jahrzehnte lang gar nicht darauf ausgerichtet, Aufschluss über die Veränderungen der Häufigkeit von nachtaktiven Schmetterlingen und anderen Insekten zu geben. Am Beginn stand nichts anderes als Neugier. Ich wollte sehen, was nachts am Dorfrand, im Auwald und später, viel später was auch in der Großstadt herumfliegt. Um die Formenfülle ging es mir, um die Faszination des Neuen, der so viele Sammler erliegen; um Schwärmer und Spinner, Eulen und Spanner und um die Winzlinge, die man am Tag nicht zu Gesicht bekommt und deshalb, wenn überhaupt nur aus entsprechenden Büchern kennt. So man sich dafür interessiert. Denn nur in Büchern Geschautes bleibt fremd. Vertraut macht es erst das eigene Erleben.

Anfänge mit 1000 Watt

Es war ein Schmetterlingssammler, der längst verstorbene Hans Wimmer aus dem niederbayerischen Rottal, der mich, der ich noch Schüler war und das Abitur vor mir hatte, auf Vielfalt und Schönheit der bei uns vorkommenden, nachtaktiven Schmetterlinge hinwies. Seine Sammlung bestaunte ich, ohne dabei das Bedürfnis zu verspüren, eine eigene anzulegen. Lebendig wollte ich sie lieber sehen, die Schmetterlinge. Der Sammler schenkte mir eine riesige, 1000 Watt starke Glühbirne, eine Quecksilberdampflampe. Mit dieser leuchtete ich in warmen Sommernächten vom kleinen Garten des Elternhauses aus auf die Wiesen hinaus, die gleich nach dem Gartenzaun begannen. Der Erfolg war überwältigend und verwirrend zugleich.

Im grellen Licht sah ich zwar jede Menge Schmetterlinge aller Größen und Formen, aber gerade die größten und schönsten waren in der gleißenden Helle viel zu unruhig, als dass ich sie in Ruhe hätte bestaunen können. Dass sie auf einem weißen Bettlaken landeten, das von der Lampe angestrahlt wurde, erzeugte einen so heftigen Kontrast, dass die Augen bald schmerzten. Zudem bekam ich viele Insekten ins Gesicht, ins Haar oder sie krochen mir unters Hemd, was nur für kurze Zeit lustig war und dann doch sehr lästig wurde. Unmöglich, in der Fülle der anfliegenden und wieder davonfliegenden Insekten einen Überblick zu bewahren. Nach wenigen solchen Leuchtabenden achtete ich nur noch auf besonders schöne Falter und gab schließlich mit Beginn meines Zoologiestudiums ganz auf. Auch weil das Sommersemester mich in der besten Zeit des Jahres an die Universität band. Die Begeisterung für Schmetterlinge hatte mich dennoch erfasst. Ab dem sechsten Semester der Biologie widmete ich mich der kleinen, kaum bekannten Artengruppe der Wasserschmetterlinge (S. 23 ff.).

Erfolgsmethode Lichtanlockung

Während ich an der Dissertation über die Kleinen Nymphen arbeitete, lernte ich an der Vogelwarte Radolfzell eine Vorrichtung kennen, mit der man dort fast das ganze Jahr über Insekten zum Füttern der Kleinvögel fing. Diese wurden zu Forschungszwecken im zugehörigen Max-Planck-Institut gehalten. Das Prinzip ist einfach, ich will es noch einmal kurz erläutern: Eine UV-Leuchtstoffröhre (15 Watt) dient als Lichtquelle, die verschiedenste nachts aktive Insekten anlockt. Durch einen unter dem Leuchtstab angebrachten Trichter geraten sie in einen großen Sack, der in insektenreichen Nächten zur Vergrößerung der inneren Oberfläche Eierkartons hineinbekommt. Den Insekten geschieht darin nichts. Am nächsten Morgen wurden sie eingeholt zur Verfütterung an die Vögel und dazu aussortiert auf tauglich oder nicht geeignet. Oder um die Arten zu bestimmen und zu zählen, wie viele von jeder angeflogen waren.

Das war genau mein Ansatz. Das erste derartige Gerät baute mir Raimund Mascha, mit dem mich eine Freundschaft von über einem halben Jahrhundert Dauer verbindet. Es funktionierte auf Anhieb perfekt. Im Frühsommer 1969 konnte ich nun mit den eigenen Untersuchungen beginnen. Es wurde gleich ein sehr ergiebiges Jahr; so ergiebig, dass bald der Wunsch aufkam, mit der gleichen Methode die Artenvielfalt im Auwald zu untersuchen. Und an anderen Stellen. Sie werden nachfolgend in den jeweiligen Zusammenhängen behandelt. Die Arbeit mit der Lichtanlockung wurde rasch zur Routine. Sie büßte trotz ihrer im Jahreslauf und über die Jahre und Jahrzehnte immer gleichartigen Form nie die Spannung ein, die sich jedes Mal wieder mit dem Bestimmen und Bestaunen der Schmetterlinge verband. Jede Nacht konnte Unerwartetes bringen: Große Schwärmer etwa, die ich mir zur Betrachtung aus nächster Nähe auf die Finger kriechen ließ. Oft führte ich Interessierten vor, auch zahlreichen Kindern, dass das zu den Schwärmern gehörende Abendpfauenauge *Smerinthus ocellata* seine Vorderflügel, die in der Ruhestellung den Körper dachförmig vollständig abdecken, bei einem leichten Antippen des Kopfbereichs blitzschnell anhebt und nach vorn zieht. Dabei werden einem die rötlichen Hinterflügel mit dem großen »Augenpaar« geradezu entgegengeschleudert. Da selbst Erwachsene dabei ein wenig erschrecken, ist klar, dass dieses plötzliche Präsentieren der Augenzeichnung auch auf Vögel, die Hauptfeinde dieser Schmetterlinge, entsprechend wirkt. Die großen Schwärmer lassen sich, wie Bärenspinner und manch andere eindrucksvolle Falter, bei vorsichtiger Handhabung ins Gebüsch setzen, wo sie geschützt den Tag verbringen können, bis sie spätabends wieder munter werden. Anfangs sehr oft, später mit zunehmender Erfahrung in abnehmender Häufigkeit, aber nie ganz ausbleibend gab es Besonderheiten; etwas für mich gänzlich Neues. In den ersten Jahren war es das Erlebnis von Menge und Artenfülle der Schmetter-

Abendpfauenaugen in Kopula

linge, das mich zutiefst beeindruckte. In den besten Nächten flogen fünfhundert bis an die tausend Falter ans Licht. Darin stecken konnten 150 und mehr verschiedene Arten. Da fühlte ich mich manchmal wie in den Tropen – obwohl ich in Brasilien nirgendwo eine solche Menge mit so großem Artenreichtum sah, die Tropen sind zwar besonders artenreich, aber die einzelnen Arten bleiben zumeist recht selten.

Und nicht nur Schmetterlinge kamen ans Licht, sondern auch viele andere, höchst interessante Insekten. Die damals so gewöhnlichen, in einen Rhythmus von drei Jahren schwärmenden Maikäfer prasselten mitunter wie schwerer Hagel ans Licht. Zum Glück fand ihr nur zwei oder drei Nächte währender Hauptflug so früh statt, nämlich um die Wende vom April zum Mai, dass die Käfermassen keine Schmetterlinge demolierten. Denn bei diesen herrschte genau zu dieser Zeit die »Aprillücke«. Sie trennt den Hauptflug der echten Frühjahrsarten, wie der Kätzcheneulen, von den erst ab Mitte Mai kommenden Arten des Frühsommerspektrums. Aber da die Käfer zu Hunderten anflogen, konnte es vorkommen, dass der Sack unter ihrem Gewicht zu Boden fiel. Einige dieser Maikäfernächte enthalten in der Kartei daher viel zu niedrige Zahlen, weil ein Großteil der Käfer wieder weggeflogen war und nicht wartete, bis ich frühmorgens kam, um sie zu zählen. Auf die Maikäfer komme ich noch zurück, weil ihr Verschwinden genau in die Zeit Anfang der 1980er Jahre fällt, in der die Häufigkeit der Schmetterlinge anhaltend abzunehmen begann.

Wandel und Kontinuität

Ums Dorf herum veränderte sich in dieser Zeit viel. Die Wiesen wurden umgebrochen und in Maisfelder umgewandelt. Einer der Bäche zwischen dem Dorf und dem Auwald am Inn wurde aufgefüllt, eingeebnet und der gesamte begleitende Baumbewuchs mit gewaltigen, weit über hundertjährigen Eschen gefällt. Der halbkilometerbreite Wiesengrund wurde Ackerfläche, die nunmehr fast kontinuierlich mit Mais bestellt wurde. Im Frühsommer trug der Wind den Gestank der auf den neuen Feldern versprühten Gifte in die Gärten und oft auch ins Haus, so dass wir tunlichst die Fenster geschlossen hielten. Die Obstbäume am Rand des Dorfes wurden großenteils, wie überall, mit Rodungsprämien vom Staat entfernt. An vielen Stellen rückten die Maisfelder bis direkt an die Gartenzäune der Häuser heran. War das Dorf in den 1960er Jahren noch geradezu idyllisch in einer vielfältig landwirtschaftlich genutzten Flur gelegen, sah es nun wie eine Insel aus. Im Sommer und Frühherbst ragten die beiden Kirchtürme aus einem Meer von hohem Mais hervor. Und von dessen Ernte im Oktober/November an blieb das Dorf den Winter hindurch bis Anfang Mai von nacktem Ackerboden umgeben.

Weit weniger, äußerlich gar kaum, veränderte sich am Auwald. Die Stelle, an der ich 1973 eine zweite Langzeituntersuchung begann, war mehr als hundert Meter von der Flur entfernt am Rand einer kleinen Siedlung gelegen. Das Licht strahlte direkt auf den Auwald hinaus. Die Hauptveränderung bestand darin, dass der Auwald fast zeitgleich mit Beginn der Untersuchungen nicht mehr wie seit Jahrhunderten als Niederwald zur Brennholzgewinnung bewirtschaftet wurde. Denn das billige Diesel/Heizöl war übermächtiger Konkurrent geworden. Die mühevolle Holzmacherei gaben die Besitzer auf. Der niedrigwüchsige, von der früheren Nutzung parzellenartig gegliederte Auwald fing nun an, durchzuwachsen. Ein Jahrzehnt lang fiel das praktisch nicht auf. Nur in meinen Singvogelzählungen machte sich ein zunehmender Rückgang der Häufigkeit der meisten Arten bemerkbar. Allmählich glichen sich nämlich die Altersunterschiede der Bäume in den verschiedenen Parzellen aus. Der Auwald wurde einheitlicher. Auf Vorkommen und Häufigkeit der Schmetterlinge wirkte sich diese strukturelle Verarmung anfänglich weniger stark aus als auf die Kleinvögel, denen das Mosaik aus unterschiedlichen Altersstadien besser zugesagt hatte. In den 1980er Jahren bezog ich weitere Orte in die Untersuchungen mit ein. Einer davon, direkt an einem der Wasserkraftwerke am Inn, lieferte ein Jahrzehnt lang eine Fülle von Daten zu Häufigkeit und jahreszeitlichen Schwärmmustern der Wasserinsekten (Köcherfliegen, Eintagsfliegen, Steinfliegen und die in großen Massen anfliegenden, nicht stechenden Zuckmücken). Aber es kamen auch gut vergleichbare Befunde zu den Auwaldarten zustande und zu Schmetterlingen, die an den Trockenrasen des Staudamms leben.

Dieser Bereich war überhaupt nicht von Auswirkungen der Landwirtschaft betroffen. Das gilt auch für eine weitere Untersuchungsstelle im damaligen Bundeswehrgelände im Forst. Schließlich startete ich 1981 Vergleichsuntersuchungen in München in einem nur rund 6000 Quadratmeter großen, nachts völlig unbeleuchteten Innenhof der Schlossanlage Nymphenburg. Diese gingen 1984 zu Ende, weil 1985 die Zoologische Staatssammlung den Neubau in München-Obermenzing bezog. Dort konnte ich erst ab 2002 den Lichtanflug zu untersuchen beginnen, dafür aber in sehr regelmäßiger und hoher Folge bis 2010. Weitere Untersuchungen führte ich an verschiedenen Stellen in München durch. Sie fügten sich zu einem Querschnitt von zentrumsnahen Stadtteilen hinaus auf Land zusammen. Dort, vor allem in Südostbayern, ging es um den Anflug in Gärten, am Ortsrand und naturnahen Stellen in einem Bachtal ohne direkte Einwirkung landwirtschaftlicher Nutzungen. Zeitlücken ließen sich nicht vermeiden. Die Auswertungen der Lichtanflüge sind zeitaufwendig. Auch die Witterungsverhältnisse müssen berücksichtigt werden, sonst leidet die Vergleichbarkeit. Nur eine genügend hohe Untersuchungsfrequenz in Zeitabständen von zwei oder drei bis höchstens fünf oder sechs Nächten gewährleistet an Ort und Stelle aussagekräftige Befunde zu Häufigkeiten und Bestandstrends der nachtaktiven Insekten. Die Auswertungen eines sommerlichen Lichtanflugs dauern oft mehrere Stunden. Dieser enorme Zeitaufwand lohnt insbesondere dann, wenn mehrjährige bis langjährige Kontinuität gewährleistet ist oder der Lichtanflug an verschiedenen Orten in den gleichen Nächten erfasst werden kann. Daher bildete die Zoologische Staatssammlung das Zentrum.

Dank den Helfern bei Bestimmungsschwierigkeiten

Viele haben bei den Auswertungen der Lichtanflüge im vergangenen halben Jahrhundert mitgeholfen. Besonders wichtig war die Bestimmungssicherheit, die ich von Anfang an, insbesondere ab 1974, über die Zoologische Staatssammlung bekam. In den Anfangsjahren waren die stets hilfreichen Kollegen dort Dr. Wolfgang Dierl (†) und Josef Wolfsberger (†), beide von der Sektion Schmetterlinge, und der vormalige Sammlungsdirektor Dr. Walter Forster (†). Danach waren und sind es bis heute die Kollegen und Freunde Dr. Axel Hausmann und Dr. Andreas Segerer, die sich stets hilfsbereit erwiesen, obwohl sie außerordentlich in Anspruch genommen sind von der weltgrößten Schmetterlingssammlung, die sie zu betreuen haben. In den letzten Jahren kamen aus dem Amateurbereich Johann Brandstetter und Gerhard Karl als ausgezeichnete Kenner der Eulenfalter bzw. der Kleinschmetterlinge dazu. Mehr als tausend Arten von Schmetterlingen zu unterscheiden lernt man ja nicht einfach in kurzer Zeit.

Und da die Arten oft auch variieren, mitunter sogar recht beträchtlich, ist die Rückversicherung bei den Spezialisten unentbehrlich. Über die Jahrzehnte baute sich ein Netzwerk auf, das half, Unsicherheiten zu beheben und Fehlbestimmungen zu korrigieren. Herausforderungen durch neue Erkenntnisse kommen hinzu. Formen, die früher auch von den Spezialisten nicht unterschieden, sondern zu einer Art zusammengefasst worden waren, erwiesen sich nach Überprüfung mit modernen molekulargenetischen

Methoden als aus zweien zusammengesetzt. An den Bilanzen ändert dies jedoch nichts. Dazu ist das erfasste Artenspektrum insgesamt zu groß. Probleme, bei denen es um die Sonderung solcher kryptischer Arten oder die Trennung von Artenzwillingen geht, stehen hier nicht an. Ziel ist, die allgemeinen Entwicklungen, die Trends herauszuarbeiten und zu ermitteln, was sie verursacht. Eine andere Vorbemerkung ist dazu angebracht. Sie betrifft die Schmetterlinge selbst.

Die Namen der Schmetterlinge

Schmetterlinge hält man für Sonnenkinder. Auf die meisten Tagfalter trifft so eine poetische Charakterisierung zu. Ihr Flug beginnt am Vormittag, wenn es warm genug geworden ist. Oft können wir sie dabei beobachten, wie sie sich aufwärmen mit ausgebreiteten Flügeln der Sonne zugewandt. Schon am Spätnachmittag suchen sie ihre Ruheplätze oder die Verstecke für die Nacht wieder auf. Sie gehen schlafen, und dies in aller Regel früher als wir. Manche Falter sammeln sich dazu an bestimmten, nur ihnen bekannten, wohl weil mit ihren arteigenen Duftstoffen markierten Stellen zu Schlafgemeinschaften. Zu mehreren hängen sie dann an den Pflanzen, die sie als Übernachtungsplatz gewählt haben. Manche Bläulinge verhalten sich so, insbesondere aber die warnfarbenen rot-schwarzen Blutströpfchen. In den Tropen gibt es weit mehr Schmetterlingsarten, die Schlafgemeinschaften bilden.

Doch die »Tagfalter«, die echten, die diese Bezeichnung auch wissenschaftlich zugeteilt bekommen haben, und die vielen anderen, die zum Flug am Tag übergegangen sind, eigentlich aber zu Gruppen der »Nachtfalter« gehören, sie bilden nur einen geringen Teil der Gesamtheit der Schmetterlinge. In Mitteleuropa bringen es die Tagflieger lediglich auf etwa zehn Prozent aller hier lebenden Schmetterlingsarten. Also müssten wir eigentlich im Umkehrschluss die ganze Ordnung der Schmetterlinge für »Kinder der Nacht« halten. Diese Einstufung rechtfertigt nicht allein die zehnfache Überlegenheit der Nachtfalter in der Zahl der Arten und die weit größere in den Mengen, sondern auch die Vielfalt der Familien. Während am Tag außer den echten Tagfaltern (Rhopalocera = Keulenfühler fachlich genannt) die Dickköpfe fliegen, deren recht bezeichnender wissenschaftlicher Familienname Hesperiidae lautet, gibt es nachts die

Messingeule *Diachrysia stenochrysis* früher bekannt unter *Phytometra chrysitis*, ein recht typischer Vertreter der Eulenfalter (Noctuidae)

Fülle der Arten der Schwärmer (Sphingidae), Bären (Arctiidae), mehrerer Familien der nicht näher verwandten Gruppe der »Spinner«, die Eulenfalter (Noctuidae) und die Spanner (Geometridae) sowie eine Vielzahl Familien der Kleinschmetterlinge. Ihr Größenspektrum reicht von winzig, so dass sie wie fliegende Stäubchen aussehen, bis zu den großen Schwärmern mit der Körpermasse und den Flugfähigkeiten kleiner Vögel. Dass sie alle grob unter »Motten« zusammengefasst werden und dies im Englischen geradezu offiziell geschieht (»moths« zum Unterschied zu »butterflies«), wertet sie leider sprachlich stark ab. Echte Motten, wie die Kleidermotte oder die Dörrobstmotte, sind klein, als Schmetterlinge unauffällig, und ihre Raupen verursachen ärgerliche Fraßlöcher in nicht mottensicher gemachten Geweben oder in gelagerten Nahrungsmitteln. Alle nachts aktiven Schmetterlinge Motten zu nennen, liegt ungefähr so weit daneben, wie alle Säugetiere, auch Hirsch und Bär, Wolf und Biber mit eingeschlossen, als Maus oder Ratte zu bezeichnen.

Die Familienbezeichnungen passen besser, gleichwohl auch nur mit Einschränkungen. So haben die Eulen nichts gemein mit den Eulen aus der Vogelwelt, und nicht alle Spinner spinnen, viele nicht zu den Spinnern gehörende Raupen aber durchaus, und dies sehr stark. Aber lassen wir es gut sein. Die Namen beruhen auf alten Eindrücken, Meinungen und Vorurteilen oder magischen Deutungen, wie das deutsche Wort Schmetterling, das vom mitteldt. Wort Schmetten (»Rahm«) abgeleitet ist, und das englische *butterfly*, das wohl auf den Glauben zurück geht, Schmetterlinge würden

Gefallen an Butter finden. Wir müssen die sprachgeschichtlich gewachsenen Bezeichnungen hinnehmen oder darauf hinarbeiten, dass sie langsam durch eine treffendere Version ersetzt werden.

Manche wissenschaftliche Namen sind nicht besser, nicht wenige sogar ziemliche Fehlgriffe. Sie drücken Eitelkeiten von Spezialisten aus, wie man sie in der Wissenschaft nicht erwarten würde. Schlimm und lächerlich ist es, wenn die Benennung nach Personen erfolgte, denen damit geschmeichelt werden sollte. Mögen diese auch noch so verdienstvoll dem Fortschritt der Wissenschaft gedient haben, ihre Namen gehören nicht auf Tiere oder Pflanzen übertragen. Auch nicht, meine ich, wenn es um solche Berühmtheiten wie Charles Darwin geht. Wenn man eine Art tatsächlich nicht über ein allgemein nachvollziehbares Kennzeichen charakterisieren oder keine gemeinsame Eigenschaft für die Bezeichnung der Gattung herhalten kann, dann ist ein Ortsbezug immer noch besser, als einen Schmetterling nach einer Person zu benennen. Alles andere sind Überheblichkeiten, Idiosynkrasien oder Andienungen. Dass sie existieren und nicht ausgelöscht werden können, liegt an einem an sich guten, in der Handhabung längst aber unnötig extrem gewordenen System, das Eindeutigkeit der wissenschaftlichen Namen und ihre Dauerhaftigkeit garantieren soll, genannt Prioritätsprinzip.

Der wissenschaftliche Name soll mit der Erstbeschreibung der Art für alle Zeiten und alle Sprachen festgelegt werden. Und zwar bezogen auf das Ausgangssystem der Naturbeschreibung, das der Schwede Carl von Linné (lateinisiert Linnaeus) im frühen 18. Jahrhundert entwickelt und in seinem großen Werk »Systema naturae« ab 1735 für die Pflanzen, Tiere und sogar für die Mineralien veröffentlicht hat. Besondere Bedeutung für die Benennung der Tierwelt hat Band 10 von 1758. Er gilt als Grundlage der wissenschaftlichen Benennung aller Tiere. Jede Art wird seither mit einem Doppelnamen versehen, der mit der (mit großem Anfangsbuchstaben geschriebenen) Bezeichnung für die Gattung beginnt und mit dem Artnamen (mit kleinem Anfangsbuchstaben) präzisiert wird. Um Verwechslungen zu vermeiden, müsste zudem jeder Name auch den Erstbeschreiber mit Jahreszahl enthalten.

Unser Großer Kohlweißling heißt daher vollständig *Pieris brassicae* Linnaeus, 1758. *Pieris* steht für die Gattung dieser Weißlinge, *brassicae* ist der Artname, abgeleitet von lateinisch »brassica« = Kohl. Linné hatte ihn schon in seinem oben datierten Werk über die Tierwelt aufgeführt, so dass der wissenschaftliche Name des Kohlweißlings mit Linnaeus, 1758, oder, abgekürzt, mit L., 1758 ergänzt wird. Und nun für alle Zeiten eindeutig sein sollte. Das alles wäre wunderbar, hätten die Botaniker und Zoologen damals und in der Folgezeit bereits über das Internet verfügt und einen entsprechend regen Austausch gepflegt. Dann hätten sich Unmengen von Doppel- und Mehrfach(neu)beschreibungen verhindern lassen, die tatsächlich gemacht wurden. Mit der Folge, dass viele, eigentlich viel zu viele Arten mehrere wissenschaftliche Namen bekommen haben. Unter all diesen den allerersten herauszufinden und möglichst das Exemplar dazu, das der Beschreibung zugrunde lag, reizt so manche Spezialisten ähnlich wie die Aufdeckung historischer Kriminalfälle. Häufige Änderungen in den »offiziell gültigen« Namen waren und sind die Folge. Verstärkt wird dies durch die nicht minder wechselnden Ansichten der Spezialisten, ob eine bestimmte Art nun zu dieser oder jener oder zu einer neu zu erstellenden Gattung »gehört«.

Das führt zu Umbenennungen, die zwar stets nach dem jeweils besten Wissen vorgenommen werden, aber leider nicht aufgrund allgemein anerkannter, definitiver Methoden. So wechselte beispielsweise »mein Wasserschmetterling«, der Seerosenzünsler, die Gattung von *Nymphula*, die 1970 noch »gültig« war und daher in der Veröffentlichung meiner Doktorarbeit auch so erschien, seither zu *Nausinoe* und *Elophila*, obwohl Linné 1758 den Seerosenzünsler bereits gekannt und benannt hatte. Der sehr häufige und unverkennbare Nesselzünsler, dessen Raupen die Brennnesselblätter tütenförmig einrollen, ist unter *Phalaena ruralis, Botys ruralis, Syllepta ruralis, Pleuroptya ruralis, Pleuroptya verticalis* und derzeit »gültig« als *Patania ruralis* zu finden – oder auch nicht, bei der Verwirrung, die solche Wechsel ganz im Gegensatz zum ursprünglichen Prinzip der Stabilität stiften. Sogar so allbekannte Arten wie das Tagpfauenauge waren und sind betroffen. Es hat ganz unterschiedliche Gattungsbezeichnungen erhalten.

An dieser Misere wird auch die moderne Molekulargenetik nichts ändern. Eher verschlimmern die mit dieser Methode gewonnenen Befunde das Chaos, da sie auf einer eher willkürlichen Festlegung der »genetischen Abstände« zur Rechtfertigung der Artabgrenzung beruhen. Die Hoffnung, dass mit genetischen Stammbäumen ein einheitliches und klares System zutage gefördert werden könnte, scheitert schlicht am Lebendigen selbst. Alles ist im Fluss, im Prozess der Artbildung. Bereits Darwin hat in seinem Hauptwerk über die Entstehung der Arten von 1859, zumal in der sechsten, der letzten von ihm selbst überarbeiteten Auflage von 1872, die Vorstellung von starren, klar abgrenzbaren Arten grundsätzlich in Frage und in Abrede gestellt. Die Artdifferenzierung ist ein Prozess, der mit unterschiedlichen Geschwindigkeiten läuft und keine scharfen Grenzen zwischen den Arten setzt, weder räumlich-geografisch noch zeitlich-historisch. Damit ist es reine Ansichtssache, ob beispielsweise die Schmetterlinge einer Insel oder irgendeiner etwas abgelegeneren Region auf den Kontinenten als eigenständige Art oder »nur« als Unterart, als Subspezies, eingestuft und benannt werden, auch wenn sie sich genetisch oder äußerlich erkennbar ein wenig von einer offensichtlich sehr ähnlichen und nachweisbar genetisch eng verwandten Form unterscheiden.

Gegenwärtig beherrschen die Spalter das Feld, die »Splitter«, wie schon vor etwa hundert Jahren, so dass viele Arten aufgespaltet werden in zwei oder mehrere. Die Artenzahlen wachsen daher, weil »neue Arten« als solche erkannt werden. Sie haben sich nicht neu gebildet, sondern sind lediglich über eine neue Methode entdeckt worden. Sehr viele früher als Unterarten oder geografische Rassen geführte Formen gelangen jetzt so in den Rang der Arten. Der Artbegriff verliert damit an Griffigkeit, tendenziell auch an Überzeugungskraft, und das System wird noch starrer, als es vorher schon war. Darwin würde das gewiss nicht gefallen.

Aus guten Gründen setzte Anfang des 20. Jahrhunderts nach einer vorausgegangenen Phase extremer Aufspaltung der Arten die Gegenbewegung ein, die wieder zusammenfasste und versuchte, mit lokalen und regionalen Unterarten die Natur der Arten besser abzubilden. Zusammenwerfer, »Lumper«, genannt, betonten die geografische Differenzierung. Dass auch darin ein ziemliches Ausmaß an Willkür steckt(e), muss zwar betont und berücksichtigt werden, die Methode verursachte aber weniger Konfusion als die allzu starke Aufspaltung. Die gegenwärtig überwiegende Mehrheit der Systematiker und Taxonomen, die für die Aufteilung der Arten sind, argumentieren, dass dadurch mehr bedrohte Arten entstünden, die geschützt werden müssen, weil nun eine frühere Lokalform schon als Art zählt. Solche Rechtfertigungen mag man für richtig und zulässig halten oder als zu persönlich und von anderen Zielsetzungen eingefärbt zurückweisen. An den Gegebenheiten in der Natur ändern sie nichts.

Die Arten lassen sich nicht in Schubladen stecken, so wünschenswert dies auch wäre. Ihr Grund- und Erfolgsprinzip ist die Variation, die Veränderlichkeit.

Die Abnahme der Schmetterlinge

Ortsrand & Flur

Die Behauptung, früher habe es viel mehr Schmetterlinge gegeben, wird von den Ergebnissen meiner Untersuchungen bestätigt: Die Häufigkeit der nachtaktiven Schmetterlinge hat seit den 1970er Jahren um über 80 Prozent abgenommen. Von 1969 (ohne 1970; ein Jahr Abwesenheit) bis 1974 lagen die Anflugmengen Anfang Juni bis Ende August pro Nacht bei durchschnittlich 242 Schmetterlingen. Die Abweichung in den einzelnen Jahren bewegte sich zwischen dem Höchstwert von 1972 mit 282 Schmetterlingen und 231 als niedrigstem Durchschnitt im Sommer 1974 mit recht geringer Schwankungsbreite. Der Mittelwert drückt die Häufigkeiten für je fünf Jahre also zutreffend aus. 1991 bis 1995 lag er mit 88 Schmetterlingen pro Nacht um 64 Prozent niedriger als Anfang der 1970er Jahre.

Diese Menge halbierte sich weiter und entspricht mit durchschnittlich 37,5 Schmetterlingen von 2013 bis 2017 nur noch 15 Prozent der früheren Häufigkeit. Nicht gewertet wurden dabei die Massenvermehrungen der Gespinstmotten (siehe S. 114 ff.), die nur in einzelnen Jahren stattfinden und in wenigen Nächten extrem hohe Zahlen ergaben, und die in den letzten Jahren eingeschleppten Buchsbaumzünsler *Cydalima perspectalis*. Deren hohe Zahlen würden das Ergebnis für den Ortsrandbereich ungebührlich verändern und den Trend verdecken. Darstellen lässt er sich am besten über Grafiken. Dieses Kapitel enthält daher ein paar davon.

Bestätigt und bekräftigt wird dieser Befund durch die Abnahme der übrigen, nicht zu den Schmetterlingen gehörenden Insekten, die ans Licht fliegen (Grafik 2). Das Diagramm enthält nicht die Schwärmflüge der Maikäfer, die zu Beginn der 1980er Jahre endeten. Solche fanden ganz regel-

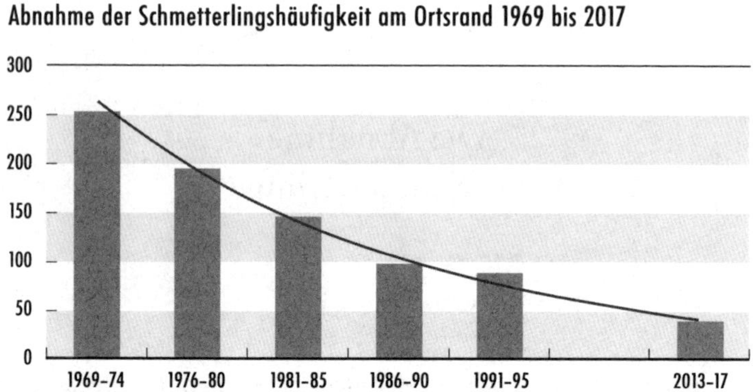

Grafik 1: Exponentieller Rückgang der nachtaktiven Schmetterlinge am Ortsrand in Südostbayern um über 80 Prozent der Häufigkeit im letzten halben Jahrhundert (durchschnittliche Anflugmengen in den Monaten Juni, Juli und August; vgl. Seite 181)

mäßig alle drei Jahre um die Wende vom April zum Mai statt. Sie werden später in die Diskussion einbezogen.

Die Abnahme der übrigen Insekten verlief noch viel stärker als die der Schmetterlinge. Was in den letzten Jahren anflog, entspricht nur noch 4 Prozent der Häufigkeit von vor knapp einem halben Jahrhundert. Der Befund drückt aus, was Autofahrer längst wissen, deren Frontscheibe und Scheinwerfer nur noch selten einmal von den daran zerschellten Insekten gereinigt werden müssen. Dies liegt keineswegs an der besseren Windschlüpfrigkeit moderner Autos, sondern tatsächlich an der weitaus geringer gewordenen Insektenmenge. Die steilen Frontscheiben der Busse und Lastkraftwägen sowie die Scheinwerfer der meisten PKW-Typen müssten bei unveränderter Insektenhäufigkeit wie früher betroffen sein. Dass die Abnahme bei den Schmetterlingen mit 85 Prozent etwas weniger stark verlief als bei den übrigen Insekten (96 Prozent), hat einen einfachen Grund. Vor allem die häufigen Eulenfalter sind gute Flieger. Sie kommen aus erheblich größeren Distanzen ans Licht geflogen als die allermeisten Kleininsekten. Für die Schmetterlinge kann ein rund dreimal so großer Radius für den Anflug ans Licht angenommen werden wie für die meisten Kleininsekten.

Rückgang der Häufigkeit der übrigen Insekten am Ortsrand

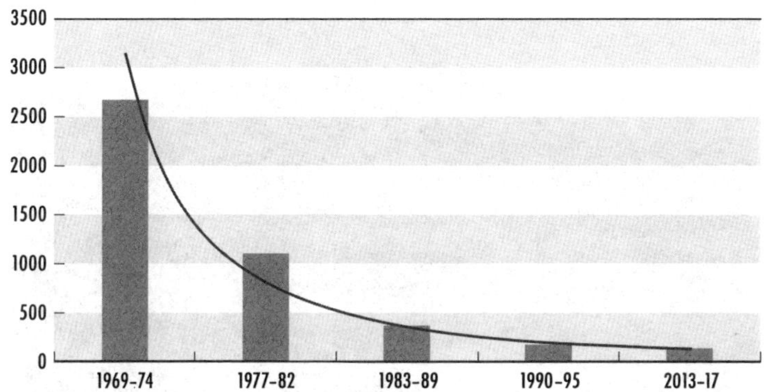

Grafik 2: Noch stärkere exponentielle Abnahme der übrigen Insekten um 96 Prozent im Lichtanflug seit 1969 (durchschnittliche Anflugmengen berechnet wie für Grafik 1)

Axel Hausmann hat dies mit seiner Doktorarbeit herausgefunden. Bei größerem Einzugsbereich kommt zwangsläufig eine verhältnismäßig größere Menge zustande.

Beide Befunde stimmen im Trend jedoch klar überein: Die Häufigkeitsabnahme verlief exponentiell. Sie bestätigt den Eindruck, den die Naturfreunde gewonnen haben, die alt genug sind, um sich an die 1960er und 1970er Jahre erinnern zu können. Es stimmt, dass es damals viel mehr Schmetterlinge und andere Insekten als gegenwärtig gegeben hat. Allerdings ist noch der Einwand zu behandeln, dass sich die Erinnerungen auf die am Tag fliegenden Arten, insbesondere die Tagfalter beziehen. Diese können methodisch leider nicht so einwandfrei und so gut nachvollziehbar erfasst werden wie die nachtaktiven Arten über den Anflug ans Licht. Als physikalische Methode funktioniert sie unabhängig davon, wer damit arbeitet, gleichermaßen zuverlässig. Lediglich Bestimmungsfehler können die Ergebnisse zu einigen wenigen Arten beeinflussen (siehe unten), nicht aber die Feststellung der Mengen.

Tagfalter zu zählen erfordert ein standardisiertes Vorgehen. Die beste Methode ist die sogenannte Linientaxierung. Bei der Auswertung der so

Flurweg – direkt am Ortsrand beginnt vielfach die intensiv landwirtschaftlich genutzte Flur

gewonnenen Befunde kommt es jedoch noch weit mehr darauf an, Vergleichbarkeit zu gewährleisten. Tageszeit und Wetter sowie Bewirtschaftung und die Wetterentwicklung verursachen weit größere Variationen in den Zählergebnissen, als sie beim nächtlichen Anflug ans UV-Licht auftreten. Hinzu kommt, dass die häufigsten und bekanntesten Tagfalterarten teilweise oder sehr ausgeprägte Wanderfalter sind, so dass ihre beobachtbare Häufigkeit an einem bestimmten Ort mit diesem selbst wenig bis nichts zu tun haben muss. Stärker ortsgebundene Arten, wie die Bläulinge, das Schachbrett und einige weitere typische Tagfalterarten des Offenlandes eignen sich besser für den Langzeitvergleich. Tagpfauenaugen, Kleine Füchse, Admirale und Distelfalter, aber auch Kohlweißlinge sollten hingegen getrennt betrachtet werden. In Grafik 3 sind daher nur die bodenständigen Wiesenarten berücksichtigt. Sie umfassen Dutzende verschiedener Arten, insgesamt über 120.

Der Rückgang der Wiesenarten der Tagfalter liegt demnach in etwa derselben Größenordnung wie bei den nachtaktiven Schmetterlingen. In Jahren mit hohen Niederschlägen im Mai und Juni, die für Tagfalter des Offenlandes besonders ungünstig sind, sinkt die Häufigkeit weiter und erreicht derzeit kaum 10 Prozent der früheren. Doch selbst so ein Rückgang um 90 Prozent schönt das Ausmaß der tatsächlichen Verluste. Denn im intensiv genutzten, vier- oder fünfmal im Jahr gemähten Hochleistungsgrünland (über)leben keine Tagfalter mehr. Allenfalls überfliegen welche die Flächen, was nicht wirklich »zählt«.

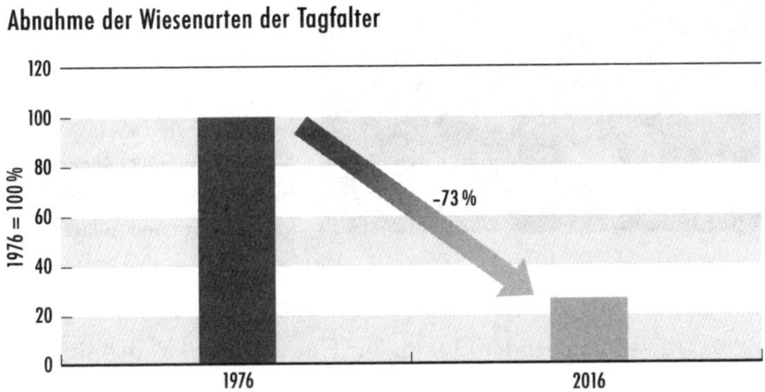

Grafik 3: Die Häufigkeit der »Wiesenarten« der Tagfalter hat 2016 bezogen auf 1976 um 73 Prozent abgenommen

In die Ermittlung der Tendenzen mit einbeziehen dürften wir daher auch nicht all die Schmetterlinge und die übrigen Insekten, die nachts ans Licht fliegen, aber aus den Gärten stammen und nicht aus der eigentlichen Flur, wenn es in der Untersuchung um diese geht. Die Erfassungsmethode mit der Lichtanlockung am Ortsrand liefert, auf die Fluren bezogen, sicherlich viel zu günstige Werte. Die tatsächlichen Verluste müssen noch höher als die 85 bis 96 Prozent liegen, die sich als derzeitige Endwerte ergeben haben, wenn der Beitrag der Gärten ausgeschlossen würde. Die Folgen für die Vögel der Fluren werden auf Seite 260 erörtert. Zu klären ist nun, ob es sich bei diesen extrem starken Rückgängen um spezielle Verhältnisse der südostbayerischen Fluren oder um ein generelles Phänomen handelt.

Bei der Suche nach den Ursachen ist es extrem wichtig zu differenzieren zwischen allgemeinen Effekten, wie dem Klimawandel, und speziellen, die davon unabhängig sind. Klarheit zu dieser Kernfrage ergibt sich aus den

Buchsbaumzünsler – ein zweifelhafter Zugewinn aus Importen von Südostasien. Seine Raupen fressen Buchsbäumchen *Buxus sempervirens* in den Gärten und Anlagen kahl

Befunden, die mit gleicher Methode in Wäldern, in der Großstadt und innerorts mit hinreichender Distanz zur Flur ermittelt worden sind. Einen deutlichen Hinweis, dass es sich bei Schmetterlingsarten der Wälder und solchen, deren Raupen an Brennnesseln leben, ganz anders verhält als bei den Wiesenarten, liefert Grafik 4. Die Waldarten blieben in diesem Vergleich mit 40 Jahren Zeitabstand unverändert im Rahmen normaler Schwankun-

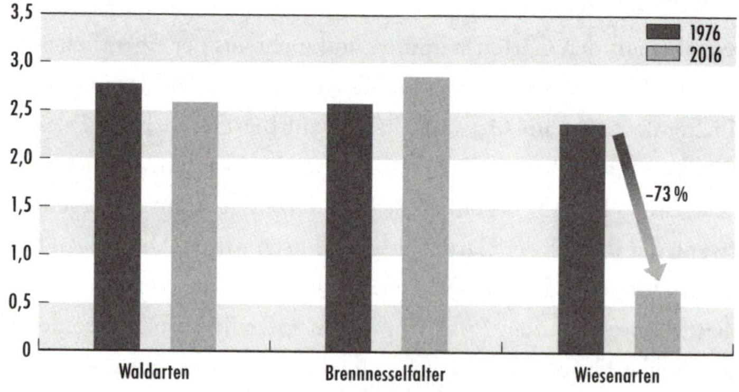

Grafik 4: Veränderungen der Häufigkeit (Abundanz) der Waldarten und der Brennnesselfalter (= Arten, deren Raupen an Brennnesseln leben) im Vergleich zu den Wiesenarten, jeweils bezogen auf 1976 = 100 %

Schachbrett *Melanargia galathea*: einer der großen Verlierer unter den Schmetterlingsarten der Wiesen und des offenen Geländes

gen. Die Brennnesselfalter tendierten sogar leicht zur Zunahme. Die Wiesenarten verloren aber 73 Prozent ihrer Häufigkeit.

Wiesen bezeichnen hier offenes Gelände ohne Baumbewuchs, also Grünland im üblichen Sinne, jedoch kein Ackerland. Einen Teil der Vergleichsstrecken zur Ermittlung der Tagfalterhäufigkeit machen Dämme aus, der andere betrifft das landwirtschaftlich genutzte Dauergrünland. Wiesenarten leben auch an Straßenrändern und -böschungen, auf Ruderalflächen und an Triften. Wir können sie deshalb als die Tagfalterarten des Offenlandes charakterisieren. Damit entsprechen sie nur zum Teil dem nachts aktiven Artenspektrum an Schmetterlingen, die am Ortsrand ans Licht fliegen. Bei den Waldarten stimmt die Zuordnung viel besser und bei den Brennnesselfaltern ist sie eindeutig. Damit führen uns diese Befunde zum anderen Typ von Biotopen, zum Auwald.

Befunde vom Auwald

1973 begann ich wie oben bereits ausgeführt eine zweite langjährige Untersuchungsreihe direkt am Rand des Auwaldes am unteren Inn. Einflüsse von den Fluren gab es dort nicht, da diese weit genug entfernt waren. Aber wie am Ortsrand gab es auch hier normale Kleingärten, von denen Schmetterlinge in ähnlicher Weise und vergleichbarer Artenzusammensetzung ans Licht flogen. Das ließ sich den Artenspektren ganz klar entnehmen. Die

Hauptmasse der Schmetterlinge stammte jedoch zweifellos aus dem Auwald. Und was von dort in feuchtwarmen, dunklen Sommernächten kam, war höchst beeindruckend. Mit weit über hundert, in Spitzenwerten über 150 Arten, übertrafen sie die besten Anflüge vom Dorfrand um fast das Doppelte.

Anflughäufigkeit der nachtaktiven Schmetterlinge vom Auwald 1973 bis 1995

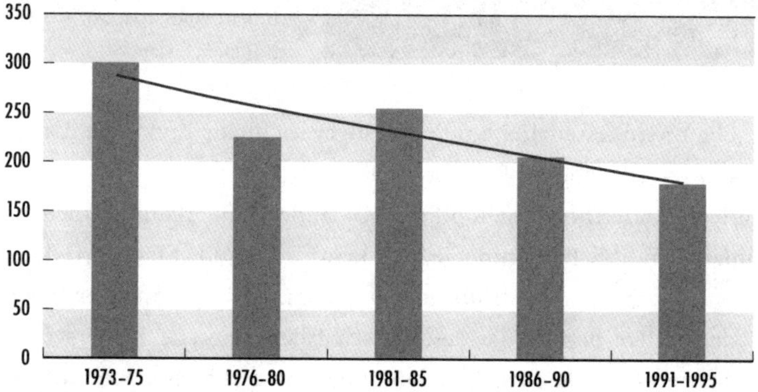

Grafik 5: Häufigkeitsrückgang auch bei den Schmetterlingen des Auwaldes (Datenermittlung wie für Grafik 1; vgl. Text)

Für den Auwald ist nach Grafik 5 zwar auch eine Abnahme der Schmetterlingshäufigkeit festzustellen, jedoch in weit geringerem Maße als am Ortsrand. Nimmt man den Durchschnitt von 1973 bis 1975 als Bezugsbasis, so liegen die Werte für 1991 bis 1995 um 40 Prozent darunter. Doch da im Jahr 1973, zu Beginn der Untersuchung, zu wenige Daten aus der Hauptflugzeit vorlagen, kann der Durchschnittswert nicht so eindeutig wie die folgenden echten 5-Jahres-Perioden gewertet werden. Die tatsächliche Abnahme der Häufigkeit dürfte vielleicht ein Drittel ausgemacht haben. Immerhin. Der Auwald war erhalten geblieben und nicht bewirtschaftet worden. Es gibt ihn immer noch.

Hier ist eine Anmerkung einzufügen. Welche Folgerungen sich aus solchen statistischen Befunden ziehen lassen, hängt ganz erheblich von der Wahl der Vergleichszeiträume ab. Würden die Anflughäufigkeiten, gemit-

Innauwald – ein Dschungel aus Auwald und Wasser mit sehr hohem Artenreichtum

telt für die Monate Juni, Juli und August, Jahr für Jahr einzeln in Serie wiedergegeben, ließen sich bei entsprechender Wahl der Jahre klare Abnahmen feststellen. So für 1974 bis 1981 und wieder von 1982 bis 1990 und auch für 1991 bis 1995. Aber auch eine starke Zunahme von 1977 bis 1983. Denn die Fluktuationen von Jahr zu Jahr sind hoch; die Abweichungen (statistisch gewertet) größer als die Mittel. Die Zusammenfassung zu Jahresgruppen, hier für solche von fünf Jahren, dämpft diese Schwankungen. Über die Gesamtzeit kommt dann kein statistisch gesicherter Trend zustande. Fünf Jahre, ja ein ganzes Jahrzehnt, sind bei stark fluktuierenden Häufigkeiten tatsächlich nicht genug Zeit, um laufende Trends nachzuweisen und von den Fluktuationen abzuheben.

Es kann also durchaus sein, dass sich im Auwald die Schmetterlingshäufigkeit nicht wirklich verändert hat und der Befund für die vielen nachtaktiven mit den Werten für die weit weniger tagfliegenden Arten in Grafik 4 übereinstimmt. Vor der Erörterung möglicher Gründe sollen aber die Befunde aus München näher betrachtet werden, um vorzeitige Spekulationen zu vermeiden, die in die falsche Richtung laufen könnten.

Befunde aus München

1981 bis 1984 hatte ich die Möglichkeit, den Lichtanflug in München unter ganz besonderen Bedingungen zu untersuchen, nämlich im Innenhof des Nordflügels von Schloss Nymphenburg, der damaligen Unterbringung der Zoologischen Staatssammlung. Dieser rund sechstausend Quadratmeter große Innenhof hatte den Vorzug, keiner nächtlichen Einwirkung von Kunstlicht ausgesetzt zu sein. Die Schlossgebäude waren zu hoch dafür; so hoch, dass eine Eiche, die inmitten dieses Hofes wuchs, trotz ihrer stattlichen Größe mit ihren obersten Zweigen kaum über die Dächer hinaus ragte. Der Innenhof blieb unbewirtschaftet und von kleineren, unregelmäßigen und nicht alljährlichen Mäharbeiten abgesehen sich selbst überlassen. Das Fenster meines Arbeitszimmers war zu diesem Innenhof gerichtet. Mit technisch identischer Methode untersuchte ich den dortigen Anflug von 1981 bis zum Umzug der Zoologischen Staatssammlung 1985 in den Neubau in Obermenzing. Dort dauerte es allerdings bis 2002, bis die Untersuchungen weiter geführt werden konnten. Zwischendurch ergänzte ich sie an mehreren verschiedenen Orten in München, die zusammengenommen einen ökologischen Querschnitt durch die Großstadt ergaben.

Die zweite kontinuierliche Erfassung auf dem Gelände der Zoologischen Staatssammlung fing ich 2002 an. Sie lief bis 2010. Das Gebäude ist weitgehend unterirdisch angelegt. Gras wächst über den Magazinen und auf dem größten Teil der umliegenden Freiflächen. Am östlichen Rand gibt es ein Wäldchen. Es ist letzter Rest eines Lohwaldes früherer Zeiten, als München noch nicht so weit nach Westen reichte und der Schlosspark Nymphenburg den Stadtrand bildete. Ein gut bewachsener Hügel, geformt wie ein überdimensionaler Blumentopf, überragt das Gelände. Davor liegt ein ziemlich stark zugewachsener Teich. Aus der Höhe betrachtet, erweckt das ansonsten unbewirtschaftete, fast rechteckige Gelände den Eindruck einer Insel in der typisch großstädtischen Wohnsiedlungsgegend. Gärten umgeben fast jedes Haus. Eine S-Bahn-Linie tangiert das Gelände im Osten. Eine weitere führt ein paar Häuser weiter westlich daran vorbei. Südseitig verläuft eine große, stark befahrene Straße, die aus der Stadt

Zoologische Staatssammlung in München – eine innerstädtische Oase der Artenvielfalt. Unter der Wiese im Vordergrund befindet sich die Bibliothek

nach Westen zur Autobahn führt. Eine Insel ist das Gelände der Zoologischen Staatssammlung (ZSM) trotzdem nicht, denn auch die Gärten der Umgebung enthalten viel Grün, und die S-Bahn-Linien bieten durchaus Ausbreitungswege für Insekten und andere Kleintiere, denn sie verlaufen am 180 Hektar großen Nymphenburger Park vorbei. Was von der Zoologischen Staatssammlung oberirdisch zu sehen ist, wirkt mit Glas und titanverkleideten Spitzen futuristisch. Die Arbeitsräume umgeben zwei in den Boden versenkte Lichthöfe auf zwei Etagen. Die Magazine liegen voll unterirdisch. Diese besonderen Gegebenheiten stören die Vögel nicht, die auf dem Gelände leben oder es regelmäßig besuchen. Ohne intensivere, in manchen Jahren ganz ohne Pflegemaßnahmen bleibt das Gelände sich selbst überlassen. Bezogen wurde es 1985. Genau ein Vierteljahrhundert hatte ich das Privileg, auch in der neuen Zoologischen Staatssammlung tätig sein zu können; darin beheimatet zu sein, ist die fast treffendere Charakterisierung. Hineingekommen war ich 1974, als sie noch im Nordflügel von Schloss Nymphenburg untergebracht war.

Die global sehr bedeutenden zoologischen Sammlungen, die sie enthält, boten das eine unerschöpfliche Reservoir an Interessantem. Die Natur, die sich außen auf dem Gelände entwickelte, das andere. Nahezu täglich reizte sie dazu, sich ihr auch zu widmen. Die Vielfalt des Lebendigen hätte kaum besser zusammengeführt werden können: unten die Sammlungen, oben das Leben. Fast alles Wichtige, was zu den unterschiedlichsten Tierarten publiziert worden war, ließ sich in der Bibliothek, einer der international bedeutendsten zoologischen Fachbibliotheken, ausfindig machen und studieren. In der Zeit vor dem Internet und dem global blitzschnellem Informationsaustausch waren die Sammlungen und die Fachliteratur wichtigste Grundlagen für zoologisch-wissenschaftliche Arbeit. Und da ich an der Technischen Universität München Vorlesungen zur Landschafts- und Stadtökologie hielt, lag es nahe, die Gunst des Geländes der Zoologischen Staatssammlung mit Forschungen zur Stadtnatur zu verbinden.

2002 schließlich konnte ich die im Innenhof der alten Unterbringung in Schloss Nymphenburg so erfolgreich begonnenen Untersuchungen zum Lichtanflug nachtaktiver Insekten in der Stadt wieder aufnehmen und bis 2010 fortführen. Was sie ergaben, war in mehrfacher Hinsicht überraschend und sehr aufschlussreich. Der wichtigste Befund ergibt sich aus dem Vergleich mit der Schmetterlingshäufigkeit am Ortsrand (Grafik 6). Hatte es von 1981 bis 1984 noch beträchtlich weniger Schmetterlinge in München als draußen auf dem Land am Dorfrand gegeben, so glichen die dortigen Mengen von 1992 bis 1995 bereits weitgehend den innerstädtischen Verhältnissen. Danach sanken sie am Ortsrand weiter ab. Mit 37,5 Schmetterlingen im Sommerdurchschnitt liegen sie gegenwärtig um mehr als 25 Prozent unter dem Niveau von durchschnittlich 51 Exemplaren pro Nacht in München.

Die Millionenstadt München ist als Lebensraum für Schmetterlinge daher nicht ungünstiger als das offene Land in Südostbayern. Dass in ihr auch die besondere Gunst der Witterung wirkt, die zu den herausragenden Schmetterlingsjahren 1982 und 2003 geführt hat, geht aus der Grafik ebenfalls hervor. Sogar im so isolierten Innenhof der Nymphenburger Schlossanlage hebt sich das Jahr 1982 deutlich ab, wie dann nochmals das Jahr 2003 mit dem »Super-Sommer«. Auf diesen und darauf, was wir aus ihm zur Wirkung der Wärme auf Schmetterlinge herauslesen können, gehe ich gleich näher ein. Davor ist wichtig, zu betonen, dass es von 1981 bis 2010 in München keinen Trend in der Häufigkeit nachtaktiver Schmetterlinge gegeben hat. Auch dies ist ein Befund aus Grafik 6.

Die Mengenschwankungen der einzelnen Jahre blieben in der Stadt im Bereich normaler Variationen. Sie schwanken weniger als am Land. Hingegen hat die Häufigkeit draußen, am Ortsrand, klar abgenommen. Die Mittelwerte (in der Grafik die Gerade aus Punkten) drücken die drei Stufen des Rückgangs aus: Hohe Werte mit starken Fluktuationen gab es bis 1984, danach bereits erheblich niedrigere mit geringeren Schwankungen und schließlich seit 2013 ein Häufigkeitsniveau, das unter dem Münchens liegt oder allenfalls knapp diesem entspricht. Die Häufigkeit der übrigen Insekten, die in München auch beträchtlich höher lag, verweist ebenfalls auf das weitere Absinken auf dem Land. Das wird von Ort zu Ort zwar gewiss sehr verschieden sein. Aber den grundsätzlichen Befund, dass der große Insektenschwund auf dem Land stattgefunden hat, stellt das nicht in Frage. Das geht übereinstimmend aus vielen Einzeluntersuchungen hervor, die hier nicht aufgeführt werden können, aber über das Internet zugänglich sind.

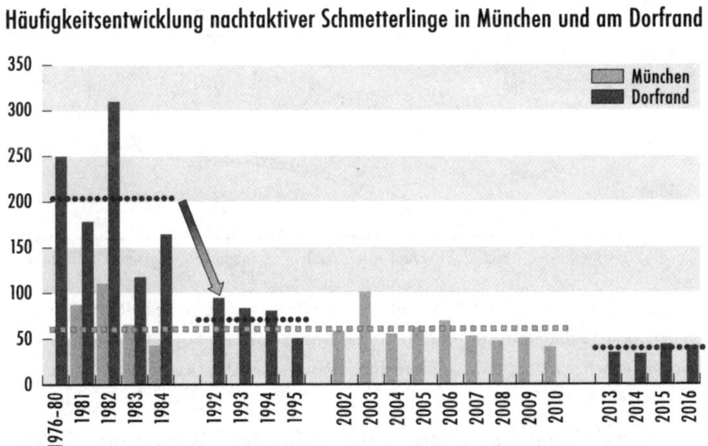

Grafik 6: Während sich in München die Häufigkeit der nachtaktiven Schmetterlinge seit 1981 nicht (statistisch signifikant) veränderte, fiel sie am Dorfrand stark ab und liegt gegenwärtig unter dem Niveau von München (Ermittlung der Jahresdurchschnittswerte wie bei Grafik 1)

Nun aber zu den beiden besonderen Jahren 1982 und 2003. 1982 hebt sich (Grafik 6) sowohl am Ortsrand als auch in München und in den Anflugmengen am Auwald klar von den Jahren davor und danach ab. Es war ein besonderes Schmetterlingsjahr. Doch wie dann nach dem »Supersommer« 2003 auf dem Gelände der Zoologischen Staatssammlung (ZSM) genauer untersucht, nahmen nach 1983 die Anflugmengen an allen drei so unterschiedlichen Orten wieder stark ab und gingen in etwa auf das vorherige Niveau zurück. »Singularitäten« zeitigen keine anhaltenden Nachwirkungen auf die Schmetterlingsbestände.

Wie sie zustande kommen, zeigt Grafik 7. Den Hauptanstoß hatte der Juni gegeben. 2003 flogen in diesem Monat schon so viele Schmetterlinge, dass ihre Anflughäufigkeit die Werte des gleichen Monats des Vorjahres und der Folgejahre um mehr als das Dreifache überstieg. Damit baute sich insgesamt eine viel größere Schmetterlingsmenge auf als in anderen, normalen Jahren.

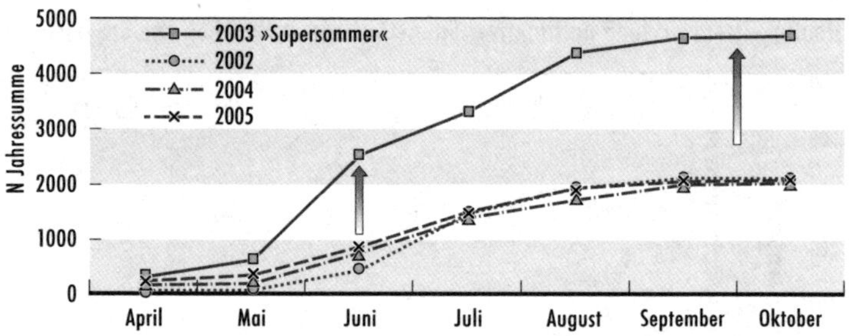

Grafik 7: Entwicklung der Jahressummen der Schmetterlinge im Lichtanflug in München (Zoologische Staatssammlung) für die Jahre 2002 bis 2005. Der »Supersommer« 2003 hebt sich stark ab, insbesondere durch den starken Anstieg der Juni-Werte

Entscheidend waren die außerordentlich günstigen Witterungsverhältnisse im Juni 2003. Er war »so heiß wie noch nie«, wie in manchen Medien zu lesen war. Die fast mediterrane Witterung begünstigte die Schmetterlinge der ersten Generation. Infolgedessen kam eine besonders gute zweite zustande. Nachdem sich die Witterung in den Folgejahren aber wieder hin zur üblichen Wechselhaftigkeit normalisierte, hielt die Wirkung nicht an. Exotische Arten waren ohnehin nicht dazugekommen, die es vorher nicht gegeben hatte, und nach 2003 hatten sich auch keine solchen, etwa aus Südeuropa, etabliert.

Aber wie sieht es aus, wenn wir nicht nur die Schmetterlingsmengen, also Häufigkeiten, betrachten, sondern die zugrunde liegende Artenvielfalt? Es könnte ja sein, dass es in der Großstadt einzelne Schmetterlingsarten gibt, die wie Spatzen und Meisen, Tauben und Krähen weit verbreitet und häufig sind und dank ihrer Anpassungsfähigkeit in der unnatürlichen Umwelt der Stadt in besonderer Häufigkeit leben können. Die Faltermengen allein verraten nichts darüber, ob diese artenarm oder artenreich sind. Entsprechend ist auch für den Ortsrand auf dem Land und für den Auwald zu klären, um welche Artenvielfalt es sich handelt. Und ob es Zusammenhänge mit den Veränderungen in der Häufigkeit von Schmetterlingen gibt.

Der Rückgang der Artenvielfalt

Frühmorgens bewegt mich stets die gespannte Erwartung, was der Lichtanflug enthalten wird. Im Sommer kommt als Herausforderung hinzu, die quirlende Menge der Insekten zu bewältigen. Kein Schmetterling soll davonfliegen, ohne identifiziert und registriert zu sein. Die Identifizierung erfordert Kenntnisse. Auch nach Jahrzehnten der Praxis wird die eine oder die andere nachkontrollierende Bestimmung nötig. Den »Koch« (»Wir bestimmen Schmetterlinge« von 1984) habe ich als handlichstes und dennoch umfassendes Bestimmungsbuch daher immer mit dabei. Längst weiß ich, auf welchen Bildseiten die für die Bestimmung diffizilen Arten zu finden sind. Manchmal ist eine genauere Kontrolle mit weiteren Büchern notwendig. Am liebsten arbeite ich heute mit »Die Nachtfalter Deutschlands« (2014) von Axel Steiner und Kollegen, weil es auf neuestem Stand ist und exzellente Fototafeln der für die genaue Artbestimmung idealtypisch gespannten Falter aus Sammlungen und Bilder lebender Exemplare verbindet, die sie in der typischen Haltung zeigen. Natürlich lernt man von Jahr zu Jahr dazu, wird sicherer und schneller. Aber allzu selbstsicher sollte man nicht werden. Schwierige Fälle gibt es immer wieder – und Neues. Auch darin liegt der Reiz.

Im Lauf der Jahre kamen beeindruckende Artenlisten zustande. Für den Auwald im südostbayerischen Inntal ergaben sich über 650 verschiedene Schmetterlingsarten in den 23 Jahren von 1973 bis 1995. Der Dorfrand schnitt nach 25 Jahren mit rund 500 zwar nicht ganz so gut ab, war aber damals artenreich genug. Das ist längst anders. Die über Jahre aufsummierten Artenzahlen können eindrucksvoll ausfallen, aber auch täuschen. Denn was mit der Zeit an Neuem hinzukommt, muss nicht vom Ort und seiner unmittelbaren Umgebung stammen, also tatsächlich dort vorkommen. Schmetterlinge, die das Licht anfliegen, kann der Wind von irgendwoher verfrachtet haben. Dass sie fliegen können, ist ja die Voraussetzung für ihre Erfassung mit dieser Methode, aber eben auch Quelle der Unsicherheit bezüglich ihrer Herkunft. Viele Arten, die »nachgewiesen« werden, gehören nicht automatisch zum örtlichen Bestand.

Die Mehrzahl ist selten, und zwar von Natur aus, weil es sich um Spezialisten handelt, deren Raupen nur an bestimmten, selbst seltenen Pflanzen vorkommen, oder weil sie nur gelegentlich von weiter her zugeflogen sind. Sortiert man nach Jahren der Erfassung das ermittelte Spektrum gemäß der Häufigkeit der Arten, so kommt in aller Regel eine charakteristische Abfolge zustande. Es gibt einige wenige sehr häufige Arten, die alljährlich vorkommen und in der Summe, sagen wir über ein Jahrzehnt, entsprechend große Gesamtzahlen ergeben. Erheblich mehr Arten gruppieren sich in den Bereich mittlerer Häufigkeiten. Sie gehen kontinuierlich über in die seltenen mit insgesamt nur wenigen Exemplaren. Den langen Abschluss bilden dann die vielen, die nur durch Einzelnachweise dokumentiert sind. Wenigen sehr häufigen stehen also sehr viele sehr seltene Arten gegenüber. Wie diese für die örtliche Schmetterlingswelt zu werten sind, muss speziellen Untersuchungen vorbehalten bleiben. Von vornherein kann man nicht festlegen, ab welcher (geringen) Häufigkeit die Arten nicht mehr zum »Bestand« gehören. Ein Endwert für alle Arten in einem Gebiet lässt sich in dieser Situation nur mathematisch als jene Zahl ermitteln, der sich das Spektrum im Lauf der Jahre nähert. Doch da über (sehr) lange Zeiträume die Lebensbedingungen höchst selten unverändert bleiben, schwankt so ein Grenzwert selbst auch.

Das Problem ist also, wie man diese Schwierigkeiten lösen oder vermeiden kann, um dennoch zu aussagekräftigen Ergebnissen zu den Arten zu kommen. Zwei Vorgehensweisen eignen sich. Die eine geht davon aus, dass es für die meisten Untersuchungen an Schmetterlingen und anderen Insekten im Freiland ohnehin unrealistisch ist, »alle Arten« erfassen zu wollen. Betrachtet man über die Jahre den Aufbau des Artenspektrums und seine Annäherung an einen Grenzwert, so ist es einfach vernünftiger, sich mit 90 Prozent Erfassung zufrieden zu geben. Wie lange es dauert, bis diese 90 Prozent erreicht sind, lässt sich dann verhältnismäßig leicht berechnen. Für den artenreichen Auwald ergibt sich beispielsweise eine Zeitdauer von sieben Jahren. Der beträchtlich artenärmere, abgeschlossene Innenhof von Schloss Nymphenburg hingegen erforderte nur knapp vier Jahre für das Erreichen der 90-Prozent-Grenze. Bei größeren Gebieten mit einem Mosaik unterschiedlicher Lebensräume (Biotope) muss folgerichtig mit mindestens einem Jahrzehnt gerechnet werden, bis der Erfassungsgrad von 90 Prozent erreicht ist.

Das sind einerseits klare, andererseits für die Praxis oft reichlich unrealistische Zeitvorgaben, etwa wenn Untersuchungen vor einem Eingriff durch eine Baumaßnahme klären sollen, was davon verändert wird. Der an sich nötige, lange Zeitvorlauf steht dafür meist nicht zur Verfügung. Was zur Folge hat, dass kurzfristige Forschungen Befunde liefern können, die nicht »stabil« genug sind als Basis für Vergleiche mit dem, was sich nach dem Eingriff entwickelt.

Selbstverständlich gilt diese Feststellung grundsätzlich für alle Veränderungen, nicht bloß für Straßenbau oder sonstige Baumaßnahmen. Deshalb musste ich das zugrunde liegende ökologische Prinzip hier erläutern und betonen, weil zu den Ergebnissen aus dem Lichtanflug eingewandt werden könnte, sie seien nicht repräsentativ, weil die Natur zu variabel ist. Doch alle drei Schwerpunktsgebiete des Lichtanflugs erfüllen klar die Kriterien der (mindestens) 90-Prozent-Erfassung, weil sie bezüglich des örtlichen Artenreichtums kontinuierlich fünf oder sieben Jahre und länger liefen.

Die zweite Vergleichsmöglichkeit ist einfacher und für kürzere Zeitspannen besser geeignet. Zugrunde gelegt werden die konkreten Artenzahlen zum Lichtanflug pro Nacht, und zwar, wie bei der Ermittlung der Häufigkeit und ihrer Veränderung, auf die Hauptflugzeit Juni bis August oder auf eine andere zu vergleichende Phase bezogen. Ist Gleichzeitigkeit der Untersuchungen gegeben, lassen sich die Befunde bestens miteinander vergleichen. Die Mittelwertsbildung drückt dabei natürlich die nach guten Nächten besonders hohen Artenzahlen. Dieser Effekt wird weniger stark, wenn die durchschnittlichen Höchstwerte zugrunde gelegt und niedrige aufgrund von ungünstiger Witterung (Kälte, heller Mond, zu starker Wind) ausgeklammert werden. Statistisch gesehen, das sei hier angemerkt, entsprechen diese Berechnungen allerdings keinen sogenannten Normalverteilungen, weil die jeweiligen Flugbedingungen in den Nächten sowohl Menge als auch Artenzahl der anfliegenden Schmetterlinge sehr stark beeinflussen. Die statistischen Abweichungen sind daher stets erheblich größer als bei »Normalverteilungen«. Die Vergleichbarkeit wird davon jedoch nicht beeinträchtigt. Alle Grafiken entstanden auf diese Weise.

Aus Grafik 8 zur Artenvielfalt und ihren Veränderungen geht hervor, dass am Ortsrand die durchschnittlichen Höchstwerte der Artenzahlen bis in die frühen 1980er Jahre keine Tendenzen zeigten, danach aber stark zurückgingen. Auf die 1970er Jahre bezogen halbierten sie sich. Es fliegen nur noch rund halb so viele Arten nachtaktiver Schmetterlinge wie in den 1970er Jahren. Dieser Befund stimmt mit dem viel stärkeren Rückgang der Häufigkeit um 80 bis 85 Prozent bestens überein. Die extrem starke Abnahme der Schmetterlinge beruht also keineswegs überwiegend auf dem Seltenerwerden einiger weniger, ehedem häufiger Arten, wie man vielleicht vermuten könnte. Es fielen auch viele seltenere aus und fehlen seither. So ein Zusammenhang ist logisch. Denn zuerst nimmt die Häufigkeit ab. Erst danach verschwinden nach und nach die Arten aus dem Spektrum. Bereits seltene sind eher davon betroffen als noch häufige. Das Artenspektrum wird gleichsam zusammengedrückt (= Abnahme der Häufigkeit) und am langen Schwanz gestutzt (= Verminderung der Artenzahl).

Die Verursachung der Rückgänge muss in den 1980er Jahren auf den Fluren eingesetzt haben, denn bei den Auwaldschmetterlingen zeigt sich keine Veränderung der Artenvielfalt bis zum Ende der dortigen Untersuchun-

Artenvielfalt der Schmetterlinge

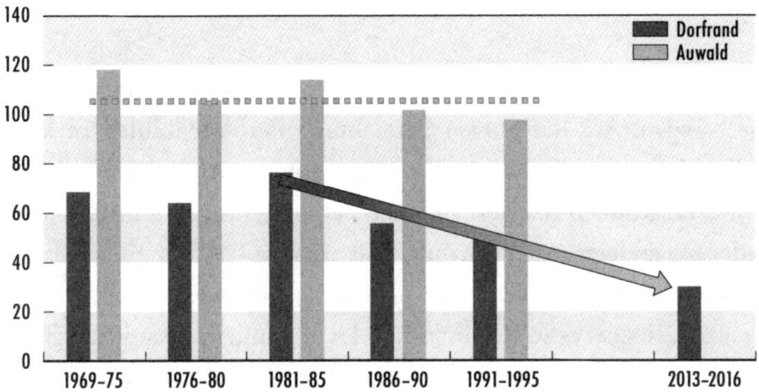

Grafik 8: Veränderungen in den durchschnittlichen Artenzahlen im Lichtanflug im Auwald (keine Abnahmetendenz) und am Dorfrand (signifikanter Rückgang seit den 1980er Jahren)

gen 1995. Dass die Schmetterlingsmengen aber auch im Auwald am unteren Inn merklich abgenommen haben (Grafik 5), wirkte sich auf das Artenspektrum damals (noch?) nicht erkennbar aus.

Die Zeiten mit Hunderten Schmetterlingen im Lichtanflug und 150 und mehr verschiedenen Arten sind also vorüber. Besonders stark traf der Schwund die Arten der Fluren, weit weniger die im Auwald lebenden und am wenigsten das Artenspektrum der Städte. Kaum beeinträchtigt scheinen auch die Schmetterlinge gewesen zu sein, die im Forst vorkommen. Das ergaben die mehrjährigen Untersuchungen an einem Standort der Bundeswehr in den späten 1980er und frühen 1990er Jahren. Auf diese genauer einzugehen, würde den hier gegebenen Rahmen sprengen, zumal sie nur bekräftigen, was für den Auwald bereits festgestellt worden ist.

Warme Sommer und was sie den Schmetterlingen bringen

Damit zurück zu den schönen Sommern und was sie für die Schmetterlinge bringen. Aus der obigen Betrachtung der Artenzahlen ist klar geworden, dass es sich bei der starken Zunahme im Supersommer 2003 um positive Reaktionen der vorhandenen Schmetterlinge und nicht um Zuwanderung anderer Arten gehandelt hat. Aus der Grafik 7 ging zudem hervor, dass es vom Juni abhängt, ob sich ein (sehr) gutes Schmetterlingsjahr entwickelt. Regnet es zu viel und sind Mai und Juni insgesamt zu kalt, kann der Rest des Sommerhalbjahres, der »Sommer« in kalendarischer Hinsicht, diese Beeinträchtigungen nicht mehr ausgleichen. Das alte Sprichwort »Eine Schwalbe macht noch keinen Sommer« gewinnt in diesem Zusammenhang eine neue erweiterte Bedeutung: Ein guter Sommer bewirkt noch keine Änderung. Es müssten mehrere, viele kommen, und das in Serie.

Die Reaktionen der Schmetterlinge drücken zudem aus, dass Wärme für sie gut ist. Sie stellt keine Bedrohung für die Insekten dar. Auch und gerade für die nachts aktiven Arten trifft dies zu, die ja die große, in der Öffentlichkeit jedoch weitgehend unbekannte Mehrheit unserer Schmetterlinge stellen. Ihre Reaktion auf warme Witterung deckt sich mit unserem persönlichen Empfinden. Wäre dem nicht so, würden im Sommer (!) gewiss nicht Millionen und Abermillionen alljährlich in den Süden fahren, um dort, in noch größerer Wärme, den Urlaub zu verbringen. Rund ums Mittelmeer treffen sie vielerorts auf Schmetterlinge in Häufigkeiten, die an die Verhältnisse »von früher« erinnern, als es sie auch bei uns noch reichlich gegeben hat. In der mediterranen Wärme fliegen sogar erheblich mehr Tagfalter, weil dort das Wetter schöne Frühsommer und heiße Sommer über die Jahre und Jahrhunderte verlässlich genug bringt. Die Schmetterlingswelt hat sich daran angepasst. Solches Wetter gab es bei uns jedoch früher nicht, als viel mehr Schmetterlinge als gegenwärtig flogen. Die Witterung war wechselhaft und nicht annähernd so günstig wie rund ums Mittelmeer.

Weshalb die Schmetterlinge vor einem halben Jahrhundert und in den Zeiten davor, in denen es kälter als gegenwärtig war, dennoch ungleich

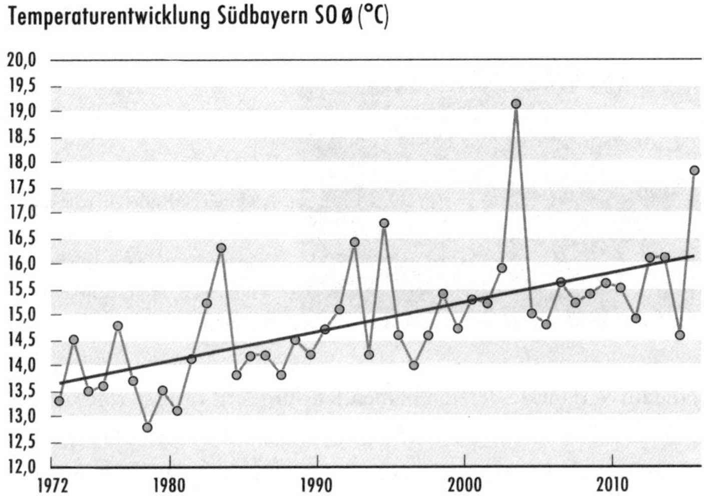

Grafik 9: Zunahme der durchschnittlichen Sommertemperatur (SO) in Südbayern seit 1972 (Quelle: Deutscher Wetterdienst Station Hohenpeißenberg)

häufiger flogen als in den derzeit besten Schmetterlingsjahren, ist eine Ungereimtheit, die es aufzulösen gilt. An der Erwärmung des Klimas liegt es zweifellos nicht. Denn diese hätte zu mehr Schmetterlingen führen sollen als in früheren, kälteren Zeiten. Grafik 9 unterstreicht diese Feststellung: Trotz gestiegener Sommer-Durchschnittstemperaturen seit Anfang der 1970er Jahre hat die Häufigkeit der Schmetterlinge gegenläufig abgenommen (Grafik 1). Nur in sehr heißen (Früh-)Sommern können sie offenbar noch eine Zunahme zustande bringen. Der Anstieg der Sommer-Mittelwerte um Zehntelgrade pro Jahrzehnt wirkte hingegen offenbar nicht förderlich. Diese Tatsache wird umso merkwürdiger, wenn wir uns die Verhältnisse in der Großstadt genauer ansehen und mit dem (Um-)Land vergleichen. Sehr Aufschlussreiches geht daraus hervor. Auch die geringere Abnahme der Schmetterlingshäufigkeit im (Au-)Wald wird sich danach gleichsam von selbst erklären.

Besonders dieser Befund lenkt die Suche nach den Ursachen für die Rückgänge der Schmetterlinge auf den Fluren erneut auf die Veränderun-

Artenreiche Ruderalfläche im Ortsbereich – Lebensraum für viele Insekten, besonders für Wildbienen, Hummeln und Schmetterlinge

gen, die im Verlauf des letzten halben Jahrhunderts dort stattgefunden haben. Diese müssen sich von den Gegebenheiten und Entwicklungen in der Großstadt deutlich unterscheiden. Und auch einen entsprechend eindeutigen Bezug zu den Verhältnissen in den Wäldern ergeben. Sehen wir uns daher Stadt und Land im ganz direkten Vergleich an. Dazu bedarf es keiner besonderen Untersuchungstechnik oder spezieller Fachkenntnisse. Die Unterschiede sind so offensichtlich, dass wir sie uns, weil daran gewöhnt, kaum jemals bewusst machen.

Die Großstadt – Ende der Natur oder Rettung der Artenvielfalt?

Klischeevorstellungen bestimmen das verbreitete Vorurteil, dass das Land »Natur« und daher »gut« sei, die Stadt aber Menschenwerk und als solches »schlecht«. Der einflussreiche Soziologe Alexander Mitscherlich veröffentlichte 1965 ein Buch mit dem Titel »Unwirtlichkeit der Städte«. Zwar prangerte er darin die Lebensbedingungen des Proletariats an, aber die aufkommende Natur- und Umweltschutzbewegung der 1970er Jahre nahm den Begriff der Unwirtlichkeit auf, um sich gegen die Städte und ihr wucherndes Wachsen zu wenden. Die Großstadt war für sie das Ende der Natur. Die Städte fraßen das gute Land. Das war für viele nicht zu übersehen.

Seither prägt diese Einstellung die Haltung von Naturschutzverbänden. Sie rekapitulieren damit die Deutsche Romantik des ausgehenden 18. und beginnenden 19. Jahrhunderts, dem Anfangstext des Wanderliedes »Aus grauer Städte Mauern, zieh'n wir durch Wald und Feld, wer bleibt, der mag versauern …« gemäß. Das Land, damals idealisiert als Gegenentwurf zur Stadt, instrumentalisierte die Umweltbewegung mit der Wahl ihrer Leitfarbe leuchtend Grün, »Landgrün«; nicht Dunkelgrün wie das des Waldes, der Jäger und Förster. Die Partei Die Grünen setzte das Umweltgrün symbolhaft ein für ihre politischen Positionen. Seit Jahren kämpft die Partei zusammen mit Naturschutzverbänden gegen das Wachsen der Städte. Sie wollen deren »Flächenfraß« drastisch vermindern. Um den unzweifelhaft gegebenen Bedarf zu decken, favorisieren sie die sogenannte Nachverdichtung. Freiflächen in den Städten sollen zugebaut werden, um zu verhindern, dass offenes Umland, dass Natur verloren geht. Diese grüne Ideologie baut unverändert auf Mitscherlichs Unwirtlichkeit der Städte: Das gute Land darf nicht weiter von den bösen Städten verschlungen werden.

Vorkommen und Häufigkeiten von frei lebenden Tieren und Wildpflanzen drücken jedoch ganz anderes aus. Die Städte sind artenreich, und zwar umso mehr, je größer sie sind. In Millionenstädten, wie Berlin und Hamburg oder München, gibt es ein so reichhaltiges Tier- und Pflanzenleben, dass sie sich in dieser Hinsicht glatt für Naturschutzgebiete qualifizieren würden oder solche an Artenzahl übertreffen. Sie sind auch eminent wichtige Rückzugsgebiete für bedrohte Arten geworden. In unserem Zusammenhang geht dies aus dem Befund hervor, dass es gegenwärtig nicht nur mehr Schmetterlinge in der Großstadt gibt als auf dem Land, sondern auch in größerer Artenvielfalt.

Die stark verallgemeinernde Formulierung »auf dem Land« soll hier zunächst undifferenziert stehen bleiben, weil gleich viel präziser ausgeführt wird, was sie bedeuten soll. Die Vögel in den Städten zwitschern und singen das Lob der Stadt, und nachts, für menschliche Ohren unhörbar, tun es die Fledermäuse mit ihrer Ultraschalljagd nach Insekten kund. Für Kenner ist auch die Reichhaltigkeit der Städte an wild wachsenden Blütenpflanzen längst eine Selbstverständlichkeit. Das daraufhin bereits vor Jahrzehnten genauer untersuchte Stadtgebiet von Nürnberg beinhaltete doppelt so viele Pflanzenarten wie gleich große Flächen des Umlandes. Die in Gärten angepflanzten Arten sind in diesem Vergleich nicht mitberücksichtigt. Sie würden den innerstädtischen Artenreichtum der Flora weiter mindestens verdoppeln.

Dass die botanische Vielfalt im urbanen Lebensraum nicht den pflanzensoziologischen Wunschvorstellungen zur natürlichen Zusammensetzung der Flora entspricht, ist klar. Es handelt sich ja auch nicht um Lebensräume, die von Natur aus, ohne Zutun der Menschen zustande kommen. Die Stadtnatur ist neu. Sie ist dennoch eine Eigenreaktion der Pflanzen und Tiere, denn alles, was von sich aus wächst und umherfliegt, -läuft oder -krabbelt, war von selbst gekommen. So unglaublich es auch klingen mag, so sehr trifft die Feststellung zu, dass Fauna und Flora in den Städten natürlicher sind als jene der Wirtschaftwälder, der Forste. Weil niemand die Wildpflanzen und die Stadttiere ansiedelt oder herbeiruft. Die neuen Ensembles drücken vielmehr aus, wie flexibel »die Natur« auf geänderte

Verhältnisse reagiert. Dass ihr Anderssein den an der potentiell natürlichen Vegetation orientierten Botanikern missfällt, hängt einfach mit deren Erwartung zusammen, wie Natur sein soll und was sie nicht sein darf. Die Fraktion der Zoologen, die sich mit der Fauna eines Gebietes oder Großbiotops befasst, kann sich flexibler zeigen, weil sich Tiere noch weniger vorschreiben lassen, wo sie leben sollen. Dennoch gibt es auch unter ihnen starke Gruppierungen, die das Neue ablehnen und die Wiederausrottung fremder Arten fordern. Belassen wir es bei diesen pauschalen Vorbemerkungen zum Stadt-Land-Vergleich. Sie reichen, um die Frage zu präzisieren, was die ökologischen Unterschiede ausmacht.

Der Vorzug der Strukturiertheit

An erster Stelle ist die Strukturiertheit zu nennen. Luftbilder, besser noch Satellitenaufnahmen, wie solche von Google Earth, zeigen auf einen Blick, was damit gemeint ist. Gebäude, Verkehrswege, Freiflächen, Parks und Waldstücke und oft auch Gewässer gliedern das Gebiet einer Stadt. Mit zunehmender Größe nimmt die Strukturiertheit der Stadt stark zu. Direkt ausmessen lässt sie sich in der Länge der Grenzlinien zwischen den Strukturteilen. In erster Näherung reicht schon das Verkehrsnetz, kombiniert mit der Zahl der Einzelgebäude. In nächster Verfeinerung kommen die Freiflächen dazu. Ihr Spektrum reicht von unbebautem und nicht anderweitig genutztem Gelände über kleinere Anlagen, Gärten, Parks und Baumgruppen bis zu Gehölzen, Wäldern und Gewässern. Die ökologische Wissenschaft kann daraus die Strukturdiversität ermitteln und in Zahlen fassen. Es gehört zu den zentralen Erkenntnissen der wissenschaftlichen Ökologie, dass die Vielfalt der Arten maßgeblich von der Strukturdiversität abhängt. Einheitliche, wenig strukturierte Biotope sind artenarm; vielfältige, stark strukturierte artenreich. Nach diesem Prinzip wird folgerichtig gefordert, forstliche Monokulturen, wie Fichten-Reinbestände gleichen Alters, durch artenreichere, stärker strukturierte Wälder zu ersetzen.

Ganz anders liegen die Verhältnisse auf dem Land. Überall dort, wo es

links: Maisfeld Anfang Juni – noch bedecken die Maispflanzen nicht den Boden. Das macht ihn anfällig für Starkregen (Abschwemmungen). Doch auch später, voll entwickelt, bleibt Pflanzen und Insekten keine Überlebensmöglichkeit

rechts: Maisfeldrand ohne Blüten – Ende der Biodiversität. Selbst Parkplätze in der Stadt bieten mehr für Tiere und Pflanzen

nicht von der geologischen Natur her kleinräumig gegliedert ist durch Berge, Felsen, Schluchten und Gewässer, erweist es sich bei genauerer Betrachtung als höchst einförmig, ja monoton. Das war früher anders. Erst seit den Flurbereinigungen verringerte sich die strukturelle Gliederung. Es wurden immer größere, landwirtschaftlich einheitliche Nutzflächen geschaffen. Mais- oder Rapsfelder können bis zum Horizont reichen. Aber auch Rübenäcker und Weizenfelder sind kaum weniger einförmig. Auf gleiche Flächengrößen bezogen, übertreffen Ortschaften, Kleinstädte und vor allem die Großstädte die landwirtschaftlichen Nutzflächen bei weitem an Strukturdiversität. Durchaus ähnlich verhält es sich mit den großflächigen Waldgebieten. Meist sind sie keine Wälder im natürlichen Sinne, sondern forstliche Monokulturen. Die Strukturiertheit ist aber, um es nochmals zu betonen, die Grundvoraussetzung für Lebensvielfalt. Wo über Quadratkilometer nur Mais oder Raps wachsen oder Fichtenbestände den Forst bilden, kann keine hohe Artenvielfalt herrschen. Nur ganz wenige Spezialisten kommen mit so monotonen Bedingungen zurecht. Das sind dann fast immer Schädlinge, weil sie sich biologisch auf die in gleichförmigen Massen vorhandenen Pflanzenarten eingestellt haben. Ihre Nahrungsgrundlage ist so überreich vorhanden, dass sie sich in Massen vermehren können.

Monokulturen erzeugen Schädlinge

Daraus ergibt sich der zweite Punkt: Die Gleichförmigkeit des »Angebots« begünstigt die Massenvermehrung der Nutzer. Wirtschaftliche Schäden sind durch die Monokulturen geradezu vorprogrammiert. In Schach halten lassen sie sich nur unzureichend, höchstens kurzzeitig durch entsprechende, meist hoch giftige Abwehrmittel. In der reichhaltigen Strukturiertheit der Städte tritt ein vergleichbarer Schadensfall so gut wie nie auf. Selbst wenn einzelne Arten von Nutzpflanzen oder der Bäume im Stadtpark von Schädlingen befallen werden, kann dagegen ungleich leichter vorgegangen werden als auf großen Flächen in Forst und Flur. Häufig ist ein Eingreifen gar nicht erforderlich und eher kontraproduktiv. Das hat der »Fall« der Traubenkirschen-Gespinstmotten gezeigt. Auf Gift als Mittel zur Kontrolle unerwünschter Massenvermehrungen und zur Abwehr von Schäden kann verzichtet werden.

Enorm vergrößert wird das Risiko, dass Schädlinge die Nutzpflanzen der Fluren befallen und vernichten, durch die genetische Gleichförmigkeit der verwendeten Sorten. Die Schädlingsbekämpfung selektiert unter diesen Bedingungen viel stärker und weit schneller auf giftresistente Varianten als in Beständen mit hoher genetischer Vielfalt. Darauf ist zurückzukommen. Jedenfalls gilt, was in der Ökonomie für eine Art Grundgesetz des Marktes gehalten wird, nämlich dass Angebot und Nachfrage in einem engen Abhängigkeitsverhältnis zueinander stehen. Massenangebote laden ein zum Massenkonsum. Ökonomie und Ökologie haben so manche Gemeinsamkeiten.

Städte als Wärmeinseln

Die Städte sind wärmer als ihr Umland, und dies umso mehr, je größer sie sind. Der Aufheizungseffekt der Städte wirkt am stärksten im Winter, wenn die Heizungen auf Hochtouren laufen. Aber auch im Sommer ist er vorhanden, zumal nachts, weil die Gebäude Wärme abgeben, die sie tagsüber aufgenommen und gespeichert haben. Am Tag kann die Hitze in der Stadt schier unerträglich werden.

Millionenstädte sind je nach Größe und Dichte der Bebauung zwei bis drei Grad wärmer als die umliegende offene Landschaft. Liegen sie in einem Kessel, wird die Aufwärmung noch stärker. Die Wärme kommt den Insekten zugute. Das zeigte sich sehr klar in der Reaktion der Schmetterlinge auf den besonders heißen Sommer 2003. Diese Feststellung gilt keineswegs nur für den Ausnahmefall. Dieser macht die Wärmewirkung lediglich besonders gut sichtbar. Sie trifft generell zu, für alle Jahre und jede Witterung. Deshalb sehen wir rund ums Mittelmeer im Sommer viel mehr Schmetterlinge und andere Insekten als nördlich der Alpen. Und es werden mehr, wenn wir uns zum Äquator hin bewegen und die inneren Tropen erreichen. Dort lebt die größte Artenfülle der Insekten. Folglich stellen Großstädte eigentlich ganz ideale Räume dafür dar, die Wirkung der prognostizierten Klimaerwärmung um zwei oder mehr Grad Celsius zu untersuchen. Die Lebensabläufe sehr vieler Arten könnten in den Städten mit denen ihrer Artangehörigen auf dem Land verglichen werden. Konkrete Befunde sind allemal besser als die schönsten Rechenmodelle, die sich für die Anwendung auf die Natur erst bewähren müssen. Modelle scheinen jedoch umso beliebter zu werden, je weniger die damit befassten Forscher die Natur selbst kennen.

Überdüngtes, vergiftetes Land

Dem direkten Blick verborgen bleibt ein anderer ganz wichtiger Faktor, der Stadt und Land massiv unterscheidet. Es ist dies das Ausmaß der Düngung. Dass sie zusammen mit der Landschaftsstruktur den Hauptfaktor darstellt, der Vorkommen und Häufigkeit der Insekten bestimmt, wird weiter vertieft, wenn die speziellen Ursachen für den Niedergang der Schmetterlinge diskutiert werden. Seit fast einem halben Jahrhundert erhält das Land weit mehr Düngung als die Städte, die vor Überdüngung weitgehend verschont geblieben sind.

Überdüngung kommt zustande, wenn im Jahreslauf mehr Stoffe, die düngend auf die Pflanzen wirken, in die Böden gelangen, als von diesen entnommen und in Wachstum umgesetzt werden können. Mangel herrscht entsprechend, wenn in der Bilanz der Entzug von Nährstoffen überwiegt. Oder wenn diese schneller in tiefere, für die Wurzeln nicht erreichbare Bodenschichten oder ins Grundwasser ausgeschwemmt werden, als sie die Pflanzen aufzunehmen imstande sind. Formal lässt sich das so ausdrücken: Über- oder Unterversorgung entstehen, wenn weniger/mehr geerntet wird und als Pflanzennährstoff verloren geht, als über die Ernte oder den Zuwachs entnommen wird. Ideal wäre ein ausgeglichener Zustand. Auch darüber später etwas mehr.

Bleiben wir noch kurz bei den Verhältnissen in den Städten. Düngende Stoffe erhalten sie aus drei Hauptquellen: Erstens düngt man in den Gärten, um Gemüse oder andere Pflanzen ernten zu können oder für ihr gutes Wachsen und Gedeihen zu sorgen. Die Mengen, die dabei zum Einsatz kommen, sind auf die gesamte Flächengröße der Stadt bezogen sehr gering, zumal verglichen mit den Düngemassen, die auf die Fluren ausgebracht werden. Auch dazu gleich konkrete Zahlen. Die Anlagen der Städte fluten keine Güllewagen mit ihrer stinkenden, schwarzbraunen Soße. Allerdings trägt der Wind durchaus beträchtliche Mengen davon in die Städte, vor allem in Form von Ammoniak, der aus der Gülle entweicht. Den Hauptteil der Düngestoffe, die auf die Städte niedergehen, liefern Verkehr und Heizungen. Bei dieser Düngung aus der Luft handelt es sich um Luftstickstoff,

Totgespritzt bis zum Feldwegrand. Überdüngte Felder werden intensiv gegen »Unkraut« behandelt, deren Wachstum das Überangebot an Nährstoffen sehr begünstigen würde

der mit verbrannt wurde, und um die gleichfalls düngend wirkenden Feinstäube. In den 1980er und 1990er Jahren kamen Mengen von 30 bis 60 Kilogramm Stickstoff pro Hektar und Jahr zustande; als Reinstickstoff gerechnet.

Eine solche Menge Stickstoffdünger zu erzielen, war für die deutsche Landwirtschaft nach dem Ersten Weltkrieg erklärtes Ziel. Sie galt als landwirtschaftliche Volldüngung. Diese Menge wurde über Jahrzehnte zusätzlich zur landwirtschaftlichen Nährstoffversorgung der Böden mit Mineraldünger und Gülle frei per Luftfracht geliefert und über nahezu das gesamte Land getragen. Besonders stark düngend und auch schädigend wirken in dieser Düngung aus der Luft die mit der chemischen Kurzformel NO_x bezeichneten Stick(stoff)oxide. Um sie geht es gegenwärtig in der Dieselproblematik. Ihre Menge nimmt zwar seit Jahren ab, aber nicht stark genug. Die Grenzwerte für gesundheitliche Unbedenklichkeit werden in Großstädten an verkehrsreichen Strecken nach wie vor viel zu oft überschritten. Doch es wäre falsch, diese NO_x-Problematik allein den Städten zuzuschieben.

Ein Großteil der von Verkehr, Verbrennung und Heizungen erzeugten Düngestoffe wird übers ganze Land verdriftet und mit den dort ebenfalls freigesetzten Luftschadstoffen vermengt. Die Landwirtschaft benutzt ja fast nur mit Diesel getriebene Fahrzeuge. Außerdem verweht der Wind, was bei Düngung und Bodenbearbeitung an Nähr- und Schadstoffen in Form von Gasen und Stäuben die Luft gerät. Wohin sie getragen werden, wird nicht näher untersucht. Die Landwirtschaft ist vom Verursacherprinzip ausgenommen. Doch es gibt keinen Zweifel, dass mindestens die Orts- und Waldränder davon stark betroffen sind. Aber auch Naturschutz- und Wasserschutzgebiete, in denen keine direkte Düngung seitens der Landwirtschaft stattfindet. Nähr- und Schadstoffeintrag auf dem Luftweg findet also keineswegs nur in den Städten statt. Die Fluren und die Wälder bekommen sehr viel davon ab. Die direkte Düngung mit Gülle und Mineraldünger kommt auf den Fluren dazu. In der Bilanz unterscheiden sich Stadt und Land in der Menge der Dünge- und Schadstoffe ganz erheblich.

Das Stadtgebiet ist weit geringerem Eintrag ausgesetzt als die Flur. Der große Unterschied bleibt selbst dann bestehen, wenn das Land nicht intensiv konventionell landwirtschaftlich genutzt wird. Einzig große Wälder schneiden besser ab als Großstädte. Allerdings auch nur, wenn lediglich die Einträge von Düngestoffen bilanziert werden. Denn über die Zeit kommt es auch in Wäldern zur Anreicherung, weil zu wenig »Export« stattfindet. Die auf Einzelstammentnahme ausgerichtete, nachhaltige Forstwirtschaft, die großflächige Kahlschläge vermeidet, begünstigt sogar die Anhäufung von Nährstoffen und die Versauerung des Waldbodens, wenn es sich um Reinbestände von Fichten oder Kiefern handelt.

Gift kommt gegenwärtig in der Waldbewirtschaftung kaum noch zum Einsatz. Früher wurden Wälder vom Flugzeug aus begiftet, um Schadinsekten zu bekämpfen. Auch in den Städten wird inzwischen deutlich weniger, in Parkanlagen nahezu gar nicht mehr gespritzt. Unkrautvernichtungsmittel, die Glyphosat enthalten, kommen allerdings in beträchtlicher Menge an Bahn- und Straßenverkehrsanlagen zum Einsatz. Wiederum gilt, dass diese Mengen dennoch gering sind, verglichen mit denen, die auf den landwirtschaftlichen Nutzflächen ausgebracht werden. Vergiftet wird das Land, nicht die Stadt. Die konventionelle Landwirtschaft führt das mit Abstand größte Tötungsprogramm aus, das es je gegeben hat. Dagegen war das früher nach der Ernte praktizierte Abbrennen von Stoppelfeldern, von Ackerrainen und Triften ein geradezu harmloser Eingriff. Die Lebewesen kamen damit zurecht. Flämmen ist, da sichtbar und auffällig, seit Jahrzehnten geächtet. Ersetzt wurde es durch den unsichtbaren Gifttod.

Naturfreundliche Städter

Ein letzter Hauptpunkt bezüglich der ökologischen Unterschiede zwischen Stadt und Land ist für Schmetterlinge von nachrangiger Bedeutung. Aber er besagt viel über die Einstellung der Menschen. In den Städten lässt man Tiere weitestgehend unbehelligt. Sie sind keiner anhaltenden, rücksichtslosen Verfolgung ausgesetzt wie draußen auf dem Land in Wald und Flur. Wildtiere dürfen dort nur in arg dezimierten Mengen leben, falls überhaupt, wenn es sich um Arten handelt, die von den Jägern und Anglern als Konkurrenten um ihre Beute angesehen werden. Sie halten es für ihr selbstverständliches Recht festzulegen, in welcher Häufigkeit die Tiere vorkommen dürfen. Darin sehen sie das Gleichgewicht, das sie ihrem Selbstverständnis nach zu wahren haben. Die Regulierung der Natur sei ihre Aufgabe. Die landwirtschaftliche und die kommunale Bekämpfung von Unkraut und Wildwuchs kommen hinzu. In den Wäldern, zu weit über 90 Prozent gepflanzte Forste und als solche weit von einem natürlichen Waldzustand entfernt, darf vieles nicht wachsen, weil es keinen Ertrag liefert. Sogar die Ränder der Forststraßen werden im Staatsforst intensiv gemäht; meist gerade dann, wenn im Frühsommer Blumen blühen und Hummeln Nektar und Pollen suchen. Ausnahmen sind selten und wenig wirksam. Sogar im Staatsforst, der dem Wohl der gesamten Bevölkerung dienen sollte, gehört er doch der Allgemeinheit, wird nach den Prinzipien der Ertragsmaximierung gewirtschaftet. »Schwarze Zahlen« der Bayerischen Staatsforsten, die öffentlichkeitswirksam als Erfolg präsentiert werden, bedeuten umgerechnet zwar nicht mehr als eine Tasse Kaffee mit Brötchen pro Kopf der bayerischen Bevölkerung, aber ob diese überhaupt so einen Ertrag haben will, der auf Kosten von so vielem erwirtschaftet wird, was Staatswälder für die Bevölkerung bieten könnten, bleibt unberücksichtigt.

Wie sehr im Staatsforst Biodiversität eingeschränkt und vernichtet wird, behandle ich später im Zusammenhang mit der Frage, was getan werden kann gegen das Verschwinden der Schmetterlinge. Da ist es ein wichtiger Punkt. In der Stadt, wiederum, mit besonderer Betonung der Großstadt, haben Wälder eine ganz andere, wahrhaft öffentliche Funktion. Da dürfen

Nicht nur die Ränder der Forststraßen werden Ende Juni gemäht, sondern auch die kleine blütenreiche Waldwiese. Schlagartig finden die Schmetterlinge, Wildbienen und Hummeln keine Blüten mehr; eine mehr als fragwürdige, zudem Kosten verursachende Pflegemaßnahme im Staatsforst

Bäume alt und hohl werden. Sie müssen keinen Holzertrag liefern, der sich »schwarz« rechnet gegen die (»roten«) Kosten. Erholungswert und Schönheit haben Vorrang vor Nutzwert und Monotonie.

Der Kontrast ist riesig. Das bemerkt man, sobald man darauf näher achtet. In den Städten lässt man wachsen und leben, was sich von selbst einfindet und mit den innerstädtischen Lebensbedingungen zurechtkommt. Kontroll- oder Abwehrmaßnahmen bleiben auf das Notwendige beschränkt. Selbst dieses unterliegt der öffentlichen Diskussion. In Berlin und Wien und anderen Großstädten nehmen Wildschweine und Füchse am öffentlichen Leben teil. In skandinavischen, nordamerikanischen und osteuropäischen Metropolen auch andere Großtiere wie Elche, Bären und Wölfe. In den Städten formieren sich sogleich Schützergruppen, wenn irgendwo Bäume gefällt oder Freiflächen zugebaut werden sollen. Millionen kostete beim Neubau des Stuttgarter Hauptbahnhofes die Umsiedlung der dortigen Eidechsenvorkommen. Um die Menge der auf dem Land von Land- und Forstwirtschaft Jahr für Jahr vernichteten Eidechsen, Blindschleichen, Schlangen, Frösche und Kröten kümmert sich niemand. Allesamt sollten sie hochgradig geschützt sein, wie so manche Falterschönheit unter den Schmetterlingen, was den Tieren aber nichts nützt, weil Land- und Forstwirtschaft nicht als »Eingriff in den Naturhaushalt« gelten und von den theoretisch sehr guten Schutzbestimmungen freigestellt sind. Die allermeisten Naturschützer und Bürgerwissenschaftler, die Vorkommen und Häufigkeit der Arten erforschen, stammen aus Bevölkerungsgruppen, die nichts mit der direkten Landnutzung zu tun haben. Absichtliches Töten von Tieren und Vernichten von Pflanzen ohne vernünftigen Grund ist in der Stadtbevölkerung verpönt. Diese Haltung prägt zunehmend den Unterschied zwischen Stadt und Land.

Zusammengefasst heißt dies, die Städte sind (1.) viel reicher an Strukturen und sie bieten (2.) ein besseres Angebot zum Leben, sie sind (3.) wärmer als das Umland, im Stadtgebiet wird (4.) weit weniger gedüngt und vergiftet als auf dem Land und die Stadtbevölkerung ist (5.) weit eher bereit, auf die Lebensbedürfnisse von Tieren und Pflanzen Rücksicht zu nehmen. Sichtbarer Ausdruck davon ist die geringe Scheu der Vögel in den Städten und dass sich Säugetiere auch am Tag zeigen und nicht im Dunkel der Nacht verborgen bleiben müssen. Auch die Schmetterlinge profitieren von den Vorzügen der Stadt. Die Befunde zeigen dies. Das Urteil der Tiere und Pflanzen, die in den Städten leben, sollte weit mehr als bisher beachtet werden. Es ist weit aussagekräftiger als Ideologien, die Dinge in »gut« oder »schlecht« einteilen. Nicht die Städte sind schlecht, das Land ist unwirtlich geworden; weithin.

Die Unwirtlichkeit des Landes

Das kleine Dorf im niederbayerischen Inntal, in dem ich aufwuchs und von dem in diesem Buch schon ein paar Mal die Rede war, lag in meiner Kindheit und frühen Jugendzeit in einer vielfältigen Landschaft. Jenseits des Gartenzaunes unseres Häuschens fingen die Wiesen und Felder an. Drei Bäche durchzogen die Wiesen zwischen dem Dorf und dem Auwald am Inn. Ein weiterer hatte seine Quelle einen halben Kilometer vom Haus entfernt an einer kleinen Geländestufe. Diese, eine späteiszeitliche Uferkante des Inns, trennte das etwas höher liegende Ackerland von den Wiesen. Das ganze Dorf war von Obstgärten umgeben. Die wenigsten waren eingezäunt. Im Winter kamen die Rehe und die Hasen in diese Gärten. Sollten junge Bäume vor Verbiss geschützt werden, umgab man sie mit einem einfachen Drahtgitter, wie es für Hühner- und Kaninchenställe benützt wurde. Auf den Feldern gab es alle Sorten von Getreide sowie Rüben-, Kraut- und Kartoffeläcker. Kleefelder wechselten mit Weizen-, Gersten-, Roggen- und Haferfeldern. Mais gab es noch nicht. Schlenderte ich vom Haus über den geschwungen verlaufenden Feldweg zur Quelle des Bachs, kam ich an fast all diesen verschiedenen Kulturen vorbei. Manchmal wurden auch Bohnen angebaut. Der halbe Kilometer bot die ganze Vielfalt der Feldfrüchte. Waren die Felder im Spätherbst abgeerntet, wurde ein Netz von Rainen sichtbar. Im Sommer liefen die Hasen daran entlang. Rebhühner und Lerchen nisteten auf diesen etwa 30 Zentimeter breiten Grenzstreifen, oft umgeben von blühenden und duftenden Echten und Falschen Kamillen mit weißem Strahlenkranz um die gelben Blütenköpfchen, rotem Klatschmohn und zahlreichen anderen Ackerwildkräutern. Im Frühjahr riefen die Rebhühner ihr unverkennbares »kirreck«, »kirreck« aus den Feldern. Im Mai schlug die Wachtel »pickwerick«, und die Lerchen sangen darüber in so großer Zahl, dass ich oft nicht mehr unterscheiden konnte, von welchem der fast senkrecht himmelwärts emporstrebenden Vögel das Lied klang, das sich mit denen der anderen Lerchen mischte.

Und es flogen Schmetterlinge vom Frühjahr bis weit in den Herbst hinein. Besonders viele gab es auf der Wiese, die direkt an unseren Garten grenzte, denn sie war damals sehr reich an Blüten. Es gab Glockenblumen und Wiesensalbei, Klappertopf und verschiedene Arten von Klee. Manche, wie die Doldenblütler machten mir Schwierigkeiten, zu erkennen, worum es sich bei ihren runden Schirmen aus kleinen weißen oder gelblichen Blüten handelte. Gut bekannt war mir die Wilde Möhre *Daucus carota*, weil sich ein Schmetterling speziell dafür interessierte, der Schwalbenschwanz. Und dieser faszinierte mich ganz besonders.

Von der Idylle zur Gülle

In frühjugendlichem Jagdeifer fing ich mir sogar einen; ohne Netz, nur mit den dachartig zusammengefalteten Händen. Dazu warf ich mich so geschickt ins Gras, dass ich den Schmetterling damit nur zudeckte und am Wegfliegen hinderte, ihn aber nicht beschädigte. Dieses Kunststück gelang. Mit schlechtem Gewissen nadelte ich den wunderschönen Falter und fertigte ihm aus Karton eine kleine Schachtel. Mit Plastikfolie, wie wir sie zum Einbinden der Schulbücher verwendeten, überklebte ich ihn. So konnte ich ihn, etwas verschwommen, bewundern. Er existiert noch immer. Aber seine Flügel sind vom Körper abgefallen. Mein schlechtes Gewissen ist in den seither vergangenen sechs Jahrzehnten zwar schwächer geworden, aber ganz verschwunden ist es nie.

Weil ich den Schwalbenschwanz ohne vernünftigen Grund gefangen und getötet hatte. In diesem Sinne mahnte er mich, auch nicht unter dem Deckmantel der Wissenschaft Schmetterlinge zu töten, wenn es nicht wirklich nötig war. Dass ich in unserem Garten, zwar selten, aber doch immer wieder einmal, einen Schwalbenschwanz sehe, dreht in berührender Weise die früheren Verhältnisse um. Damals hatte es die Falterschönheiten draußen jenseits des Gartenzauns gegeben. Innen flogen die Kohlweißlinge, deren Raupen ich sammeln und vernichten sollte, bevor sie allzu viele Blätter von Weißkraut und Blumenkohl zerfressen hatten.

Die Wiesen hinterm Haus der Kindheit gibt es nicht mehr. Häuser sind darauf gebaut worden. Das Dorf wuchs. Als Baugrund wies man solche Flächen aus, die nicht besonders ertragreich gewesen waren. Wie die magere Wiese voller Blumen, Grillen und Schmetterlinge. Über die Flur aber ging die Bereinigung hinweg. Zwei Jahrzehnte nach dem Idyll der Jugendzeit ließ sie sich in den späten 1970er und beginnenden 1980er Jahren nicht wiedererkennen. Ihre Vielfältigkeit war zur Einförmigkeit gewandelt. Der große Umbruch, im wörtlichen Sinne, weil dabei auch der Umbruch der Wiesen zu Ackerland stattfand, geschah in den 1970er Jahren. Ein Jahrzehnt später war das Dorf eine Insel im grünen Meer der Maisfelder geworden. Genauso sah es im ganzen niederbayerischen Inntal und darüber hinaus aus. Denn von dieser südöstlichsten Region Deutschland ging ein Flächenfraß aus, der diese Bezeichnung wirklich verdient. Bis heute sind die Landkreise Passau, südlicher Teil, Rottal-Inn und deren weitere Umgebung eines der deutschen, ja gesamtmitteleuropäischen Zentren des Maisanbaus. Der Mais scheint inzwischen die Hänge hochzukriechen; im voralpinen Hügelland schon überall, aber auch direkt am Alpenrand und von den Alpentälern heraus geht es aufwärts mit ihm. Um 1960 bedeckte der Maisanbau in Deutschland nur ein paar Tausend Hektar, gegenwärtig (2018) sind es zweieinhalb Millionen. Eine Vertausendfachung! Die Energiewende brachte einen großen Schub, nachdem die Maisanbaufläche Ende der 1990er Jahre bereits auf eineinhalb Millionen Hektar angewachsen war. Der Maisanbau erhielt massive staatliche Förderung. Mit Biogas aus Biomasse wechselten Landwirte de facto das Ressort. Sie wurden Energiewirte, behielten aber alle Privilegien und öffentlichen Förderungen der Landwirte.

Parallel dazu fand ein anderer grundlegender Wandel in der Landwirtschaft statt. Die Viehhaltung wurde großenteils auf Stallhaltung mit Schwemmentmistung umgestellt. Das liefert Gülle. Bei dem exorbitant hohen Viehbestand in Deutschland entstehen kaum vorstellbare Mengen davon; 310 Milliarden Liter pro Jahr. Ein einziger Landkreis mit hohem Viehbestand, aber nur an die hunderttausend Menschen, erzeugt so viel oder mehr Abwasser (= Gülle) aus der Tierhaltung als die dreieinhalb Millionen Menschen Berlins. Auf ganz Deutschland mit seinen 83 Millionen Einwohnern kommt die gut doppelte bis etwa dreifache Güllemenge, je nachdem, welche der Ausscheidungen aus der Tierhaltung für die Berechnung berücksichtigt werden. Ein paar konkrete Zahlen des Statistischen Bundesamtes hierzu für das Jahr 2017: Der landwirtschaftliche Tierbestand in Deutschland setzte sich in diesem Jahr wie folgt zusammen: 12,3 Millionen Rinder, davon 4,2 Millionen Milchkühe, 27,6 Millionen Schweine, davon 1,9 Millionen Zuchtsauen, 1,6 Millionen Schafe sowie fast 778 Millionen Hühner (»Masthähnchen« oder Broiler genannt) und weitere 40,6 Millionen Legehennen. Die 1,3 Millionen Pferde bilden gegenüber dieser Tiermasse nur eine kleine Minderheit. Die wenigsten von ihnen sind noch in der Landwirtschaft im Einsatz. Die große Mehrheit gehört zu den Reitpferden und damit in den Bereich der »Heimtiere« wie Hunde und Katzen. Zu den Schweinen ist anzumerken, dass sie eigentlich nicht den Jahresbestand im Sinne einer Gesamtzahl angeben, da die allermeisten Schweine nicht über ein halbes Jahr alt werden. Um zum Gesamtumsatz von Nahrung und der dabei entstehenden Güllemenge zu kommen, müsste also eine erheblich höhere Zahl angesetzt werden; bei den Broilern sogar ein Vielfaches. Hieraus ergibt sich die oben getroffene Feststellung, dass die Tierhaltung ein Mehrfaches an Abwasser erzeugt als alle Menschen in Deutschland. Deren Abwasser wird längst so gut wie ausnahmslos über wirkungsvolle und sehr teuere Kläranlagen geeinigt. Die Hunderte Milliarden Liter Gülle hingegen gelangen frei auf die Fluren. Mit gewaltigen Folgen für die Natur, für Pflanzen und Tiere, aber auch für die Qualität von Luft und Grundwasser. Denn diese Tiermengen wollen versorgt sein, sollen sie entsprechende Gewinne abwerfen. Auch mit Medikamenten und anderen Hilfsstoffen, die unweigerlich Natur und Umwelt belasten. All das ist ebenso oft wie vergeblich ausgebreitet worden. Das System Landwirtschaft ist immun dagegen.

Monokulturen und die Veränderung des bodennahen Kleinklimas

Die Immunität verschaffte ihr die Politik bis fast zur Unangreifbarkeit. Auch darüber ist von vielen massiv geklagt worden, ohne jeglichen Erfolg. Die schier unendliche Kette von Skandalen in der Landwirtschaft reicht immer noch nicht, um im Interesse der Gesamtbevölkerung und ihrer Zukunft grundlegende Änderungen herbeizuführen. Wie einst in Zeiten des Feudalismus hat auch heute die Macht, wer das Land besitzt.

Doch genug des ohnehin vergeblichen Lamentierens. Ziel des Stadt-Land-Vergleichs war es, die Hauptursachen für den Schwund der Schmetterlinge, der anderen Insekten und auch der Wildpflanzen, Vögel und des Wildes, das die Fluren bewohnt(e), zu ermitteln. Was können wir diesen Schilderungen entnehmen? Blühend bunte Wiesen als Erinnerungsbilder aus Kindheit und Jugendzeit erfüllen schwerlich die Kriterien eines überzeugend sachlichen Vergleichs zwischen früher und heute. Wie alle Erinnerungen sind sie gefiltert, getönt von den Jahren und Jahrzehnten des Lebensweges. Besser ist es, die zweifelsfrei nachvollziehbaren Kriterien zu den Unterschieden von Stadt und Land in Bezug auf die Schmetterlinge nun nochmals genauer unter die Lupe zu nehmen.

Und zwar so, dass keine irgendwie gearteten Rückblicke helfen müssen, die Gegenwart zu verstehen und gebotene Schlüsse zu ziehen. Eigentlich geht das ganz leicht. Die Problematik der Überdüngung eignet sich sogar bestens dafür. Denn es gibt genügend Flächen mit unterschiedlichem Gehalt an Pflanzennährstoffen in den Böden. Die Mengen, die direkt gedüngt und die auf dem Luftweg hinein geraten, sind ziemlich genau messbar; genauer jedenfalls als die Pflanzen, die darauf reagieren. Denn ihr Wachstum braucht Zeit. Verfügbare Nährstoffe können nicht gleich aufgenommen und in pflanzliches Gewebe umgesetzt werden. Wie die Pflanzen tatsächlich reagieren, ist wissenschaftlich äußerst gründlich erforscht worden. Grundvorgang ist die Photosynthese. Nährsalze, wie Stickstoff- und Phosphorverbindungen, setzt sie mit Wasser und Kohlendioxid aus der Luft in pflanzliches Material um. Dabei wird Sauerstoff in genau dem Maße frei, in dem Kohle(stoff)dioxid aufgenommen wird. Die Leistung der Pflanzen hängt daher, entsprechende Versorgung mit Wasser vorausgesetzt, von den zum Wachstum benötigten Mineralstoffen ab. Wir nennen sie Pflanzennährstoffe oder Dünger. Letztlich hängt das Wachsen und Gedeihen aller Pflanzen von der Düngung ab.

Das gilt für die einzelne Pflanze wie auch für den Bestand und die Wuchsgemeinschaft mit anderen Pflanzen. Für Schmetterlinge und andere Insekten ist überlebenswichtig, dass die Vegetation, die Gemeinschaft aller Pflanzen einer Fläche, umso schneller und umso dichter wächst, je stärker gedüngt sie ist. Düngung fördert Wachstum. Das ist das Ziel der landwirtschaftlichen Pflanzenproduktion. Gleiches gilt für den Wald bzw. Forst und das Wachstum der Bäume. Im Forst können wir etwas beobachten, das uns auf der Wiese in aller Regel verborgen bleibt, nämlich die Konkurrenz der Bäume untereinander. Wächst ein junger Bestand auf, gleichgültig ob es ein gepflanzter oder ein naturwüchsiger ist, der, selten genug, ohne Vorgaben des Menschen entstehen darf, sterben nach und nach immer mehr der Schösslinge und Jungbäume ab. Nach Jahrzehnten sind, in älteren Beständen gut sichtbar, nur noch sehr wenige überlebende Bäume vorhanden.

Bildet sich beispielsweise Jungwuchs aus Weiden, deren Samen auf einer neuen Insel im Fluss angeschwemmt wurden, beginnt dieser mit Tausenden Sämlingen auf dem Quadratmeter. Fünfzig bis siebzig Jahren später ist davon nur einer übrig, aber nicht auf einem Quadratmeter, sondern auf zwanzig bis dreißig Quadratmetern. Zehntausende seiner Konkurrenten sind seinem Überlebenserfolg zum Opfer gefallen. So verhält es sich natürlicherweise. Die Konkurrenz aus den eigenen Reihen, so stark sie ist, macht jedoch nur einen Teil der Ausfälle aus, die durch Verdrängung entstehen. Ihr fielen auch sehr viele andere Pflanzen anheim, die es ebenfalls nicht schafften zu überleben. Der Jungbestand war zu wüchsig; seine Versorgung mit Nährstoffen zu günstig.

Sind diese hingegen knapp, geht das Wachstum langsam vonstatten. Die Vegetation bleibt lange Zeit lückig. Empfindlichere, weniger konkurrenzstarke Arten überleben, wenn auch nicht dauerhaft, so doch für Jahre oder Jahrzehnte. Die Vegetation sieht dementsprechend vielfältig aus, während der Reinbestand aus Weidenjungwuchs einer Monokultur gleicht. Daran können grundsätzlich nur solche Insekten vorkommen, die auf diese eine Art spezialisiert sind oder sie wenigstens mit im Nahrungsspektrum (der Raupen, Larven) haben. Viele Arten ernähren hingegen viele Nutzer. Das sind einfache, auch ohne wissenschaftliche Spezialkenntnisse leicht nachzuvollziehende Zusammenhänge. Die direkte Folge sehen wir ebenfalls ohne weiteres ein. Wenn eine Art oder einige wenige Arten sehr gute Wachstumsbedingungen auf der betreffenden Fläche haben, gedeihen sie in dichtem Bestand. Dieser lässt keine Lücken für andere, schwächere Konkurrenten. Reichlich Düngung fördert daher artenarme Pflanzenbestände. Diese vermehren sich aber stark. Vielfalt verbindet sich mit Mangel. Sobald die Lebensbedingungen besser werden, gewinnen einige Arten auf Kosten vieler anderer die Oberhand. Je besser gedüngt, desto artenärmer, das ist die zwangsläufige Folge dieses Zusammenhangs.

Für die Vegetation kommt etwas hinzu, das sich besonders stark auf die Tiere auswirkt, die davon leben. Sie wird feuchter und kühler, je üppiger sie wächst. Besonders am Boden ist das Mikroklima weit kühler und viel feuchter als in lockeren Beständen, in denen die Sonne den Boden erreichen und aufwärmen kann. Die Folge dieser Verschiebung des bodennahen Mikroklimas zum Kühlen und Feuchten ist, dass viele Insekten dort nicht mehr leben können; auch dann nicht, wenn ihre Futterpflanzen noch vorkommen sollten. Denn ihre Fressstadien, die Larven und Raupen, benötigen Wärme und Sonne für die Entwicklung, wie die Pflanzen das Licht nötig haben.

Die Abkühlung von Fluren und Wäldern

Für sehr viele Insekten, die auf Wiesen und Ackerland leben, verschlechtern sich auf diese Weise die Lebensbedingungen bereits lange bevor ihre Futterpflanzen vollends verschwinden. Die Vegetation wächst nämlich nicht nur zu dicht, sondern im Frühjahr auch zu schnell auf. Für Vorkommen und Häufigkeit von Schmetterlingen, zumal solcher Arten, deren Raupen im Offenland am Boden oder bodennah in der Vegetation leben, ist das Mikroklima meist weitaus entscheidender als das »offizielle Wetter«, wie es über die Wetterstationen ermittelt wird. Ein schöner warmer Maientag mit 25 Grad Lufttemperatur kann viel zu kalt und zu nass sein für gerade geschlüpfte Schmetterlingsraupen in der Wiese, deren Gras bereits kniehoch aufgewachsen ist. Um es nochmals zu betonen: Was für Schmetterlinge und andere Insekten zählt und sehr häufig auch die Kleinvögel der Fluren betrifft, ist nicht das, was die Wetterstationen messen und meteorologisch als Wetter und Klima gilt, sondern das bodennahe Kleinklima. Dieses ist aufgrund der Überdüngung, der unsere Fluren seit Jahrzehnten ausgesetzt sind, beträchtlich kälter und feuchter geworden als im meteorologisch tatsächlich feuchtkühleren 19. Jahrhundert. Dieser Abkühlungseffekt wirkt bereits lange vor dem tatsächlichen Verschwinden der Futterpflanzen der Raupen. Auch dies möchte ich noch einmal unterstreichen.

Kälter und feuchter ist es auch in unseren Wäldern geworden, seit sie so massiv aus der Luft gedüngt werden. Sie sind wüchsiger denn je. Besonders stark zeigt sich dies in den Auwäldern, die richtig wuchern, obwohl sie vielfach keine neuen Nährstoffe durch Überflutungen mehr bekommen. Die kontinuierlich starke Düngung aus der Luft versorgt sie seit Jahrzehnten besser als einst die unregelmäßigen Hochwasser der unregulierten Flüsse. Das Problem der Überdüngung zeigt sich auch überall dort, wo unter Naturschutz stehende Flächen mehr oder weniger sich selbst überlassen bleiben. Unerwartet schnell wächst die Vegetation auch auf diesen unbewirtschafteten Flächen immer üppiger. Waren die Auwälder am Inn in den 1960er und 1970er Jahren noch reich strukturiert, weil die frühere kleinteilige Parzellennutzung nachwirkte, so änderte sich dies mit Beendigung der Niederwaldnutzung. Der Auwald wuchs viel dichter auf als früher. Früher meint die Zeit, in der zudem im Winter das dürr gewordene Rohrglanzgras und andere große Gräser als Streu für die Viehställe aus den Auen herausgeholt wurden. Diese winterliche Streunutzung, die verhinderte, dass sich am Boden eine dichte, sich verfilzende Bewuchsschicht ausbildete, war den Frühlingsblühern wie den Schneeglöckchen, Frühlingsknotenblumen, Blausternen und auch den Schlüsselblumen zugutegekommen. Sie förderte generell die Artenvielfalt der Pflanzen im Unterwuchs. Nachdem diese sehr arbeitsaufwendige Form der Auwald-Bewirtschaftung aufgegeben worden war, weil keine Streu mehr gebraucht wurde für die Gülle erzeugende Schwemmentmistung der Viehställe, verschwanden die Frühlingsblumen weitgehend oder vollständig. Auch manche Arten der Sträucher und Bäume wurden seltener. Die wüchsigeren Silberweiden und gepflanzte Hybridpappeln verdrängten sie. Für den Auwald gilt genauso wie für das Grasland: Je stärker das Pflanzenwachstum, desto stärker die Abkühlung durch die Verdunstung von Wasser, die Transpiration.

Gesteigertes Wachstum verringert die Häufigkeit der Schmetterlinge im Auwald

Der Mengenrückgang der Schmetterlinge in Auwäldern, besonders ausgeprägt in solchen, die seit Jahrzehnten sich selbst überlassen blieben, weil sie nicht mehr als Niederwald genutzt werden, beruht auf dem Abkühlungseffekt, den die Verdichtung der Vegetation ausgelöst hat. Dieser äußert sich speziell darin, dass die großen Schmetterlinge, wie die Schwärmer und einige andere Arten, weit stärker als der Durchschnitt abgenommen haben. Große Raupen benötigen mehr Wärme für die Entwicklung als die kleinen. In den Forsten laufen durchaus vergleichbare Entwicklungen ab, zumal wenn Kahlschläge ganz vermieden werden, weil sie als »ökologisch schlecht« gelten. Über das, was »ökologisch« ist und nach vorgegebenen

Zielen bewertet wird, ließe sich trefflich streiten. Die heutige Praxis stützt sich auf die Ideologie einer Zeit, in der Kahlschläge verdammt wurden. Aus dem Forstbereich stammende, damals sehr einflussreiche Persönlichkeiten prägten den Naturschutz. Deren einseitige, auf den (forstlich nutzbaren) Baumbestand ausgerichtete Sichtweise ließ die vielen Tier- und Pflanzenarten unberücksichtigt, die von den Anfangsstadien der Waldentwicklung leben. Da aber Waldbrände, die natürlicherweise solche Flächen schaffen würden, nicht mehr stattfinden dürfen und mit modernster Technik und immensem Aufwand, etwa durch den Einsatz von Löschhubschraubern, möglichst im Keim erstickt werden, gibt es diese flächigen Anfangsstadien einer Waldentwicklung nicht mehr. Sie sind noch rarer als die Altersstadien, die zum Zusammenbruch von nicht genutzten Baumbeständen führen. Die Wirtschaftsforste von heute werden künstlich in dem für die Forstwirtschaft besonders produktiven Zustand gehalten, der allenfalls Veränderung im Sinne einer allmählichen Umwandlung von Nadel- auf Laubwald zulässt oder dies »im Hinblick auf den Klimawandel«, wie es heißt, zum Ziel hat.

In engen Rückegassen wächst jedoch kein Jungwald auf; in sie dringt wenig Sonne. Es bleibt unten am Boden nass und kalt. Die schweren Holzernter, die zum Einsatz kommen, pressen tiefe Furchen in den Waldboden. Diese Schneisen zur Holzentnahme sind daher kein Regenerationsraum für all die »nutzlosen« Pflanzen und Tiere des Waldes. Die Abnahme der Häufigkeit vieler Waldarten unter den Schmetterlingen und anderen Insekten beruht also im Grunde auf den gleichen Faktoren, die auch das Leben im Offenland maßgeblich beeinflussen: Wachstumsbeschleunigung und -verdichtung durch Überdüngung und Vereinheitlichung des Bewuchses.

Grenzlinien in den Fluren, ein tragendes Netzwerk

An dieser Stelle ist ein Rückgriff auf den erstgenannten Unterschied zwischen Stadt und Land angebracht. Denn es waren die Kleinstrukturen in der noch nicht flurbereinigten Landschaft, die bis über die Mitte des 20. Jahrhunderts hinaus den hohen Artenreichtum auf den Fluren gewährleistet haben. Ackerraine und Heckenränder blieben offener, sonniger und weniger dicht bewachsen als die Felder, weil die Bauern darauf achteten, Mist und Jauche möglichst nur auf das Feld selbst auszubringen, wo die Nutzpflanzen die düngende Nahrung brauchten. Den Böden wurde über die Ernte noch mehr an Nährstoffen entzogen, als mit der herkömmlichen Düngung zurückkam. Raine und Ränder, Hecken und Triften waren daher nicht annähernd so »wüchsig« wie das, was als symbolhafter Restbestand die Flurbereinigung überlebte und der jetzt mitgedüngt wird. Das engmaschige Netzwerk der Ackerraine blieb sonnig und trocken.

Und es bildete Grenzen; Strukturgrenzen. Sie förderten die Artenvielfalt. In der wissenschaftlichen Ökologie ist ihre Bedeutung als Grenz- oder Randeffekt bekannt. Habitatgrenzen bilden Gradienten, natürlicherweise. Solche Gradienten gibt es nicht mehr, wo nur noch eine tiefere Ackerfurche zwei Flurstücke voneinander trennt oder die benachbarten Nutzflächen einfach direkt aneinandergrenzen, weil die eine mit Mais und die andere mit Weizen ohnehin zum selben Betrieb gehört. Nur wo sich die Landschaftsstruktur der Vereinheitlichung widersetzt, wie auf den Fluren der Schwäbischen und Fränkischen Alb und in einigen anderen Gebieten Mitteleuropas mit sehr variablem Geländerelief, bleiben Grenzlinieneffekte erhalten. Tatsächlich haben sie und das Bergland im engeren Sinne bislang am wenigsten Arten verloren. Verhältnismäßig, aber nicht absolut, wie die Auswertungen für ein Naturschutzgebiet bei Regensburg gezeigt haben. Dr. Andreas Segerer und seine Mitautoren stellten dies beim Vergleich der früheren Artenzahlen mit den gegenwärtigen fest: Die Artenzahl der am Tag fliegenden Schmetterlinge sank von 117 um 1840 auf 71, also um knapp 40 Prozent, obwohl die Hanglagen nicht bewirtschaftet wurden.

Zu diesem starken Rückgang des Artenbestandes gibt es ein ganz entsprechendes Gegenstück in nordwestdeutschen Befunden, die in der sogenannten Krefeld-Studie zusammengefasst sind. Dort wurde seit den frühen 1990er Jahren die Insektenhäufigkeit mit einer anderen Methode (Seite 239) erfasst und ein Rückgang von mehr als 70 Prozent ihrer Biomasse festgestellt – in Naturschutzgebieten! Die weitgehende Übereinstimmung entspricht dem ökologischen Prinzip, dass zuerst die Mengen abnehmen und dann immer mehr Arten ganz verschwinden. In den Untersuchungen zu den Lichtanflügen am Ortsrand zur Flur hatte es fast gleiche Verhältnisse gegeben mit einer durchschnittlichen Abnahme der Artenzahl um die Hälfte (Grafik 8) und einem Mengenverlust von über 80 Prozent. Der Rückgang der Schmetterlinge fand zweifellos großräumig statt. Erfasst wurden davon auch Schutzgebiete und abgelegenes, nicht sonderlich intensiv bewirtschaftetes Gelände. Großräumige Bilanzen in reich strukturierter Landschaft ergeben zwar geringere, aber dennoch überraschend große Veränderungen im Artenspektrum. So stellte Walter Sage für Südostbayern fest, dass seit Mitte der 1990er Jahren 73 Schmetterlingsarten aus dem Gebiet ganz verschwunden sind, 19 rar und 92 Arten deutlich seltener geworden sind, 117 Arten sehr selten vorkommen und als gefährdet gelten müssen, aber nur für acht eine leichte Zunahme festzustellen ist und 13 Arten durch Arealausweitung neu in die Region gekommen sind.

Für eine Gegend mit viel Wald, Auwäldern, großen Gewässern, Naturschutzgebieten und lockerer Besiedlung in klimatisch günstiger Lage sind dies ähnlich erschreckende Bilanzen wie für den Insektenrückgang gemäß der Krefeld-Studie und der Abnahme der tagfliegenden Schmetterlinge bei Regensburg. Mit Abstand am stärksten zum Rückgang der Schmetterlinge tragen die großen Agrarflächen bei, die Börden und Gäuböden oder wie sie auch immer regional genannt werden. Sie sind die Verödungsgebiete der Natur, nicht die Großstädte. Wiederum gilt Entsprechendes für die Wälder. Gibt es darin viele Biotopstrukturen in Form von Hängen, Schluchten, Bergrücken oder Gewässern und ist auch ihr Baumbestand artenreich, hat sich das Artenspektrum der Schmetterlinge weitgehend erhalten. Sind sie jedoch einförmig an Arten und im Alter des Bestands, wie viele Forste des Flachlandes, betrifft auch sie der Artenrückgang. Die Parallele zu den (Groß-)Städten ist offensichtlich.

Nachverdichtung und Ausgleichsflächen

Je größer die Städte, desto reicher sind sie an Strukturen. Im Verlauf des letzen halben Jahrhunderts gewannen sie durch bessere, verstärkt an der Lebensqualität der Menschen orientierte Stadtplanung. Die Behandlung von Stadtparks, innerstädtischen Waldstücken und Gewässern wurde auf die Erholungsfunktion ausgerichtet. Von übermäßiger Pflege wurde zunehmend Abstand genommen; auch weil damit Kosten verringert werden. Beträchtliche Flächen in den öffentlichen Grünanlagen werden nicht mehr im Zustand englischer Rasen gehalten und vielfach im Jahreslauf gemäht. Blumenwiesen dürfen sich entwickeln; Schmetterlinge darüberfliegen. Allerdings hat in den letzten zehn bis fünfzehn Jahren eine gegenläufige Tendenz eingesetzt, die Nachverdichtung. Noch vorhandene, nicht genutzte, aber öffentlich zugängliche Freiflächen werden zugebaut, damit die böse Stadt nicht noch mehr vom guten Land mit ihrem Wachstum überwuchert und auffrisst.

International denkt man längst anders. Jeder Stadtbewohner sollte auf kurze, zu Fuß zu bewältigende Distanz Zugang zu öffentlichen Grünflächen haben. Für London und andere Großstädte sind entsprechende Festlegungen getroffen und neue Freiflächen geschaffen worden. Offenbar hängt nur Deutschland der längst widerlegten Ideologie an. Lebensqualität der Stadtbewohner wird der Erhaltung von Maisfeldern geopfert. Offenbar gehört es zur Grünen Ideologie, dass die Stadt schlecht zu sein hat und das wieder werden muss, sollte sie sich zu gut entwickelt haben. Ein höchst bedeutsamer Nebeneffekt der verordneten Nachverdichtung ist der exorbitante Anstieg der Bodenpreise. In Städten mit hohem Zuzugsdruck sind sie nicht mehr bezahlbar, außer es investieren Großkonzerne. Noch vorhandene Freiflächen wurden zu sprudelnden Geldquellen für die Stadtkämmerer. Kaum eine Stadt kann sich aus finanziellen Gründen leisten, bebauungsfähiges Land ungenutzt zu erhalten. Auch ein Effekt der Politik der Nachverdichtung, der zu denken geben sollte.

Die Nachverdichtung folgt dem gleichen Muster, das draußen auf dem Land die Konzentration zu großen, einheitlichen, planwirtschaftlich genutzten Flächen geführt hat. Kleinstrukturen wurden vernichtet durch die Flurbereinigungen, die Feldflächen durch Zusammenlegungen vergrößert, vereinheitlicht und ihre Nutzung stark intensiviert. Lediglich über die sogenannten Ausgleichsflächen kommt es zu einer Verminderung der Bewirtschaftungsintensität. Allerdings in immer noch viel zu geringem Umfang.

Die Idee, die hinter den Ausgleichsflächen steht, ist gut. Größere, die Artenvielfalt und Abläufe in der Natur beeinträchtigende Veränderungen (»Eingriffe«) sollen Flächen ausgleichen, die der Natur vorbehalten bleiben. Und nicht bewirtschaftet werden. Zusammen mit Naturschutzgebieten und der ökologischen Landwirtschaft sollen sie ein Gegengewicht zu den von der konventionellen Landwirtschaft verursachten Verlusten bilden. Ob ihr »Gewinn« für die Artenvielfalt die Verluste durch die Nachverdichtung in den Städten kompensiert, ist allerdings sehr fraglich. Denn der innerstädtischen Verbauung fielen und fallen außerordentlich artenreiche Biotope zum Opfer. Nirgendwo sonst gibt es einen so hohen Artenreichtum auf kleinen Flächen wie auf brach liegendem Gelände fern der landwirtschaftlichen Intensivnutzung.

Quantitative Gesichtspunkte kommen hinzu. Der gesamte Siedlungsraum nimmt in Deutschland etwa 12 Prozent der Landfläche ein. Die landwirtschaftlichen Nutzflächen bringen es auf 52 Prozent. Davon werden aber nur wenige Prozent, zwei oder drei vielleicht, ökologisch in einer Weise bewirtschaftet, dass sie die Artenvielfalt wirklich fördern. Die Flächen der Ausgleichsmaßnahmen liegen im Promillebereich. Gehen also beispielsweise für die Nachverdichtung in den Städten zwei Prozent ihres Flächenanteils verloren, müssten auf den landwirtschaftlichen Nutzflächen draußen mehr als zwei Prozent Zugewinn an Natur den Ausgleich dafür bilden. Realistisch? Gewiss nicht, denn die Nachverdichtung ist nicht ausgleichspflichtig; ebenso wenig wie die Intensivierung der landwirtschaftlichen

Bodennutzung. Ausgleich ist lediglich bei Baumaßnahmen zu leisten, die in den Bereich des Verkehrs fallen. Also bei Straßenbauten, Bahnhöfen, Flugplätzen und dergleichen. Sogar dann sind noch Ausgleichsmaßnahmen zu tätigen, wenn die Baumaßnahme selbst die Verhältnisse in der Natur verbessert und keine wirtschaftliche Nutzung mit ihr verbunden ist. So muss der Ausbau eines früheren, streckenweise völlig verlandeten Seitenarmes des Inns für den dauerhaften Durchfluss mit der Neupflanzung von Bäumen kompensiert werden, weil auf den nur noch bei sehr starken Hochwassern durchfluteten Strecken Bäume und Buschwerk aufgewachsen waren. Dass im erneuerten Gewässer eine Fülle von Tier- und Pflanzenarten nunmehr (wieder) leben wird und Fische Wandermöglichkeiten bekommen haben, die vorher durch die Stauanlage verwehrt waren, zählt da nicht. Dass derart unsinnige Bestimmungen mehr bremsen als förderlich wirken, liegt zwar auf der Hand, wird aber nicht zurechtgerückt. So entsteht der Eindruck, es geht mehr darum, von den Trägern der Baumaßnahmen Geld zu bekommen oder diese zu Ausgaben zu zwingen, die von Teilen der Öffentlichkeit abgelehnte Projekte verzögern oder verunmöglichen sollen. Der Artenschutz wird auf diese Weise instrumentalisiert.

Jedenfalls wäre es für die Menschen in den Städten weitaus besser, nicht die innerstädtischen Freiflächen zuzubauen, sondern notwendige Neubauten auf die Maisfelder an der Peripherie zu verlagern. Dies würde Lebensqualität erhalten und natürliche Lebensvielfalt fördern. Städte sollten dem Muster des organischen Wachstums folgen und periphere Zentren unter Vermeidung von Überdichte in den Kernen herausbilden können. Fraktale Strukturen erweisen sich nicht nur im mathematisch-physikalischen Modell als überlegen. Auch Kolonien von Tieren und dichte-abhängige Entwicklungen in der Pflanzenwelt folgen diesem Muster. Ganz von selbst kommt dabei Vielfalt zustande; auch Artenvielfalt.

Um es nochmals zu betonen: Auf einem gut angelegten Parkplatz eines Supermarkts am Siedlungsrand können ungleich mehr Tiere und Pflanzen leben als auf gleicher Fläche, die intensiv agrarisch genutzt ist. Nicht durch Bau- und Siedlungstätigkeit fanden die großen Verluste an frei lebenden Tieren und wild wachsenden Pflanzen statt. Ihr Anteil unter den Verursachern der »Roten Listen gefährdeter Arten« liegt kaum erfassbar niedrig. Ob es uns Naturschützern gefällt oder nicht, Bau- und Siedlungstätigkeit können wir nicht verantwortlich machen für bezifferbare Anteile an den Verlusten von Artenvielfalt und dafür, dass Vögel oder Säugetiere, Schmetterlinge und andere Insekten verschwinden. Sogar Maßnahmen von Natur- und Umweltschutz verursachen mehr Verluste als Bau- und Siedlungstätigkeit. Im Wesentlichen hängt es von Art und Intensität der Bewirtschaftung ab, wie viel vom verbliebenen Rest an Artenvielfalt noch überlebt. Die strukturellen Gegebenheiten bilden dazu die beschränkenden Rahmenbedingungen. Auch das bleibt allzu oft unberücksichtigt.

»Ernährungszustände« der Landschaften

Intensiviert wird die Wirkung der Bewirtschaftung durch Düngung und den Einsatz von Giften. Wie bei der Betrachtung der Stadt ausgeführt, scheidet sie in dieser Hinsicht ungleich besser als das Land ab. Die Überdüngung, der das Land ausgesetzt ist, liegt im deutschlandweiten Durchschnitt bei über 100 Kilogramm Reinstickstoff pro Hektar und Jahr. Aber doppelt bis zweieinhalbmal so viel häufen sich in den Intensivregionen von Ackerbau und Massenviehhaltung an. Da bezüglich des Eintrags aus der Luft Land und Städte etwa gleichen Mengen ausgesetzt sind, zählt für den Vergleich im Wesentlichen, wie viel Gülle und Mineraldünger auf die Flur kommen. Das ist so viel, dass es nährstoffarme Verhältnisse auf dem Land praktisch nirgendwo mehr gibt. Werden solche künstlich durch Bodenabtrag geschaffen, reichern sich dennoch mit der Zeit Nährstoffe an und erzeugen ein Phänomen, das vor einem halben Jahrhundert noch etwas Besonderes war, inzwischen aber Normalzustand ist: Eutrophierung. Dieser Fachausdruck meint ein über den tatsächlichen Bedarf der Vegetation hinausgehendes Ausmaß an Nährstoffverfügbarkeit. Das Gegenstück, die Oligotrophie (von altgriechisch oligo – wenig, gering, klein), ist ein ausgesprochen selten gewordener Zustand der Böden auf dem Land. Denn auch wenn sie nicht direkt gedüngt werden, erhalten sie auf dem Luftweg so viel Nährstoffzufuhr, dass sich die Nährstoffarmut nicht hält. Das müsste nicht so sein.

Unsere Gewässer waren bis in die 1970er Jahre durch Einleitung ungeklärter Abwässer eutroph geworden. Im Klartext hieß das, sie waren stark bis katastrophal verschmutzt. Mit vielen negativen Folgen, insbesondere was die Nutzung des Wassers als Trinkwasser betraf. Viele Seen und Flüsse eigneten sich nicht mehr zum Baden, Fische starben. Die unmäßige Einleitung von Abwässern musste beendet werden. Dies ging nur über eine entsprechende Reinigung in Kläranlagen mit hohem Wirkungsgrad. Milliarden wurden in die Abwasserreinigung investiert. Sie gilt zu Recht als besondere und erfolgreiche Umweltschutzleistung. Mit merkwürdigen Folgen allerdings, die seit Jahren höchst ungewöhnliche Schlagzeilen machen. Die Seen seien zu sauber geworden! Die Erträge der Fischerei gehen stark zurück. Aus Sicht der Erwerbsfischerei ist die Forderung, die Seen wieder mehr zu düngen, zwar verständlich, aber dennoch unrealistisch. Denn zugunsten einiger weniger Nutzer kann und darf die Wasserqualität, die mit so hohem, auch finanziellem Einsatz verbessert wurde, gewiss nicht wieder verschlechtert werden. Wasserqualität hängt mit dem Gehalt an Nährstoffen zusammen. Die beste Qualität ist erreicht, wenn nichts mehr darin lebt. Dann lässt sich das Wasser unbedenklich trinken. Das ist ganz folgerichtig erklärtes Ziel der Abwasserreinigung. Zu erreichen ist es nicht. Weil von der Reinigung über Kläranlagen nur die menschlichen Abwasser betroffen sind, nicht aber die von der Landwirtschaft produzierten, die Gülle. Wie bereits ausgeführt übertrifft ihre Menge die der häuslichen Abwasser um ein Mehrfaches. Die davon ausgehenden Belastungen treffen hauptsächlich das Grundwasser und die Bäche in den Fluren.

Der günstigste und letztlich auch vernünftigste Zustand läge in der Mitte, im ausgeglichenen Verhältnis zwischen Verfügbarkeit und Nutzung der Nährstoffe. Das ist der mesotrophe Zustand (von altgriechisch meso – mittel, mittig). Ließe er sich für eine längere Zeitdauer einstellen, blieben die Gewässer und die Böden produktiv, und das Grundwasser würde nicht belastet. Doch er ist ein Durchgangs- oder Übergangszustand. Langfristig stabil sind nährstoffreich, eutroph, und nährstoffarm, oligotroph. Mit den Böden verhält es sich genauso.

Jahrhundertelang entzog ihnen die Landwirtschaft mehr Nährstoffe, als sie über Stallmist und Jauche wieder zurückgab. Die Böden magerten aus. Die Erträge gingen zurück. Die »gute alte Zeit« des in der Natur so außerordentlich artenreichen 19. Jahrhunderts war meist eine Hungerzeit. Millionen Menschen sahen sich in Deutschland und in anderen Regionen Europas dazu gezwungen auszuwandern. Ohne Kunstdünger ließ sich das Defizit nicht beheben. Die Landwirtschaft war nicht in der Lage, die im Zuge der Industriellen Revolution stark anwachsende Bevölkerung zu ernähren. Dieser Mangel in den Böden hielt bis in die Zeit nach dem Zweiten Weltkrieg an. Erst in den 1970er Jahren wurde die Unterversorgung der Böden mit Masseneinsatz von Kunstdünger in Deutschland ausgeglichen. Für ein paar Jahre aber nur und im groben Durchschnitt. Denn wie bei den Seen und Flüssen ließ sich die Balance des mesotrophen Zustands nicht halten. Es dauerte nicht einmal ein Jahrzehnt, dann war dieser für die gesamte Umwelt günstigste Bereich weit überschritten. Der eutrophe Zustand war erreicht. Und stabil geworden. Seither bewegt sich die Umsetzung der Nährstoffe in den Böden auf (viel zu) hohem Niveau. Trotz hohem Entzug durch ertragreiche Ernten kommt mehr zurück. Mit entsprechenden Verlusten ins Grundwasser, dessen Qualität mit zunehmender Düngung stark abnimmt.

Weithin kann dem Grundwasser nicht mehr direkt Trinkwasser entnommen werden. Oder es eignet sich für lange Zeit überhaupt nicht mehr dafür. Bei der geringen Geschwindigkeit, mit der sich Grundwasserkörper erneuern, hält sich ihr gegenwärtig so stark belasteter Zustand noch viele Jahrzehnte. Für ein Ausmagern der Böden, zumal wenn es schwere, lehmhaltige sind, dürften sie Jahre bis Jahrzehnte gar nicht mehr gedüngt werden. Dieser Umstand macht die Umstellung der Betriebe auf Bioproduktion auch so schwer. Die Folgen der Überdüngung für die Tier- und Pflanzenwelt wurden von Umwelt- und Naturschutz zu spät erkannt, obgleich sie wissenschaftlich längst erforscht und klar bewiesen sind. Die Landwirtschaft wehrt sich dagegen, dies anzuerkennen und Gegenmaßnahmen einzuleiten. Neuen Wasserschutzgebieten wird ein ähnlicher Widerstand entgegengesetzt wie dem Bau von Autobahnen. Die Eutrophierung der Fluren verlief zwar ähnlich wie die der Flüsse und Seen, jedoch weit weniger öffentlich, weil sich die davon verursachten Veränderungen nur nach und nach zeigten. Konkret blieben sie unsichtbar, wie die Vergiftung der Umwelt mit dem Insektizid DDT in den 1960er Jahren.

Das Verschwinden der Maikäfer

DDT wurde auch in Deutschland angewandt. Gewiss nicht in dem Maße wie in tropischen und subtropischen Gebieten, aber doch auch zur Bekämpfung von Schadinsekten. Massenvermehrungen von Schmetterlingen, deren Raupen die Wälder schädigten, machten auch hierzulande Probleme. Als Insektenvernichtungsmittel kam DDT in unterschiedlichster Weise zum Einsatz. Doch war es auch verantwortlich für den Zusammenbruch der Maikäferbestände. Bis Ende der 1970er Jahre herrschte in Südostbayern wie überall in den wärmeren Regionen Mitteleuropas ein dreijähriger Maikäferzyklus, in den kühleren brauchten die Maikäfer ein Jahr länger, bis sie zum Massenflug um die Wende zum Mai oder in der ersten Maihälfte fertig waren. Der Schwärmflug setzte bei entsprechend warmem Frühlingswetter in den Abendstunden ein. Meist dauerte er nur zwei oder drei Abende. Die Käfer waren bereits im vorausgegangenen Herbst aus den Puppen geschlüpft, hatten aber in ihrer Erdhöhle den Winter und das Frühjahr zugebracht, bis die zunehmende Erwärmung des Bodens Ende April das Signal setzte. Diese Temperatursteuerung ermöglichte das gleichzeitige Ausfliegen.

Überall stiegen dann in unserem Garten und auf den angrenzenden Wiesen gegen Sonnenuntergang die großen braunen Käfer brummend auf und drehten Flugrunden, bis sie einen Baum oder ein Gehölz ansteuerten, das sich gegen ihren Horizont als Silhouette abhob. Bevorzugte Ziele waren Kastanien, deren Blätter sich gerade entwickelten. Aber auch Erlen und andere Bäume mit frischem Grün steuerten sie an. Und fraßen daran. In manchen Flugjahren war der Fraß so stark, dass die Bäume die erste Blattgeneration nahezu komplett verloren. War die Witterung im April anhaltend kühl, zögerte sie das Ausfliegen der Käfer hinaus, und das junge Laub der Bäume hatte sich bereits etwas weiter entwickelt. Die Maikäfer galten als Schädlinge. Bekämpft wurden sie auf eine in der Rückschau geradezu naiv anmutende Weise. Schulkinder wurden am Beginn des Unterrichts hinausgeschickt zu den Bäumen, um Maikäfer zu schütteln und einzusammeln. Verfüttert wurden die Käfer an die Hühner, die es im Dorf in großer Zahl und natürlich freilaufend gab. Die Eier schmeckten dann seltsam nussig. Und da der Schwärmflug nur an einigen wenigen Abenden stattfand, meinte man allgemein, diese Maikäferbekämpfung sei erfolgreich gewesen. Zwei Jahre lang gab es danach keine Maikäfer mehr oder höchstens vereinzelt welche, die ziellos umherflogen.

Im dritten Frühjahr kamen sie wieder. An ihren Mengen hatte sich nichts geändert. Es wiederholte sich die Übung von vor drei Jahren. Mit den gleichen Resultaten. Die Maikäferlarven, die Engerlinge, brauchen so lange, bis sie mit ihrer Entwicklung fertig sind. In einem oder in zwei Jahren schaffen sie das nicht. Die Ursache des dreijährigen Zyklus war der Landbevölkerung offenbar nicht bekannt. Der Maikäfer selbst aber war der bekannteste Käfer; der Käfer schlechthin. Seine Larven, vor der Verpuppung dicke fette cremeweiße Engerlinge mit brauner Kopfkapsel, vernichteten in den Gärten so manche Pflanze, weil sie deren Wurzeln abfraßen. Wirkungen zeigten sich auch bei den Gräsern, wenn größere Flächen braun wurden, ebenfalls durch Abfressen der Wurzeln. Doch als die Maikäferflüge so schlagartig endeten, dass nach dem letzten großen Flugjahr 1978 nur noch vereinzelt welche und dann ab Mitte der 1980er Jahre keine mehr kamen, irritierte dies doch. So selten werden oder gar aussterben hätten sie auch nicht sollen, die Maikäfer. Das Lied »Es gibt keine Maikäfer mehr« von Reinhard Mey machte die Runde. Veröffentlicht hatte er es schon 1974. Da zeichnete sich bereits weithin das Verschwinden der Maikäfer ab. Sie kamen nicht wieder. Die Feldmaikäfer *Melolontha melolontha* um genauer zu sein, denn der nahe verwandte Waldmaikäfer *Melolontha hippocastani* fliegt immer noch in seinem drei- oder vierjährigen Rhythmus, wo es ihn gibt.

Seinen Lebensraum bilden aber nicht die offenen Fluren und Gärten, wie beim Feldmaikäfer, sondern lichte Laubwälder. Beide müssen daher klar auseinandergehalten werden. Reinhard Mey sang gegen die Parkhäuser, gegen das Wuchern der Städte mit ihren Veränderungen an, nicht ahnend, dass sein Lied in anderem, viel größerem Zusammenhang Bedeutung erlangen würde. Doch warum verschwanden die Feldmaikäfer? Warum zu jener Zeit und warum traf es den ansonsten so zum Verwechseln ähnlichen Waldmaikäfer nicht? Und was für ein Zusammenhang besteht zum Verschwinden der Schmetterlinge?

Die Maikäfer-Engerlinge ernähren sich von Wurzeln. Deshalb kann große Häufigkeit auch Schäden verursachen. Wurzeln als Nahrung sind aber nicht sonderlich ergiebig, die Entwicklung der Engerlinge dauert daher mehrere Jahre. Wurzeln sind auch nicht leicht zu verdauen. Deshalb brauchen die Engerlinge Mithelfer, symbiotische Spaltpilze, die aus der an Zucker und Zellulose reichhaltigen, aber ansonsten sehr dürftigen Nahrung Besseres machen. Dennoch reicht der Gehalt an Proteinen nicht, um die geschlüpften Käferweibchen in die Lage zu versetzen, Eier in der für erfolgreiche Fortpflanzung nötigen Menge zu entwickeln. Beim sogenannten Reifefraß an den jungen Blättern holen sie sich die restlichen Proteine. Er ist auch Voraussetzung für die Paarung der Maikäfer. Deshalb der Schwärmflug zur genau passenden Zeit, wenn ergiebiges frisches Grün vorhanden ist. Diese Voraussetzungen für eine Maikäferbrut unterstreichen die Zwänge, die sich aus erfolgreichen Anpassungen ergeben. Erfolg schränkt die Freiheiten ein. Ähnlichkeiten zu den Gespinstmotten sind offensichtlich.

Aber es geht noch um einen weiteren, dort nicht erkennbaren oder gar nicht vorhandenen Effekt, um die Symbiose mit Mikroben, die an der Verwertung der Nahrung mitwirken. Wird sie beeinträchtigt, bricht das komplexe Beziehungsgefüge zusammen. Nun gibt es aber Hinweise, die genau dies zumindest stark vermuten lassen. In der Landwirtschaft waren damals neue Wurzelschutzchemikalien gegen Pilzbefall eingeführt worden. Fungizide haben eine besonders große Bedeutung im Pflanzenschutz, weil Pilzerkrankungen oft viel größere Ausfälle und Ertragsverluste verursachen als alle anderen Schädlinge. Gleichzeitig fand der Umbruch der Wiesen zu Ackerland in den 1970er Jahren statt. Und es kam zum verstärkten Einsatz von Dünger, speziell von Gülle, mit der seither die Fluren kurzzeitig massiv überschwemmt werden. Nicht aber die Wälder, schon gar nicht die lichten Laubwälder. Sie sind weder von Wurzelschutzchemikalien noch von den Fluten der Gülle betroffen. Und es kam auch zu keinen größeren Flächenverlusten. Lichte Wälder auf eher mageren Böden wachsen zudem nicht so dicht und üppig wie dicht geschlossene Forste in niederschlagsreichen Regionen mit entsprechend starker Düngung aus der Luft.

Die Unterschiede in den Reaktionen beider Maikäferarten lassen sich damit verständlich machen. Der Zusammenbruch der Feldmaikäfer passt in die Phase des Übergangs in die Überdüngung. Diese macht zudem die Böden kälter. Das Schwärmen kann dadurch aus dem Rhythmus kommen. Weil das Wärme-Signal nicht mehr gleichzeitig auf großer Fläche wirkt. Spekulationen? Ja gewiss, aber begründete. Das ergibt sich aus einer gleichlaufenden Entwicklung bei Schmetterlingen. Insbesondere sogenannte Wurzeleulen, wie die große *Apamea monoglypha*, die auch »Wurzelfresser« genannte Große Grasbüscheleule, deren Raupen gelegentlich an Getreidewurzeln schädlich geworden sein sollen, wie im »Koch« vermerkt ist, brachen in ihren Häufigkeiten im Lichtanflug am Ortsrand parallel zu den Feldmaikäfern ein. In der Stadt und in größeren Orten hingegen blieb der Wurzelfresser in üblichen Häufigkeiten vorhanden. Auch die Feldmaikäfer überlebten bisher im Siedlungsbereich. Hier verursachen sie keine Schäden. Vielleicht deutet sich sogar die Tendenz zu einer Erholung ab. So ließen sich die Befunde vom (sehr warmen) Mai 2018 deuten. Doch das wäre verfrüht. Die kommenden Jahrzehnte erst werden zeigen, ob die Maikäfer zurückkommen oder ob erkennbare Häufungen wie 2018 nur der Gunst der Witterung zuzuschreiben sind und ohne Nachwirkungen bleiben.

Wendezeit für die Landwirte – die 1970er Jahre

Zurück in die Endzeit der großen Maikäferflüge: Etwa ein Jahrzehnt lang hatten die Fluren noch Puffer in Form der Defizite, die sich über die Jahrhunderte in den Böden aufgebaut hatten. Doch viel hilft viel, war das Motto der Düngung. Praktiziert wurde sie nicht nur auf den Feldern, die für den hohen Bedarf und die Massenproduktion angelegt und von der Flurbereinigung vereinheitlicht worden waren, sondern durchaus auch privat in den Gärten. Nitrophoska, der Stickstoff-(Nitro-)Phosphor-Kalium-Dünger, der diese Hauptbedarfsstoffe für das Pflanzenwachstum in darauf abgestimmtem Verhältnis enthielt, war das Wundermittel, das alles sprießen und, wie es umgangssprachlich heißt, ins Kraut schießen lässt.

Die Ernteerträge stiegen. Rasch überstieg die Produktion den Bedarf. Getreideberge, in der Tierhaltung Butterberge, Milchseen und Schweinefleischberge charakterisierten den Wechsel zur Überschussproduktion, die teuer verwaltet und verschachert werden musste, um zu verhindern, dass die Preise verfielen. Ein Teufelskreis war in Gang gesetzt: Durch Konzentration der Betriebe auf wenige, zunehmend nur eine Feldfrucht und Vergrößerung der Produktionseinheiten wurden die Kosten gesenkt, aber gleichzeitig die Konkurrenz untereinander umso mehr verstärkt. Die Überschüsse ließen sich nicht auf den Bedarf abstimmen. Die Folge war das Bauernsterben. Immer mehr Landwirte mussten aufgeben, weil ihre Flächen zu klein waren, um dem Konkurrenzdruck standzuhalten und die enormen Kosten für die Maschinen und die Monokulturen zu tragen. In nur 30 Jahren bis zur Jahrtausendwende waren an die 90 Prozent der Bauern wegselektiert. Die restlichen 10 Prozent überlebten als Unternehmer, weil sie flächenbezogene Subventionen vom Staat bzw. vom EU-Agrarhaushalt erhalten. Das ist staatlich gelenkte Planwirtschaft. Im Prinzip hat die Gesellschaft den Landwirten bereits mehrfach ihr Land abgekauft.

Und was ist mit den Giften? Diese Frage wird man gewiss mit wachsender Ungeduld einwerfen. Denn es kann ja wohl nicht sein, dass die großen Verluste an Schmetterlingen und anderen Insekten allein der Überdüngung zuzuschreiben sind. Diese kritische Zwischenfrage ist berechtigt, gleichwohl schwer zu beantworten, weil hierzu viel zu wenig geforscht und geprüft wird. Meist muss aus Vergleichen geschlossen werden. So betrifft der Rückgang der Schmetterlinge, wie bereits ausführlich dargelegt, sehr stark den Ortsrandbereich, nicht aber die randfernen Zonen. Dieser Befund lässt sich nur so verstehen, dass die Spritzmittel mit ihren Giften über die Zielflächen hinaus wirken. Die Anflughäufigkeiten nachtaktiver Schmetterlinge am Ortsrand gingen besonders stark im Juni zurück, nämlich um 89 Prozent verglichen mit den 1970er Jahren, als noch gänzlich ungespritzte Wiesen angrenzten. Im Juli und August sanken die Häufigkeiten nicht so stark. Insgesamt kam ein Rückgang um 75 Prozent zustande. In weit genug vom Ortsrand entfernten, größeren Gärten und in der Großstadt gab es hingegen keine Häufigkeitsabnahmen, und auch ihr Artenreichtum blieb unverändert.

In Stadt und Gärten sind heute zwar auch solche Arten von Schmetterlingen vertreten, die früher auf den Fluren lebten. Wäre dem nicht so, würden die Roten Listen der gefährdeten Arten um Hunderte Schmetterlingsarten länger sein. Aber selbstverständlich kommen sie im Siedlungsbereich nicht in solch großer Menge wie damals vor, als der Hauptzuflug von der Flur her kam, weil die innerörtlichen Flächen dafür schlicht zu klein sind. Eine Giftwirkung über die damit behandelten Flurstücke hinaus ist daher sehr wahrscheinlich. Es sollte also nicht allein überprüft werden, wie viel von den in der Landwirtschaft eingesetzten Pflanzenschutzmitteln ins Grundwasser gerät, sondern auch, was auf angrenzende, nicht gespritzte Flächen und in die Bäche gerät und welche Mengen in die Ortschaften getragen werden. Der bezeichnende Gestank verrät oft genug, dass dies der Fall ist.

Die Krefeld-Studie

Wie sehr die Naturschutzgebiete betroffen sind, hat die Krefeld-Studie aufgezeigt. In der zweiten Jahreshälfte von 2017 wurde sie in noch nie da gewesener Intensität in der Öffentlichkeit diskutiert. Sogar in die Koalitionsvereinbarungen der sich neu formierenden Bundesregierung fanden die Befunde Eingang. Das Bewusstsein, dass es so nicht weitergehen darf, steigt: Um über 70 Prozent hat die Insektenhäufigkeit seit den 1990er Jahren abgenommen, obgleich die Erfassungsstellen in Naturschutzgebieten und auf nicht landwirtschaftlich genutztem Gelände lagen. Dieser Rückgang kann nur über die kombinierte Wirkung von Düngung und Giften verstanden werden. Die Düngung, die vor allem auf dem Eintrag aus der Luft beruht, verstärkte das Pflanzenwachstum und verursachte als Haupteffekt kältere und feuchtere Lebensbedingungen im bodennahen Bereich. Das drängte die Arten zurück, die Wärme und Sonne benötigen. Andere, die mit erhöhter Wüchsigkeit der Pflanzen zurechtkommen und deshalb eigentlich häufiger geworden sein sollten, glichen die Verluste nicht aus. In der Krefeld-Studie ging es um die Masse der Insekten, genauer um ihre Biomasse, das Lebendgewicht. Dieses, nicht ihre bloße Anzahl, hat um fast drei Viertel abgenommen.

Besser gedüngte Biotope hätten mehr Insekten erzeugen sollen, also deren Masse in den Fangmengen ansteigen lassen müssen, weil die geschützten Gebiete, in denen die Untersuchungen durchgeführt wurden, nicht landwirtschaftlich genutzt wurden. Doch die Mengen gingen trotz starker Schwankungen von Jahr zu Jahr und Unterschieden zwischen den einzelnen Fallenstandorten auf rund ein Viertel zu Beginn der 1990er Jahre zurück. Da es sich bei den Standorten der Malaise-Fallen um ziemlich offenes Gelände handelte, waren die davon erfassten Insekten auch weitgehend diesem Typ von Lebensräumen zuzuordnen. Arten dichter Wälder können mit derartigen Reusen-Fallen, wie es die Malaise-Fallen sind, nicht so gut erfasst werden. Sie sind im Prinzip wie Fischfangreusen gebaut. Anfliegende Insekten geraten in ein weit offen stehendes »Tor« und werden in der sich verengenden Anlage aus feinem, festem Netzwerk immer weiter nach hinten geleitet, bis sie am hintersten obersten Ende in die eigentliche Fangstelle geraten, einen mit Konservierungsflüssigkeit gefüllten Behälter. Die Insekten werden von Zeit zu Zeit entnommen, nach Arten oder Gruppen bestimmt und – im Fall der Krefeld-Studie – genau gewogen und damit ihr Gesamtgewicht, ihre Biomasse, festgestellt.

Die Mitwirkung von Giften aus verwehten Pflanzenschutzmitteln, die in der Umgebung eingesetzt wurden, wird somit sehr wahrscheinlich. Aufschlussreich wäre, zu erfahren, ob und wie sich die Zusammensetzung des Artenspektrums der von den Malaise-Fallen erfassten Insekten in diesem Vierteljahrhundert geändert hat.

Die Befunde der Umgebung von Krefeld stimmen weitestgehend mit den Ergebnissen meiner Untersuchungen im gut 500 Kilometer entfernten Südostbayern überein. Zeitlich decken sie den Zwischenbereich der zweiten Hälfte der 1990er Jahre bis 2013 ab, in dem meine Erfassungen auf München konzentriert waren. Ökologisch ergänzen sie die Krefelder Befunde für Naturschutzgebiete im direkt landwirtschaftlich genutzten Offenland. Bezüglich ihrer Ergebnisse liegen sie daher etwa in der Mitte zwischen dem extrem starken Rückgang der Insekten in der intensiv genutzten Agrarlandschaft und dem moderaten Schwund in Wäldern. Fügt man den Siedlungsbereich an, kommt eine ziemlich komplette Serie mit Absturz zur Flur hin zustande: Weitgehend stabile Bestände in der Großstadt, geringere Häufigkeiten in kleineren Orten, starke Verluste außerhalb, auch in Schutzgebieten, und nur noch minimale Restbestände an Insekten in der intensiv konventionell genutzten Agrarlandschaft. So bizarr es auch wirken mag: Nicht die Großstadt ist das Ende der Natur, sondern das Maisfeld.

Subventionssystem ohne Ausstiegsmöglichkeit

Doch warum eigentlich sollte dies verwundern? Auf den landwirtschaftlichen Nutzflächen wachsen Mais, Raps, Weizen oder was auch immer und sonst nichts. Pflanzen, die seit jeher ins Ackerland hineindrängten, waren Unkräuter. Sie wurden mit der Hacke, mit Maschinen und schließlich mit Gift bekämpft. Tiere, die von den Nutzpflanzen leben (können), sind Schädlinge. Auch sie werden mit Gift bekämpft und auszurotten versucht. Verbleiben diesen Arten, die einst die Fülle des Tier- und Pflanzenlebens auf den Fluren ausgemacht haben, keine Raine, Wegränder und andere Restflächen mehr, verschwinden sie. Das ist alles ganz logisch. Niemand muss verwundert reagieren, schon gar nicht die Landwirtschaft, denn Erträge zu maximieren war und ist ihr Ziel. Mit ihrer finanziellen Förderung hat die Gesellschaft diese Entwicklung sanktioniert. Wer bereit ist, Geld auszugeben, damit Gift und Gülle in Massen eingesetzt werden können, wird zwangsläufig mit diesem Ergebnis konfrontiert.

Die Planwirtschaft im Agrarbereich verschlingt Milliarden um Milliarden an öffentlichen, gewiss anderweitig besser eingesetzten Mitteln. Wiederum muss ich betonen, dass dies überhaupt keine neuen oder gar neuartigen Erkenntnisse sind. Die Politik weiß seit den 1970er Jahren Bescheid. Zu Lösungen kam sie nicht. Die Flickschusterei wechselnder Förderungen mit all ihren Fehlschlägen und Folgekosten wird auf die Steuerzahler abgewälzt. Das gelingt, weil diese ihre Steuerlast den einzelnen staatlichen Ausgaben nicht zuordnen können. Alles geht zunächst in einen Topf. Daraus wird verteilt. Die Öffentlichkeit bekommt billige Nahrungsmittel, obgleich diese tatsächlich wesentlich mit Steuergeld vorfinanziert sind. Ein Drittel davon landet im Abfall. Sie sind also viel zu billig! Für Trinkwasser bezahlen wir doppelt, weil dessen kostspielig zu beseitigende Verunreinigung vorher subventioniert wurde. Das System hat Züge von Parasitismus angenommen. Die davon Betroffenen bemerken zu wenig, weil ihnen das wirkliche Geschehen ungemein geschickt verschleiert wird.

Es war für die Verursacher ein besonderer Glücksfall, dass der Klimawandel entdeckt und als vermeintliche Ursache aller Änderungen entlarvt worden ist. Seither gibt es keine Schuldigen mehr, weil alles dem Klima oder, wenn die Veränderung wirklich nichts mit dem Wetter zu tun hat, dem globalen Wandel zugeschoben wird. Climate Change & Global Change sind die beiden Zauberworte, die verdecken, was nicht ruchbar werden soll. Ausgerechnet die großen Naturschutzorganisationen bedienen sich am umfassendsten dieses Mittels, um das Geschehen in der Natur zu erklären. Nach den wirklichen Ursachen und ihren Verursachern wird kaum noch gefragt. So ein Vorgehen ist billig, gleichwohl nicht zu billigen. Noch weniger akzeptabel ist, wenn in althergebrachter Weise gegen die Feinde von früher weitergekämpft wird, auch wenn das nichts bringt. Das Ausweichen auf den Klimawandel mindert die Verpflichtung, Gründe und Wirksamkeit der (geforderten) Maßnahmen hier und jetzt zu beweisen. Erhoffte Ergebnisse liegen in zu ferner Zukunft. Ob der Klimawandel unsere Schmetterlinge begünstigen oder viele von ihnen vernichten wird, kann auch das beste Modell nicht vorhersagen, weil seine Ergebnisse davon abhängen, welche Annahmen hineingesteckt werden.

Naturschutz und Naturfreunde

Was hier und jetzt geschieht, bedarf keiner Modelle. Die Auswirkungen sind klar und allgemein sichtbar. Doch lieber führen die Naturschutzverbände Stellvertreterkriege gegen »fremde Arten« und streiten mit ihren klassischen Feinden, Straßenbau etwa, über das Landschaftsbild verändernde Baumaßnahmen, als dass sie ihre Kraft und ihr politisches Gewicht gegen die Hauptverursacher des Artensterbens richten würden, die industrialisierte Landwirtschaft. Die Naturschutzgesetze richten sich ohnehin nicht gegen die Verursacher. Sie treffen, so paradox es klingt, nahezu ausschließlich die Naturfreunde, denen nahezu alles verboten ist. Fast wollte man meinen, dass sie die Hauptverursacher der Artenverluste sein müssten. Bei unvoreingenommener Analyse der Schutzbestimmungen muss der Eindruck entstehen, dass die Naturfreunde, die unmittelbar an Tieren und

Pflanzen Interessierten, von der Natur ferngehalten werden sollen. Damit sie kein Unheil darin anrichten. Doch in den Jahrzehnten, in denen das deutsche Naturschutzgesetz schon gilt und von EU-Verordnungen erweitert und ergänzt worden ist, wurden die geschützten Schmetterlinge nicht häufiger, aber die »Roten Listen der gefährdeten Arten« länger. Weil die Schutzbestimmungen den benötigten Schutz nicht bewirken. Es sind eben nicht so viele so böse Naturfreunde hinter Schmetterlingen her, dass ihre Bestände abnehmen.

Der staatliche Naturschutz ist den Nachweis schuldig geblieben, dass Artengefährdungen von den Menschen ausgehen, die sich für Schmetterlinge und andere Insekten interessieren, die Sammler mit eingeschlossen. Doch anders als Vögel, die sich ohnehin auf Distanz durchs Fernglas besser beobachten lassen, weil sie durch die intensiven Nachstellungen, denen sie ausgesetzt waren und vielfach immer noch sind, sehr scheu wurden, muss man Insekten zum Kennenlernen und genaueren Studieren fangen. Sonst bleibt es bei vagen Zuteilungen wie »Biene«. Um welche der Hunderte Arten von Wildbienen, die es bei uns gibt, es sich handelt, verrät auch kein Blick durch ein Nahsicht-Fernglas. (Ein solches, das auf knapp einen Meter Entfernung scharf gestellt werden kann, benutzte ich vielfach zu Schmetterlingsbeobachtungen. Voraussetzung ist aber, dass ich die betreffenden Arten bereits sicher genug kenne!) Gefahr durch Sammler wird einfach angenommen. Das ist nicht zuletzt deswegen reichlich verkehrt, weil es die Sammler und ihre Sammlungen (gewesen) sind, die über Vorkommen und Häufigkeit der Schmetterlinge informieren; auch und gerade über die Verhältnisse in früheren Zeiten bis weit ins 19. Jahrhundert zurück. Ohne die Privatsammlungen gäbe es die großen Sammlungen in den Museen nicht. Die Naturschutzbehörden hätten keine Basis für die Einstufung der Arten in »Rote Listen«. Doch ausgerechnet gegen die Sammler hat man die Gesetze und Verordnungen so ausformuliert, so dass sie die davon letztlich allein Betroffenen geworden sind.

Wer Wildbienen und ihre Vorkommen erforschen will und diese zur genauen Artbestimmung kurz fangen muss, benötigt eine naturschutzrechtliche Ausnahmegenehmigung, weil alle Wildbienen geschützt sind.

Damm, total gemäht. Nichts ist den Schmetterlingen geblieben, denen die Dammpflege angeblich nützen soll. Hummeln fliegen an den Dämmen am Inn nur noch in weniger als einem Zehntel der Häufigkeit der 1970er Jahre, als noch keine »Pflegemaßnahmen« durchgeführt wurden

Nicht einmal durch unsachgemäße Anwendung von Giften in der Landwirtschaft getötete Insekten darf man ohne vorherige Ausnahmegenehmigung mitnehmen, so es sich um »geschützte Arten« handelt, um diese auf die abbekommenen Giftmengen untersuchen zu lassen. Ackern die Landwirte entlang der Flurstraßen ganze Kolonien solcher Wildbienen weg, obwohl dies öffentlicher Grund und nicht ihr eigener ist, oder tätigen Wasserwirtschaftsämter Baumaßnahmen an Dämmen, bei denen Zigtausende von Nestern der Wildbienen vernichtet werden, hat dies keine Konsequenzen. Solche Eingriffe liegen außerhalb des Wirkungsbereichs der Artenschutzverordnungen. Unbedeutende Einzelfälle sind dies gewiss nicht. Beispiele kann jeder, der entsprechend aufmerksam draußen unterwegs ist, in hoher Zahl feststellen. So vernichtete der Ausbau der Dämme entlang des Inns zum internationalen Fernradweg riesige Kolonien von Sand- und Erdbienen, ohne dass der Naturschutz einschritt. Viele seltene Käfer und Schmetterlinge waren ebenfalls betroffen. Die Wildbienenverluste gingen in die Hunderttausende, wenn nicht in die Millionen. Hummeln und Schmetterlinge fallen seither Jahr für Jahr den Pflegemaßnahmen zum Opfer, weil anscheinend blühende Blumen an den Dämmen die Sicherheit der Radfahrer beeinträchtigen könnten.

Die verheerende Wirkung kommunaler Pflegemaßnahmen

Die Lage ist tatsächlich schlimm. Pflegemaßnahmen entlang von Straßen aller Art, auf Verkehrsinseln und anderen kommunalen Flächen treffen die derzeit nahezu besten Lebensräume von Schmetterlingen, Wildbienen und raren Käfern geradezu verheerend, weil zu früh, zu oft und zur falschen Zeit gemäht wird. Manchmal, wie 2018 an einer Bundesstraße in Südostbayern geschehen, bereits Ende April. Da blühten gerade erste Blumen am Straßenrand. Wen sie an der Sicht behindert oder wie sie sonst die Verkehrssicherheit beeinträchtigt haben sollen, bleibt unerfindlich. Kaum hat sich die Vegetation davon wieder einigermaßen erholt, kommt der nächste Schnitt. Schlimmer noch als auf den Mähwiesen draußen ist es oft eine Totalrasur, die tiefer geht und die Bodenoberfläche mit anreißt.

Schaffen es Tiefwurzler, wie die so wunderschön himmelblau blühende Wegwarte, dann doch wieder auszutreiben und im Juli ihre Blütensterne zu öffnen, muss auch dieses Verkehrshindernis von zwei Handbreit Höhe sogleich entfernt werden. Blumen am Straßenrand, womöglich bis zum Maisfeld, das als wirkliches und mitunter durchaus todbringendes Sichthindernis an den Straßen aufwachsen darf, weil die Landwirtschaft alle Privilegien genießt, Blumen am Straßenrand sind untragbar geworden. Zu dieser Schlussfolgerung muss man kommen. Es sei denn, es geht gar nicht um Verkehrssicherheit, sondern um den Einsatz teuerer Maschinen, deren Anschaffung sich rechnen soll. Darum, dass Firmen damit beauftragt wurden, die Pflegemaßnahmen durchzuführen, wenn sie gerade die Maschinen dafür frei haben. Das sind keine Kinkerlitzchen. Bei den vielen Millionen Kilometern, die das deutsche Straßennetz lang ist, und den Mengen von Verkehrsinseln, Autobahn-Seitenbereichen und Böschungen sowie den innerörtlichen Freiflächen in öffentlicher Hand summiert sich das zu

Flächengrößen, die wahrscheinlich die unserer Naturschutzgebiete übertreffen.

Es ist überhaupt nicht einzusehen, dass diese aberwitzige Pflege durchgeführt und auch noch mit öffentlichen Mitteln, also Steuergeldern, bezahlt wird. Oder dass Staat und Kommunen Flächen in Verkehrsinseln für die Entsorgung von Gülle freigeben. Diese Massivdüngung erhöht zwangsläufig die Intensität des Mähens stark und macht aus den Verkehrsflächen landwirtschaftliche Nutzflächen. Gegen diesen Widersinn kann gar nicht heftig genug gewettert werden, weil es eben nicht allein die Landwirtschaft ist, die Insekten vernichtet. Selbstverständlich orientiert sie sich am Ertrag ihrer Fluren und nicht daran, wie viele Schmetterlinge es darauf gibt. Flächenmäßig steht die Landwirtschaft zwar als Artenvernichter mit weitem Abstand an erster Stelle. Aber an zweiter Stelle folgen die Pflegemaßnahmen. Deren staatlich und kommunal sanktionierte Naturvernichtung ließe sich nahezu vollständig vermeiden, weil keine Erträge damit erwirtschaftet werden müssen. Als echte Pflege, die beispielsweise verhindert, dass sonnig-offene und damit insektenreiche Flächen verbuschen und zuwachsen, müsste sie nur gelegentlich durchgeführt werden; aus naturgegebenem Anlass und nicht weil die gerade freien Mähmaschinen eingesetzt werden müssen.

Die Landwirtschaft erwartet, dass die Öffentlichkeit zusätzlich dafür bezahlt, wenn sie einen schmalen Randstreifen ihrer Felder entlang von Wirtschaftswegen nicht vergiftet, so dass dort einige Wildpflanzen aufkommen und den Anschein erwecken können, es gäbe doch noch Vielfalt in der Flur. Abgesehen davon, dass die immense öffentliche Subventionierung der Landwirtschaft selbstverständlich auch die Pflicht beinhalten sollte, ordentlich, d. h. nicht die Natur, das Grundwasser und die Luft belastend oder diese Grundgüter schädigend zu wirtschaften, ist es geradezu absurd, gleich neben solchen Blühstreifen das Blühen am Straßenrand mit Pflegemaßnahmen zu vernichten. Wie so oft geben Staat und Kommunen kein gutes Beispiel für die Bevölkerung, sondern das denkbar schlechteste. Auch was den Einsatz von Gift betrifft. Wer kann verstehen, dass unter Brücken von Bundesautobahnen kein Grashalm wachsen darf und alles Grün mit

Kaisermantel, seine Raupen benötigen Waldveilchen als Futterpflanzen, die Falter Blüten, die Nektar liefern. Beides vernichtet die »Straßenrandpflege« im Staatsforst. Himbeergesträuch als Alternative kann in den modernen Rückegassen nicht mehr aufkommen

massivem Gifteinsatz unterbunden wird, auch wenn, wie bei Brücken meist üblich, darunter ein Fluss fließt, in den Starkregen das Gift einspülen können. Man muss wirklich kein Fachmann für Brückenstatik und Straßenverkehr sein, um die Notwendigkeit der Totalvergiftung des Bodens unter Autobahnbrücken in Frage stellen zu können. Gewiss ist dies nicht der einzige Bereich, in dem öffentlich unnötig Gift eingesetzt wird. Um die aufkommende Vegetation kurz zu halten, würde auch unter Autobahnbrücken ein einmaliges Mähen pro Jahr genügen.

Geradezu unfassbar ist, dass sogar im Staatsforst die Ränder der Forststraßen regelmäßig gemäht werden. Ende Juni/Anfang Juli werden dabei genau die Pflanzen vernichtet, an denen viele Raupen der Waldschmetterlinge leben, sofern sie nicht als Baumschmetterlinge an Bäumen und Sträuchern vorkommen. Die Falter und insbesondere die Hummeln verlieren die unentbehrlichen Nektarquellen. Seltene, geschützte Pflanzen wie der Türkenbund werden gleich mit wegrasiert. Welcher Art von Verkehrssicherheit solche Pflegemaßnahmen dienen sollen, kann sich wohl auch kein Forstmann zusammenreimen. Die riesigen Holzernter behindern Blumen am

Waldwegrand gewiss nicht. Und da sie die Forststraßen stark ramponieren, weil sie das ganze Jahr über im Einsatz sind, müssen die Forststraßen ohnehin alljährlich einen neuen Belag bekommen. Oft werden dabei die Straßenränder mit Schubraupen vegetationsfrei geschoben. Das frühsommerliche Mähen vieler Kilometer Forststraßenränder kostet Geld; in diesem Fall wiederum öffentliche Steuermittel. Das Fehlen von Blumen und Schmetterlingen entlang der Forststraßen mindert den Naturgenuss und den Erholungswert; Aspekte, die der Staatsforst laut Forstgesetz zu berücksichtigen hätte.

Privatgärten, so die vielfach geäußerte Forderung, sollen natürlich giftfrei sein oder dies endlich werden. Sie sind die einzigen Lebensräume, die ihrer Gesamtfläche nach wirklich bedeutsam sind für das Überleben zahlreicher Schmetterlingsarten. Auf der intensiv landwirtschaftlich genutzten Flur haben sie so gut wie keine Chancen mehr. An den Straßenrändern und auf den übrigen kommunalen Flächen dürfen sie nicht leben, weil deutschtypische Sauberkeitsvorstellungen offenbar dagegenstehen. Wie groß der Mangel an Naturverständnis geworden ist, drückt sich auch darin aus, dass kleine Flächen, die vor dem Mähen bewahrt werden sollen, Schilder bekommen mit der Aufschrift »Hier wächst eine Blumenwiese«. Mit farbigen Bändern werden sie eingezäunt. Solche Mini-Flächen müssen offenbar der kommunalen und staatlichen Verkehrswegepflege abgerungen werden, obwohl die Verordnungen die Rücksichtnahme auf die Belange des Naturschutzes vorschreiben. Auch in unseren Wäldern verschlechtern sich die Lebensbedingungen für Schmetterling & Co. kontinuierlich, wenn auch weniger schnell als auf den Fluren. Deshalb bekommen wir draußen fast nur noch Kohlweißlinge und Pfauenaugen als Repräsentanten der Welt der Schmetterlinge zu Gesicht. Und ein paar Wanderfalter dazu.

Das Ende der Nacht – die Rolle der Lichtverschmutzung

Ein Einwand könnte noch kommen, die nachts aktiven Schmetterlinge betreffend. Er lautet: Aber was ist denn mit der Lichtverschmutzung? Unsere Zeit hat die Nacht aufgehellt. Millionen und Abermillionen Lampen leuchten vom Abend bis tief in die Nacht hinein oder ganz durch bis zum Morgen. Das Licht zieht die Insekten an. Niemand kann auch nur annähernd abschätzen, wie viele Schmetterlinge der nächtlichen Beleuchtung zum Opfer fallen. Sicher ist, dass in den Städten die Fledermäuse davon profitieren, Insekten von den Straßenlaternen angezogen und dort versammelt zu bekommen. Zieht das Licht möglicherweise sogar viele Insekten von den Fluren in die hell erleuchteten Städte ab?

Vermutungen dieser Art erscheinen nicht abwegig. Zahlreiche Untersuchungen an Wasserinsekten haben längst bestätigt, dass es diesen Effekt gibt. Man kennt ihn, seit elektrisches Licht verwendet wird. An Fluss- und Seeufern kann die Straßenbeleuchtung Wasserinsekten, die in der Abenddämmerung schwärmen, in solchen Massen anlocken, dass die Straße darunter von einem schlüpfrigen Brei aus Insektenkörpern bedeckt wird. Insbesondere Eintags- und Köcherfliegen, aber auch große Zuckmücken gehören zu diesen schwärmenden Wasserinsekten. Im Kleinformat wird gegenwärtig Insektenvernichtung mit Lichtanlockung in Supermärkten von Discountern zu Billigstpreisen angeboten und sicherlich auch verkauft. Dies geschieht ausgerechnet in einer Zeit, in der so sehr über den Rückgang der Insekten geklagt wird. Anscheinend sind die Geräte genehmigungsfrei, obwohl sie unselektiv töten. Insektenvernichtungsgeräte sind Verkaufsschlager. Verschiedene Discounter bieten Modelle unterschiedlicher Ausführungen an.

Zurück zur Frage, welchen Anteil die Lichtverschmutzung, wie sie inzwischen genannt wird, am Rückgang der Schmetterlinge haben könnte. Zweifellos sind die Straßen- und Gebäudebeleuchtungen insgesamt weitaus wirkungsvoller als die Kleingeräte zur Insektenvernichtung auf Terrasse und Balkon. Aber der weitaus größte Teil der Leuchtkörper ist nach wie vor nicht auf eine Lichtmischung umgestellt, die weniger als die übliche weiße auf die Schmetterlinge wirkt. Von der Annahme ausgehend, dass aus genau diesem Grund vergleichende Untersuchungen an nachtaktiven Schmetterlingen in der Stadt nichts bringen würden, fing ich erst rund ein Jahrzehnt, nachdem ich nach München an die Zoologische Staatssammlung gekommen war, mit dieser Methode an. Der allseitig lichtdicht abgeschlossene Innenhof der Schlossanlage von Nymphenburg schien mir geeignet, weil es darin gemäß dem natürlichen Tagesrhythmus abends dunkel wurde und dies die Nacht über blieb. Das Licht aus meinem Fenster, das ohnehin in Sommernächten das einzige erleuchtete war, dürfte sich nicht auswirken, da ich die Lampe direkt daneben platziert hatte. Das waren meine damaligen Überlegungen.

Der Anflug war überraschend in jeder Hinsicht. Für die Großschmetterlinge, also alles, was nicht zur Gruppierung der Kleinschmetterlinge gehört, die notorisch schwierig zu bestimmen sind, stellte ich zwischen 1981 und Anfang 1985 die unerwartet hohe Zahl von 230 verschiedenen Arten fest. Auch die Anflugmengen waren für die Großstadt erstaunlich hoch, wie ich meinte, auch wenn sie erheblich unter denen lagen, die damals noch am Rand des niederbayerischen Dorfes ans Licht kamen. Drei Jahrzehnte später zeigte sich jedoch, dass sie »das Land« übertrafen. Rückblickend bedauere ich sehr, dass ich nicht gleich nach dem Umzug der Zoologischen Staatssammlung in den Neubau in München-Obermenzing mit diesen Untersuchungen fortfuhr. Wiederum hatte ich angenommen, sie würden zu unergiebig sein, weil der neue Ort nicht von der Straßen- und Stadtbeleuchtung abgeschottet lag. Die nächsten Straßenlaternen leuchteten schon in 20 bis 30 Metern Entfernung. Es herrschten somit stadtübliche Lichtverhältnisse. Zu meinem großen Erstaunen fielen die Anflugergebnisse keineswegs schlechter aus. Die Mengen waren in etwa auf gleicher Höhe wie im lichtdicht abgeschlossenen Innenhof. Aber das Artenspektrum nahm stark zu; bei den Schmetterlingen, wie auch bei den übrigen nachtaktiven Insekten. Deren Vielfalt beeindruckte die Kollegen in der Zoologischen Staatssammlung sehr. Mitunter strapazierte ich sie wahrscheinlich, wenn ich immer wieder mit der Bitte um Bestimmungshilfe zu ihnen kam.

Der Supersommer 2003 brachte, wie bereits ausgeführt, Superergebnisse. Man könnte meinen, die Stadtbeleuchtung spiele keine Rolle; zumindest nicht, was die Lichtanlockung mit UV und die darauf reagierenden Insekten betrifft. Es gab in der üblichen, mir längst vertrauten Weise gute und schwache Anflugnächte, gerade so, wie es der Witterung entsprach. Im Spätherbst und im Vorfrühling mit langen, von Natur aus eigentlich dunklen Nächten flogen die auf diese Jahreszeiten spezialisierten Falter ans Licht, als ob überhaupt kein Unterschied in der Beleuchtung gegeben wäre. Frostspanner kamen in der von Kunstlicht erleuchteten Stadt sogar mehr als draußen am Land und das mit dem gesamten Artenspektrum, das für die Region zu erwarten war. Auch die Reaktion auf den Mond fiel gleichartig aus. Vollmondnächte sind ungünstig, Neumondnächte dagegen auch ohne Bewölkung günstig. Wolken und leichter Regen sind am besten, wolkenlose und windige Verhältnisse hingegen sehr schlecht. All dies ließe sich mit Messwerten belegen, die ich für jede Nacht genau mitnotiert hatte, nach der ich den Lichtanflug untersuchte. Nicht einmal auffälligere Verschiebungen in den Flugzeiten der verschiedenen Arten im Jahreslauf ließen sich im Vergleich zum Land feststellen.

Doch harren die Befunde zum Einfluss der Temperatur noch einer vertieften Auswertung. Im Hinblick auf die Diskussionen um die Folgen der Klimaerwärmung und die Modellrechnungen dazu könnten sie sich als recht aufschlussreich erweisen, weil die Daten bis 1969 zurückreichen. Die Lücke zwischen 1994 und 2002 war also unnötig. Sie ist ein Beispiel dafür, wie leicht man sich beeinflussen lässt von Meinungen, zumal von solchen, die sehr plausibel wirken. Diverse Kurzzeituntersuchungen an mehreren Stellen in der Stadt, die ich in dieser Zwischenzeit durchführte, hätten mich alarmieren müssen. Doch zu fest saß auch in mir das Vorurteil, der Insektenflug in der Stadt sei wegen der permanenten Flutung mit Kunstlicht gestört und bedeutungslos. Dass auf dem Gelände der Zoologischen

Staatssammlung viele Tagfalter flogen, war hingegen nicht zu übersehen. Deren Entwicklung verfolgte ich von Anfang an, also gleich nach dem Einzug 1985. Sie bot in mancherlei Hinsicht ein Lehrstück.

Unmittelbar beim Umzug gab es, von der Baumaßnahme stammend, sehr viel kiesigen Rohboden. Darauf entwickelte sich langsam ein äußerst artenreicher Bewuchs. Schmetterlinge kamen. Unter ihnen mehrere Arten von Bläulingen. Sie entwickelten rasch eindrucksvolle Bestände. Zeitweise waren sie so häufig, dass ein Gang über das (unterirdische) Bauwerk Dutzende von ihnen gleichzeitig auffliegen ließ. Doch in so »unordentlichem« Zustand sollte die Fläche nicht bleiben. Das war offenbar die Meinung der für die Baumaßnahme zuständigen Behörde. Das Gelände wurde eingesät mit der Geißraute *Galega officinalis*, einem zu den Schmetterlingsblütlern bzw. Leguminosen gehörenden Gewächs. Symbiotische Mikroben an den Wurzeln, Knöllchenbakterien genannt, versetzen diese Pflanzen in die Lage, Luftstickstoff zu binden.

Das macht sie sehr wüchsig auf mageren Flächen, so es dort ausreichend Wasser und mineralische Nährsalze gibt. Mit ihrem Wachstum düngen sie die Flächen ganz ähnlich, wie das früher die Kleefelder zur Bodenverbesserung für den Getreideanbau taten. In wenigen Jahren überwucherte die Geißraute das Gelände überall dort, wo durch die Baumaßnahme der Boden offen oder angerissen war. Daraufhin verschwanden die Bläulinge und andere Tagfalter. Ihr Lebensraum war durch diese Begrünungsmaßnahme vernichtet worden. Sie schlug gründlich fehl, weil die Geißraute viele Jahre bekämpft werden musste, um sie zurückzudrängen. Denn sie wucherte brusthoch in dichten Reinbeständen. Der unermüdlichen Freizeitarbeit von Wolfgang Schacht (†), Mitarbeiter an der Zoologischen Staatssammlung, war es zu verdanken, dass sie schließlich etwa ein Jahrzehnt nach ihrer Massenvermehrung auf unbedeutende Einzelvorkommen vermindert werden konnte. Nun erholten sich auch die Tagfaltervorkommen wieder. Das Mähen wurde auf ein Minimum beschränkt und nie gleichzeitig auf der ganzen Fläche durchgeführt, so dass immer ein genügend großer Restbestand für die Wiederbesiedlung vorhanden war.

Die Zoologische Staatssammlung wurde ein Zentrum der Artenvielfalt in der Großstadt mit einem Artenreichtum auf ihrem Gelände, der eines Naturschutzgebietes würdig wäre. Die Lichtanflüge entwickelten sich entsprechend. Magere Flächen mit lockerem, artenreichem Bewuchs, der Rest eines Wäldchens und vielfältige Strukturen, vorgegeben durch Baumbestände, Offenland, Hügel, Teich und Buschwerk sowie Einzelbäume an den Parkplätzen bieten die strukturellen Voraussetzungen für einen hohen Artenreichtum an Schmetterlingen und anderen Insekten. Menschenwelt und Natur fügen sich an solchen Stellen so gut ineinander, dass Zuversicht aufkommt. Die Artenvielfalt hat Chancen zu überleben; ein großer Teil davon zumindest, wenn ihr Überleben zugelassen wird. Wie an solchen Orten in der Großstadt. Die Geißrauten-Episode ist vorüber. Man hat hoffentlich daraus gelernt: Es sind meist die »Macher«, die allzu viel kaputt machen, weil es ihnen widerstrebt, natürliche Entwicklungen einfach zuzulassen und sie nötigenfalls nur sanft zu steuern. Das ist eines der Kernprobleme des Schmetterlingsschutzes.

Bilanz – ein Bündel von Ursachen

Die Schmetterlinge sind seltener geworden; viel seltener, als sie das noch vor einem halben Jahrhundert waren. Auf intensiv bewirtschafteten Fluren gibt es sie, wie auch andere Insekten kaum noch. Am besten gehalten haben sie sich in Gärten und großstädtischen Anlagen. Rückgänge fanden in den Wäldern statt. Und in Naturschutzgebieten. Das Ausmaß des Niedergangs ist unterschiedlich, und verschieden sind auch die Ursachen dafür. Der Hauptgrund, der überall wirkt, ist die Überdüngung. Sie verändert die Lebensbedingungen. Beteiligt sind sicher auch Pflanzenschutzmittel. In welchem Umfang, ist strittig und von Region zu Region auch unterschiedlich. Verluste an Strukturen in der Landschaft wirken sich stärker aus, als gemeinhin gedacht wird. Pflegemaßnahmen auf nicht landwirtschaftlich genutzten Flächen treffen viele Schmetterlingsarten. Sie müssten nicht sein, gewiss nicht in der Intensität und Gründlichkeit, mit der sie durchgeführt werden. Und dass sogar im Staatsforst die Straßenränder gemäht werden, wenn dort Blumen blühen, ist unfassbar. Der zurückgegangene Einsatz von Giften in Gärten und Parkanlagen kommt den Schmetterlingen zugute. Die Städte und größere Dörfer sind generell Rettungsinseln für sie geworden. Doch die Tendenzen zum pflegeleichten, unkrautfreien Garten beunruhigen, zumal wenn vegetationsfreie Kiesflächen oder Kunstrasen aus Plastik das Ziel sind.

Betrachten wir die Lage nun aus ökologischer Sicht. Hauptbefund: Die Schmetterlinge haben sehr viel Lebensraum verloren. Rund die Hälfte der gesamten Landfläche Deutschlands ist für sie unwirtlich geworden. Weil darauf Pflanzen wachsen, an denen sie nicht leben können und das auch nicht sollen. Grenzlinien zwischen unterschiedlichen Flächen sind seit den Flurbereinigungen stark zurückgegangen. Damit fehlen Gradienten im

Mikroklima, das durch die Überdüngung kälter und feuchter geworden ist. Daher haben die tendenziell wärmeren Sommer den Schmetterlingen in der Bilanz auch nichts gebracht; von einzelnen Jahren abgesehen, die nicht nachhaltig wirkten.

Auf die von der Klimaerwärmung verursachte, mehr oder minder deutliche Verschiebung der Jahreszeiten stellen sich die allermeisten Arten, wenn nicht alle, gut ein, weil sie auf dieselben Temperatursignale reagieren wie die Pflanzen. Mit dem Übermaß an Licht, das im Siedlungsbereich ihre Flugbedingungen beeinflusst, scheinen die nachts aktiven Schmetterlinge und andere Insekten auch besser zurechtzukommen als befürchtet. Wo sie unter halbwegs natürlichen Verhältnissen leben können, funktioniert die biologische Regulation ihrer Häufigkeiten. Die Parasiten und wahrscheinlich auch Krankheitserreger verhindern nach wie vor zu starke Vermehrungen. Die seltenen Massenvermehrungen bestätigen dies, denn sie brechen rasch wieder zusammen, ohne Schäden verursacht zu haben. Wo dennoch solche zustande kommen, wie in Forsten oder im Obstanbau, liegt es an zu großer Einheitlichkeit der Baumbestände. Sind diese genetisch sehr ähnlich oder als Klone praktisch gleich und auch gleich alt sowie in Reinbeständen gepflanzt, begünstigen sie die Massenentwicklung. Bekämpfungsmaßnahmen, insbesondere mit Gift, können das Gegenteil erreichen und den natürlichen Rückgang auf unbedeutende Häufigkeiten verzögern. Weil mit dem Gifteinsatz viele der übrigen Insekten getroffen werden, unter ihnen auch die natürlichen Gegenspieler, wie die parasitischen Schlupf- und Brackwespen und die Raupenfliegen.

Unzureichend erforscht sind noch immer die langfristigen Zyklen, die bei manchen Insekten, auch bei Schmetterlingen, vorkommen. Zwar gibt es Hinweise auf verschiedene Ursachen, aber was Zyklen von sieben, zehn oder mehr Jahren wirklich auslöst, ist so gut wie unbekannt. Daher kann es immer wieder ziemlich plötzlich zu Massenvorkommen bestimmter Schmetterlinge kommen, ohne dass dies ein Zeichen für die Erholung »der Schmetterlinge« wäre. Das gilt natürlich auch für die Wanderfalter, die in manchen Jahren in Massen einfliegen. Die Dynamik ist groß, außer sie wird mit Gift massiv unterdrückt. Ob dessen Einsatz wirklich nötig ist, sollte insbesondere landwirtschaftspolitisch weit stärker in Frage gestellt und offen diskutiert werden. Dass es ohne vorbeugenden Gifteinsatz zu Ertragseinbußen kommen kann, steht außer Frage. Aber die Anwendung von Gift verursacht Kosten und Umweltbelastungen. Zieht man diese von den erzielten Erträgen ab, ist sehr wohl vorstellbar, dass sich das Gift gar nicht lohnt und nur in Ausnahmefällen bereits anlaufender Massenvermehrungen von Schäden verursachenden Insekten nötig wäre. Doch da ein sicher nicht unwesentlicher Teil der öffentlichen Subventionen, die in die Landwirtschaft fließen, die Kosten der Pflanzenschutzmittel decken muss, stellt sich die Frage nach Sinnhaftigkeit und Notwendigkeit noch schärfer. Es wäre durchaus vorstellbar, anstatt die Subventionen so einzusetzen, sie vielmehr nur im Fall wirklich substanzieller Ernteausfälle zur Verfügung zu stellen, wie dies bei witterungsbedingten Schäden geschieht. Die negativen Folgen für die Natur würden dadurch ungleich schwächer ausfallen. Folgen, die weitreichend sind.

Das Verschwinden der Schmetterlinge und seine Folgen

Seit Jahrzehnten nehmen die Schmetterlinge ab. Auf den Fluren, die mehr als die Hälfte unseres Landes einnehmen, macht ihre gegenwärtige Häufigkeit vielleicht ein Fünftel der früheren aus, die vor dem großen Wandel in der Landwirtschaft vorhanden war. Meine Befunde aus Südostbayern stimmen mit vielen anderen überein, die Rückgänge feststellten. Am stärksten betroffen sind die Regionen mit großflächiger Intensivlandwirtschaft. Darin liegen die Stickstoff-Überschüsse in der Jahresbilanz nach wie vor um die 100 Kilogramm Reinstickstoff pro Hektar oder darüber. Aber das ganze Land, ganz Mitteleuropa, ist überdüngt, weil auf dem Luftweg Mengen an Nährstoffen eingetragen werden, die früherer Vollwertdüngung entsprechen. Nur sehr durchlässige, sandige Böden unterliegen nicht so stark dieser Nährstoffanreicherung. Am wenigsten wirkt sie an Oberflächen, wo Teerdecken und Beton die düngenden Niederschläge ablaufen lassen. Sie geraten dann allerdings über die Kanalisation in die Klärwerke, bei sehr durchlässigen Böden auch ins Grundwasser. Wälder halten am meisten zurück und können einen Großteil der Düngung aus der Luft direkt verwerten. In Seen, zumal in flachen, die sich im Sommer stark aufwärmen, begünstigt die Nährstoffzufuhr sogenannte Algenblüten.

Die Überdüngung ist also ein allgemeines, allerdings vom extremen Ausmaß an Gülle- und Kunstdüngereinsatz in der Landwirtschaft gewaltig verschärftes Problem. Ihre Signatur in Sedimenten und anderen Rückständen wird in ferner Zukunft unsere Zeit charakterisieren, wie die Einschläge großer Meteoriten, die global ihre Spuren hinterlassen. Seit Jahrzehnten machen Ökologen darauf aufmerksam. Die Ökologische Gesellschaft von Amerika publizierte 1997 eine Spezialbroschüre zur Veränderung des globalen Stickstoffkreislaufs durch die Menschen, die Ursachen und die Folgen.

Eine der Hauptfolgen bezahlen wir bereits sehr teuer, die Bereitstellung von qualitativ einwandfreiem Trinkwasser. Über die zweite große Auswirkung der industrialisierten Landwirtschaft, die Vergiftung von Böden und Rückständen der Gifte in Nahrungsmitteln wird gegenwärtig heftig diskutiert; wieder einmal. Dabei geht es vor allem um die Frage, ob die betreffenden, in mehr oder weniger geringen Mengen nachweisbaren Stoffe Krebs erregend sind. Oder anderweitig gesundheitsschädlich, wie das DDT. Dieses wurde schließlich nach heftigsten Auseinandersetzungen weitgehend verboten. Auch weil seine Nebenwirkungen viele Tierarten trafen, die nicht Ziel der Anwendung gewesen waren. Die amerikanische Meeresbiologin und Umweltaktivistin Rachel Carson hatte 1962 mit ihrem Buch »Der stumme Frühling« den Blick auf derartige Kollateralschäden gelenkt, die anfänglich ganz unbeachtet geblieben waren und verdrängt wurden, bis das nicht mehr ging. Zum »stummen Frühling« ohne Vogelgesang sollte es nicht kommen. Das war die einhellige Meinung der Natur- und Umweltschützer. Sie setzten sich durch. Die Schlacht schien gewonnen.

DDT wurde verbannt, jedoch nicht ganz aufgegeben. In den Tropen kam es weiter zum Einsatz. In Nordamerika und Europa folgten auf die dauerhaft giftigen, die persistenten Insektizide, die (rascher) abbaubaren und zielgenauer wirkenden Pestizide und Herbizide. Auch sie erwiesen sich wiederum nicht als die erhofften Wundermittel. Eines nach dem anderen musste verboten werden. Bis heute geht das so. Durch die Fixierung auf die Gifte geriet die Überdüngung aus dem Fokus. Die Folgen mechanischer Eingriffe, der Pflegemaßnahmen, wurden weitgehend übersehen. Dabei trafen diese die Schmetterlinge und andere Insekten gerade dort, wo die zumeist randlichen Flächen keiner direkten landwirtschaftlichen Bearbeitung unterliegen. Eigentlich sollten sie Schutz- und Erholungsgebiete für die Tier- und Pflanzenarten des Offenlandes sein. Erst als es auch in Schutzgebieten zu jenen starken Rückgängen der Insektenhäufigkeit kam, mit denen die Krefeld-Studie im zweiten Halbjahr 2017 Schlagzeilen machte, erinnerte man sich auch in Naturschützerkreisen an die Randstreifen und kommunalen Flächen. Längst sind die Verfahren zu deren Bearbeitung festgefahren, denn das, was Routine geworden ist, lässt sich schwer ändern.

Der Rückgang der Insekten provozierte vielfach Gegenfragen: Wozu brauchen wir denn die doch zumeist lästigen Krabbeltiere, speziell die Schmetterlinge? Dass Bienen nützlich und notwendig sind, weiß man ja. Aber Insekten?! Genug Schmetterlinge fliegen in den Gärten umher. Die meisten sind Motten und wie viele Insekten somit Ungeziefer. Man sollte froh sein, weniger von Stechmücken geplagt zu werden. Oder von Wespen. Und anderem, was einfach lästig wird oder sticht. Einzig das Bienensterben irritiert auch in der Landwirtschaft, weil Raps und Obstbäume von ihrer Bestäubung abhängig sind. Technische Minidrohnen als Ersatz gibt es zwar bereits in Prototypen. Serienreif sind sie noch nicht. Also muss man wohl zur Überbrückung doch noch Bienen in den nötigen Mengen erhalten. Fliegen aber gewiss nicht. Früher plagten sie das Vieh in den Ställen und draußen auf der Weide. Mit der Schwemmentmistung zur Gülle hat man ihnen den Mist als Entwicklungsraum für ihre Maden genommen. In modernen Viehställen haben Fliegen nichts mehr zu suchen. Aus Hygienegründen.

Ansonsten schadet eigentlich doch das ganze Insektenzeugs, das es früher auf den Feldern und Wiesen gab, den Nutzpflanzen. Gräser brauchen keine Insekten zur Bestäubung. Das erledigt bei ihnen der Wind. Selbst der wird nicht benötigt, denn zum Blühen sollen die meisten Gräser auf den Fettwiesen gar nicht kommen. Sie werden vorher gemäht; mehrfach im Jahr. Halmfliegen oder Halmwespen am Getreide bekämpft man, um Schäden zu vermeiden, wie auch viele Käfer, Wanzen und natürlich die Blattläuse. Ein Rückgang der Insektenhäufigkeit um 96 Prozent, wie er sich im Lichtanflug von der Flur her darstellt, ist doch genau das, was im Sinne der Landwirtschaft erreicht werden sollte. Und dass in nordwestdeutschen Naturschutzgebieten ein Schwund von 70 bis 80 Prozent seit den 1990er Jahren ermittelt wurde, braucht kein Grund zur Panik sein.

Die meisten Insektenarten fallen in die Kategorie der Schädlinge. Viele Schmetterlinge auch. Kohlweißlinge gibt es in den Gärten zu viele; immer noch. Das zeigt sich deutlich genug an den Fraßschäden am Kohl und anderen Gewächsen. Apfelwickler und Frostspanner gehören zu den echten Schädlingen im Garten- und Obstbau. Also prima, dass sie seltener geworden sind. Massenvermehrungen von Gespinstmotten müsste es auch nicht geben; von Eichen- oder Kiefernspinnern schon gar nicht, deren Raupen Haare tragen, die heftige allergische Reaktionen auslösen können. So etwa lassen sich die Entgegnungen zusammenfassen, mit denen ich bei Vorträgen und Diskussionen zum Insektensterben konfrontiert werde.

Machen wir uns also keine Illusionen. Es steht nicht allzu gut um die Insekten in der öffentlichen Meinung. Dass sie interessant sind und dass es insbesondere unter den Schmetterlingen wunderschöne Arten gibt, die zudem ganz harmlos sind, reicht für ihre generelle Verteidigung kaum. Die große Mehrheit betrachtet alles vom Standpunkt der Nützlichkeit. Schmetterlinge sollten daher wenigstens einen »wichtigen Beitrag« zur Bestäubung der Blüten von Nutzpflanzen leisten, um ihr Dasein zu rechtfertigen. Die wenigsten tun das. Sie entstanden nicht, um etwas für Menschen zu tun. Sie leben ihr Leben und nutzen die Möglichkeiten dazu, die vorhanden sind. Ob dies, wie in einigen wenigen Fällen für uns tatsächlich »nützlich« ist, stellt eine Wertung dar, keine Naturgegebenheit. Auch keine Vorgabe der Natur. Auch deren Personifizierung entspringt dem Denken der Menschen. »Die Natur« gibt es nicht. Wir müssen uns gedanklich einen Naturhaushalt konstruieren, wenn wir diesen verändern möchten. Vorgefertigt existiert ein solcher nicht. Die Naturprozesse laufen ab, wie sie laufen, und nicht, weil sie dies so sollen. Es gibt keine übergeordnete Instanz. Zu einer solchen möchten sich manche Menschen aber allzu gern aufschwingen. Westliches Denken gibt dieser Überheblichkeit Vorschub. Dies sollten wir bedenken, wenn wir Fragen nach der Notwendigkeit von Lebewesen, wie Schmetterlingen, stellen oder Antworten darauf zu geben versuchen, wie wir die Lebensvielfalt für die Zukunft sichern.

Wie können Antworten lauten? Eine gängige lässt sich recht klar formulieren: Schmetterlinge und andere Insekten sind von Bedeutung, weil Vögel von ihnen leben. Wie sehr diese Feststellung tatsächlich zutrifft, beweist der parallele Rückgang der Feldvogelarten. In der Europäischen Union haben ihre Bestände seit den 1990er Jahren um über die Hälfte abgenommen. In Deutschland macht der Schwund in den intensiv agrarisch genutzten Gebieten über 90 Prozent aus. Es gibt kaum noch Lerchen über den Feldern, Goldammern an ihren Rändern, Rebhühner und Wachteln und andere Arten auf den Fluren. Besonders stark betroffen sind die Wiesenvögel, weil das Grünland viel zu schnell und zu oft gemäht wird. Im Niedergang der Feldvögel wurde längst wahr, wovor Rachel Carson mit dem »Stummen Frühling« gewarnt hatte. Über allen Fluren ist Ruh, müsste es nun heißen.

Wer das Vogelkonzert im Frühling hören möchte, geht am besten in einen Stadtpark oder Stadtfriedhof. Denn auch in den Forsten schwinden die Vogelstimmen, und die einst so vielfältigen Lieder werden eintöniger. Raupen und andere Insekten sind Vogelnahrung. Nehmen diese ab, sinken zwangsläufig die Vogelbestände. Dass sie sich in den Großstädten allen darin zweifellos vorhandenen Belastungen zum Trotz auf hohem Niveau halten, spricht weniger für die Qualität der Städte, als dass es ausdrückt, wie miserabel die Lebensbedingungen auf den Fluren geworden sind. Am Beispiel der Lerchen lässt sich erläutern, wie paradox die Verhältnisse sein können. Die beste Möglichkeit, sie in Südbayern zu sehen, wenn sie im Singflug aufsteigen, bietet der Münchner Flughafen. An kaum einem anderen Ort vergleichbarer Flächengröße gibt es weit und breit so viele Feldlerchen wie dort. Nur zu hören ist ihr Gesang nicht sonderlich gut.

So weit, so unbefriedigend, was die Argumentation betrifft. Denn natürlich stellen manche die Anschlussfrage, wozu wir denn Lerchen und andere Vögel brauchen? Schwalben zum Beispiel, die extrem stark abgenommen haben. Wenn zu wenige Insekten fliegen, müssen diese nicht von Vögeln genutzt werden, um sie in Schach zu halten. Und es werden rund ums Mittelmeer weniger Zugvögel gefangen, wenn immer weniger durchkommen. Der Niedergang der Zugvögel wird vielleicht den scheußlichen Singvogelfang beenden. Eine Logik dieser Art ist unanfechtbar, wenn an ihrem Anfang die Nützlichkeitsfrage steht. Und sie trifft uns ins Mark, uns alle, die wir im Garten gezielt etwas anpflanzen und wachsen lassen, das wir nutzen wollen; sei es Gemüse oder Blumen. Auch wenn sich die Haltung da und dort zu ändern beginnt, müssen wir zugeben, dass die Gärten nicht für Insekten und Vögel angelegt wurden, sondern aus den persönlichen Bedürfnissen und Vorstellungen heraus. Es erfordert Überwindung, mitunter auch Überredungskunst oder die Bereitschaft, sich mit Nachbarn darüber zu streiten, im Garten wachsen zu lassen, was kommt und für die Insekten gut wäre. Gärten dürfen nicht verwildern, das ist nach wie vor eine weithin gültige Ansicht. Wahrscheinlich deshalb kamen kaum Reaktionen oder gar formierte Widerstände gegen die Pflegemaßnahmen an Böschungen, Straßenränderung oder auf öffentlichen Freiflächen zustande, auch wenn diese nicht zu Erholungszwecken genutzt werden und deswegen kurz geschorene Freiflächen gewünscht werden.

Das Nützlichkeitsdenken durchzieht alle Lebensbereiche. Es muss gezielt relativiert, besser noch ganz außer Kraft gesetzt werden, wenn sich wenigstens in gewissen Bereichen »die Natur« selbst entfalten können soll. Diese Leistung nennen wir dann »Kultur«. Sie lassen wir uns nicht nur etwas kosten, sondern sogar beträchtlich viel. Mit der Teilnahme am kulturellen Leben und seiner Förderung zeichnen wir uns selbst als kultiviert aus. Denn Kultur ist etwas, das über das rein Nützliche und Notwendige hinausgeht. Hubert Markl, der frühere Präsident der Deutschen Forschungsgemeinschaft und auch der Max-Planck-Gesellschaft, hielt daher Natur für eine Kulturaufgabe.

In dieser Sicht liegt die entscheidende Antwort auf die nicht selten bösartig gemeinte Frage, wozu wir Schmetterlinge brauchen. Wer ernsthaft so fragt, rechtfertigt die noch provokantere Rückfrage: Wozu brauchen wir eine Landwirtschaft, die so hochgradig industrialisiert ist? Längst geht es bei dieser gar nicht mehr um die partnerschaftliche Erzeugung der benötigten Lebensmittel in der gewünschten Qualität. Den Beweis für diese harte Feststellung liefert die Tatsache, dass doppelt so viele Bioprodukte in Deutschland gekauft wie im Land selbst produziert werden. Der Bedarf ist also gegeben. Doch von der Eigenproduktion wird er nur zur Hälfte gedeckt. Die deutsche Landwirtschaft produziert massiv für den Weltmarkt. In den vergangenen Jahrzehnten herrschte permanent Überproduktion. Zur Minderung der Überschüsse ist der Bevölkerung die Beimischung von Biodiesel aufgezwungen worden. Die Produktionsmengen waren am maximalen Ertrag ausgerichtet, nicht am Bedarf der Bevölkerung, die die Subventionen bezahlte. Zu Beginn des 21. Jahrhunderts wurde sogar Getreide als Biomasse verbrannt, weil die produzierten Mengen viel zu groß geworden waren, der Preis für Brotgetreide sank und daher mehr Erlös erzielt wurde, wenn es als Brennstoff verkauft wurde. Die ehedem vielfältige, auf den örtlichen Bedarf ausgerichtete bäuerliche Landwirtschaft fiel der Konkurrenz der industrialisierten Großbetriebe total zum Opfer. Ob dies sozial war, darf zu Recht bezweifelt werden. Subventionen sollten aber genau dies sein.

Wir können den Blick auch weiten. Brauchen wir Künstler, Konzerte, Denkmalschutz oder auch Wissenschaft, wenn es doch nur um die Nützlichkeit geht? In einer rein auf Profit ausgerichteten Welt sind sie Luxus und verzichtbar, wie die Lieder der Vögel und der Glanz auf den Flügeln der Schmetterlinge. Oder die Gedichte, die Schmetterlingsfreunde wie Hermann Hesse verfasst haben. Auch sie, die Literaten, die Lesegenuss und Anregung, Entspannung oder schöpferische Spannung vermitteln, braucht die profitorientierte Wirtschaft nicht. Gegen solche Haltungen müssen wir uns wehren; wir alle. Die Profiteure dürfen uns nicht vorschreiben, was es an Tieren und Pflanzen noch geben darf und an welchen Lebewesen wir uns zu erfreuen haben. Die virtuelle Welt der Bildschirme ist kein Ersatz. Ganz im Gegenteil: Wir sollten all jenen, die den Verzicht auf Natur auf den Fluren direkt oder indirekt fordern, die Subventionen entziehen. Sie leben von uns, nicht wir von ihnen. Auch wenn das gegenwärtige System dies verschleiert. Die industrialisierte Landwirtschaft ist weit entfernt von einer funktionierenden Symbiose, die wir aber benötigen. Denn nur wenn beide Partner gleichermaßen Nutzen daraus ziehen, wird das System von Dauer sein. Nutzt die eine Seite die andere zu sehr aus, ist sie zum Parasiten geworden. Diese Tendenz, die zweifellos vorhanden ist, dürfen wir nicht länger hinnehmen. Das ist, wenn Sie so wollen, verehrte Leserinnen und Leser, die Botschaft der Schmetterlinge.

Ihr Vorhandensein, ihre Schönheit und die Besonderheiten ihrer Lebensweise dürfen wir mit voller Berechtigung für einen hohen, politisch angemessen zu berücksichtigenden Wert halten. Wir haben es nicht nötig, auf der primitiven Basis des Nutzwertes zu begründen, dass wir nicht wollen, dass Schmetterlinge verschwinden, Vögel aussterben und draußen keine Blumen mehr blühen.

Was wir gegen das Verschwinden der Schmetterlinge tun können

Die industriell betriebene Landwirtschaft in absehbarer Zeit umweltverträglich machen zu wollen, ist zwar eine unbedingt zu verfolgende Zielsetzung, aber keine kurzfristig zu erwartende Option. Wie ein überladener Supertanker wird sie weiter Kurs halten, koste es uns, was es wolle. Wir bezahlen die Fahrt ja. Viele Landwirte werden aufgeben. Die Rahmenbedingungen zwingen sie ebenso dazu, wie Tausende Bauern in den vergangenen Jahrzehnten zur Aufgabe ihrer bäuerlichen Wirtschaft gezwungen worden sind. Als Skeptiker muss man davon ausgehen, dass so ein komplexes System, wie das der EU-Landwirtschaft, erst einmal zusammenbrechen muss, bevor es reformiert werden kann. Wie so eine Implosion abläuft, war 1990 beim Zusammenbruch der Sowjetunion mitzuverfolgen. Als Optimist wird man am Glauben an die Stärke der parlamentarischen Demokratie festhalten und auf die Reformen hoffen, die sie zuwege zu bringen imstande sein sollte. Nach dem Prinzip, die Hoffnung stirbt zuletzt. Deutlich günstiger sollte die Sachlage im kommunalen und staatlichen Bereich sein, zumal es da nicht um Profite geht, sondern sogar erhebliche Kosten eingespart werden könnten, wenn die übermäßige und unnötige Pflege aufhört. Die Erfahrung lehrt jedoch, dass auch solche Systeme nicht so leicht zu reformieren sind, wie man annehmen möchte. Vieles ist fest eingefahren und damit festgefahren. Wer bisher davon ausging, gute Arbeit geleistet zu haben, wird Änderungen Widerstand entgegensetzen, die die bisherigen Leistungen als schlecht einstufen. Und das umso mehr, als die Alternativen gegen den deutschen Sauberkeitswahn gerichtet sind. Unordnung zu hinterlassen, Wildwuchs zuzulassen, wenn auch nur für einige Zeit, widerstrebt dem deutschen Wesen. So zumindest das Klischee.

Noch problematischer wird es, wenn Gesetze und Verordnungen, die viele Jahre Gültigkeit hatten, in Frage gestellt und geändert werden sollen. So ein Ansinnen stößt auf das Diktum der Rechtssicherheit. Vorher war es so, und es war in Ordnung. Jetzt soll es anders werden. Dazu darf es nicht kommen. Diese Logik des Widerstands sitzt tief verankert in unserem Empfinden. Sie ist keine juristische Spitzfindigkeit. Juristen sind in anderer Weise gefordert, da sie sich notorisch schwer tun, die Natur und ihre Vielfalt so hinzunehmen, wie sie tatsächlich sind. Aus grundsätzlich verständlichen Gründen wollen sie alles in klar getrennten »Schubladen« unterbringen, damit keine Grauzonen von Übergängen entstehen.

Sogar die großen Naturschutzverbände handeln nach diesem Prinzip, einmal Erreichtes bloß nicht wieder abzuschwächen, und seien Änderungen auch noch so sinnvoll und bitter nötig. Sie ziehen es vor, ihre eigenen Aktivisten lieber in Grauzonen tätig werden zu lassen, weil es einfach unmöglich ist, sich für alles und jedes, was dem Naturschutz dient und das Wissen über Tiere und Pflanzen mehrt, vorher artenschutzrechtlich absichern zu lassen. Weil man nicht wissen kann, was kommt. Der zerfetzte Falter einer geschützten Art am Kühlergrill des Autos bleibt geschützt, obwohl er tot ist, und darf eigentlich ohne Genehmigung nicht einmal per Hand entfernt werden. Die Waschanlage ist davon ausgenommen; genauso wie das Gift, das geschützte Schmetterlinge tötet, wenn es legal in der Landwirtschaft oder im Garten eingesetzt wird.

Was aber macht man, wenn einem der Schillerfalter auf die Hand oder der Bläuling beim Sonnenbad auf den Busen fliegt? Die schier unendliche Reihe der Absurditäten, mit denen sich die Naturschutzbehörden genau genommen auseinandersetzen müssten, weil sie sich aus den Artenschutzbestimmungen juristisch so ergeben, soll hier nicht weiter aufgedröselt werden. Worum es geht, ist längst klar. Die Artenschutzgesetze und Verordnungen müssten entrümpelt und an die Realität angepasst werden. Oberste Leitlinie sollte sein, dass nur das ver- oder geboten wird, was nachweislich nötig ist und im Sinne des Schutzes etwas bringt. So eine vernünftige Lösung würde die Behörden massiv entlasten, die gewiss Wichtigeres zu tun haben, und allen Interessierten, angefangen von den Kindern bis hin zu den

Bürgerwissenschaftlern und zur Universitätsforschung ungleich besseren Zugang zur Natur und ihrer Vielfalt eröffnen. In der gegenwärtigen Situation muss man zu dem Schluss kommen, dass die extrem restriktiven Naturschutzgesetze den Verursachern der Verluste dienen, da sie die kritische Öffentlichkeit von ihrem Tun fernhalten.

Welche Position können in dieser Gemengelage Realisten einnehmen? Ich bin überzeugt, dass der Weg von unten nach oben gehen muss, von der Basis zu den Spitzen von Verbänden, Behörden und politischen Gremien. Ziel muss sein, dass sich die Öffentlichkeit wieder mehr für die Arten interessiert. Schönheit, Eigenart und Besonderheiten von Schmetterlingen, Käfern, Wildbienen und anderen Insekten sowie unserer Wildblumen sollten wir zum Ansatz nehmen, und nicht die Drohung mit dem Untergang, weil die eine oder die andere Art vom Aussterben bedroht ist. Die Ansätze der lokalen Naturschutzverbände und vieler Spezialisten aus dem Kreis der Bürgerwissenschaftler sind hier nicht hoch genug zu loben. Denn nur wenn die Kinder und Jugendlichen, die sich noch begeistern können, und die Erwachsenen, die so etwas wie Verantwortung für die Erhaltung der Lebensvielfalt in unserem Land verspüren, (wieder) direkt die Schmetterlinge bestaunen, das Leben ihrer Raupen mitverfolgen und darüber hinaus die Insekten und die ganze Tier- und Pflanzenwelt kennenlernen, erlangen sie kulturell den Rang, der dem Lebendigen um uns gebührt.

Begeisterung entsteht nicht über Distanz. Sie erwächst aus der Nähe. Die Raupe muss über die Hand krabbeln können, der große (»streng geschützte«!) Schwärmer an der Fingerspitze oder an der Brust hängen dürfen, um dadurch zum unmittelbaren Erlebnis zu werden. Wir müssen den Kindern auch sagen, warum über den Wiesen und Feldern keine Schmetterlinge mehr fliegen. Sie sollen wissen, woher es kommt, dass sie keine Lerchen mehr singen hören. Natur darf für sie nicht genehmigungspflichtig sein und ihnen ausgerechnet dort, wo sie eine Vielfalt an Tieren und Pflanzen noch erleben könnten, versperrt bleiben. Kinder sollen wieder spielen dürfen im Freien. Dafür braucht es unbebaute, halbwegs natürliche Flächen auch in den Städten und Zugang zum Land draußen, auf Wegen durch die Wiesen und in die Felder und natürlich auch in die Wälder.

»Betreten verboten« ist das schlimmste Schutzprinzip. Es sollte nur dort zur Anwendung kommen, wo es wirklich nötig ist, um empfindliche Arten vor Störungen zu schützen. Dort muss es dann auch für alle gelten; gleichermaßen und ausnahmslos. Wir sollten nicht länger hinnehmen, dass Naturschutzgebiete den an der Natur Interessierten den Zugang versperren, während Hunderte Angler freien Zutritt haben, sich an den Ufern im Schilf ihre Plätze zurechttrampeln oder mit Glyphosat pflanzenfrei machen und sogar mit Booten die Wasserflächen befahren dürfen, ob dies die zu schützenden Vogelarten stört oder nicht. Es kann auch nicht sein, dass Jäger eine Fütterung zur Anlockung von Wildschweinen auf Lichtungen im Naturschutzgebiet anlegen, auf denen seltene Schmetterlinge leben. Die Wildschweine wühlen den Boden um, verändern die Vegetation, die zudem vom ausgelegten Futter beeinflusst wird. Jäger und Wildschweine haben die Freiheit, die Naturfreunde nicht. Dagegen muss sich Widerstand von unten, aus der örtlichen Bevölkerung unter Führung kundiger Naturschützer formieren. So entsteht auch eher eine konstruktive Zusammenarbeit mit den Jägern und den Anglern, wenn diese nicht mit Fremden, sondern mit den Menschen aus ihrer Ortschaft konfrontiert sind.

Und mit den Unteren Naturschutzbehörden gleichfalls. Diese tragen die Hauptlast vor Ort, und sie kennen die spezifischen Probleme im Gebiet. Deshalb werden sie auch bereit sein, die Verständigung mit den Landschaftspflegeverbänden, den Straßenbehörden und den kommunalen Pflegetrupps herbeizuführen, um zu sinnvollen Vorgehensweisen bei der Pflege der öffentlichen Flächen zu kommen. Der Staatsforst wird sich dem nicht entziehen können, sondern im eigenen Interesse mitwirken, Lebensräume zu erhalten, zu verbessern und unnötige Vernichtung zu unterlassen. Wie das Abmähen der Blumen am Rand der Forststraßen im Frühsommer. Aktivitäten, wie »Jeder Gemeinde ihr Biotop« von Peter Berthold, dem früheren Leiter der Vogelwarte Radolfzell, beweisen hinlänglich, dass dieser Weg von unten weit besser funktioniert als der andere, übliche, mit neuen Gesetzen und Verordnungen von oben.

Für die Naturschutzverbände heißt dies, so viele Mittel wie irgend möglich in den Flächenerwerb und die dem Schutzziel entsprechende Behand-

Bläuling, ein Weibchen des Himmelblauen Bläulings untersucht die Fingerspitze; ein Sommererlebnis von subtiler Wirkung

lung dieser Flächen zu investieren, und dafür viele der letztlich meist doch unwirksam verpuffenden »Aktionen« sein zu lassen. Nicht mit Weltuntergangsprophеterie wird die Welt gerettet, sondern mit guten Beispielen und Leistung vor Ort. »Jeder Gemeinde ihr Biotop« ließe sich wunderbar ergänzen mit »Jedem Ort seine Schmetterlingswiese«. Damit die Kinder wieder Schmetterlinge nasenah erleben können. Und Heuschrecken, Grillen und andere kleine Krabbeltiere. Öffentliche Flächen gibt es dafür genug. Die Naturschutzorganisationen könnten auch Agrarflächen auf Zeit pachten; für fünf oder zehn Jahre zum Beispiel, um auf ihnen zu zeigen, was alles bei uns leben kann, so es nicht vergiftet und totgedüngt wird. Die früheren, von der EU mit Agrarmitteln geförderten Stilllegungsflächen wiesen in diese Richtung. Aber sie hatten zu beschränkte Wirkung, weil sie entweder zu kurzzeitig ungenutzt blieben oder in einem Zustand belassen wurden, der eine sofortige Wiederaufnahme der Bewirtschaftung sicherstellte. Eine auf fünf Jahre gepachtete Wiese braucht keine Spitzenerträge einbringen wie das Hochleistungsgrünland. Sie wirft aber genügend Grünfutter oder Heu ab, um eine einmalige Mahd zur rechten Zeit zu finanzieren. Dass sie dann eben nicht mit Gülle geflutet wird, kommt dem Leben auf der Wiese zugute, ohne spätere Nutzungen zu beeinträchtigen. Und so fort.

Es sind viele Möglichkeiten vorstellbar, von unten her, auf der Ebene der Gemeinden und der privaten Grundbesitzer aktiv zu werden. Was und wie viel erreicht wird, darf als Gradmesser für die Ernsthaftigkeit der Bestrebungen der Naturschützer angesehen werden. Aus meinem Heimatlandkreis und dessen Nachbarlandkreis weiß ich, dass es sehr viel ist. Die landkreiseigenen Flächen sind in besserem Zustand als die staatlichen Naturschutzgebiete. Man muss also kein Pessimist sein. Es gibt realistische Chancen und Möglichkeiten. Wie schwierig sie umzusetzen sind, weiß jeder, der sich für die Natur engagiert. Doch der Einsatz lohnt. Und wenn später unsere Kinder und Enkel dies auch noch feststellen können, war er das wert. Auch dies ist die Botschaft der Schmetterlinge.

Die Schönheit der Schmetterlinge

Schmetterling ist als Wort zu nüchtern, zu poesielos, um auszudrücken, was diese Lebewesen auszeichnet. Betrachten wir ein Pfauenauge, das im Garten oder Park an den Blüten des Schmetterlingsflieders Nektar trinkt, aus der Nähe, wird die fragile Schönheit so eines Falters sichtbar. Flügel, dünn wie Seidenpapier, mit Mustern und Farben, wie sie Künstler kaum erahnen könnten, gäbe es das lebendige Vorbild nicht, Fühler, die als Antennen Signale aus der Umwelt aufnehmen und dem Schmetterling übermitteln, Augen, zusammengesetzt aus vielen winzig kleinen Einzelaugen, die Bewegungen schneller als unsere viel größeren erfassen, und Beine, deren Tastempfinden ungleich feiner ist als die unserer Fingerspitzen – das alles vermittelt einen immer noch grob oberflächlichen Eindruck vom Wesen des Schmetterlings.

Andere, die neben dem Pfauenauge an den Blütenständen herumturnen, wie der Kleine Fuchs, der Admiral, der Distelfalter und die Kohlweißlinge, um nur die bekanntesten Arten zu nennen, sind ähnlich in ihrer Bauweise als Falter, aber doch grundverschieden in den Farben und Mustern ihrer Flügel. Wer sie schaut zur rechten Zeit, die Schönheit der Falter, wird gefangen sein von ihr. Sie ist so vielfältig, dass nicht einmal die größten Museen Exemplare aller Arten von Schmetterlingen haben, auch wenn ihre Bestände, wie die der Zoologischen Staatssammlung in München, der weltgrößten Schmetterlingssammlung, über zehn Millionen Exemplare umfassen. Denn nahezu 200 000 verschiedene Arten sind global inzwischen bekannt, beschrieben und mit einem eindeutigen wissenschaftlichen Namen versehen. Tausende sind gewiss noch unbekannt und harren der Entdeckung.

Zahllose Sammler widmen sich ihrer Erforschung, die allermeisten sind fasziniert von der Schönheit und Vielfalt der Schmetterlinge. Die Variationen und Aberrationen, die in der Natur auftreten, lassen Menschen Zeit und Geld vergessen, um sie aufzufinden und ihren Sammlungen einzuverleiben. Variationen sind das Material, aus dem die Evolution Neues formt und die Artenvielfalt mehrt. Entdeckerfreude und ästhetischer Genuss verbinden sich beim Sammeln von Schmetterlingen auf das Engste und können zur Sucht werden. Zu krankhaft erscheinender Sucht, die ansonsten höchst ehrenwerte Menschen, Männer insbesondere, zu Vorgehensweisen veranlasst, die für Außenstehende befremdlich bis lächerlich wirken. Spitzwegs Gemälde »Der Schmetterlingsfänger« zeigt den einen Typ, den anderen repräsentierten Sammler, die vor allem viel Geld in ihre Leidenschaft investieren konnten. Wie Lord Rothschild im 19. Jahrhundert, von dem es hieß, er habe ins British Museum (heute Natural History Museum), nur nach Abgabe seines Zylinders Zutritt bekommen, was für den noblen Herrn eine schier unfassbare Zumutung darstellte, aber eine Notwendigkeit war. Denn der Zylinder trug oben auf der Innenseite eine Korkplatte. Auf dieser pflegte er geklaute Falter aus der Museumssammlung einzustecken. Mit der leichten Bewegung des vollendeten Gentlemans deutete er eine Anhebung des Zylinders beim Verlassen des Museums an – und weitere Seltenheiten waren aus der Sammlung verschwunden und alsbald in die Rothschild'sche eingereiht.

Museumssammlungen hatten und haben mit dieser Gier partiell psychotischer Sammler ihre liebe Not. Die Objekte der Begierde, die raren Falterschönheiten, darunter auch solche, die der unbedarfte Blick lediglich als »Motte« abtun würde, erzielen hohe Preise auf den Sammlermärkten, die aufgrund der internationalen Artenschutzbestimmungen inzwischen breite Grauzonen des Legalen und Überschneidungen mit dem Illegalen bekommen haben. Dabei landen die allermeisten Privatsammlungen in den öffentlichen Museen, weil sich auch in Sammlerdynastien wie den Rothschilds keine Kontinuität über Generationen einstellt. Oft kommen die Privatsammlungen nach dem Tod des Sammlers »ins Museum«. Mitunter werden, Tendenz klar zunehmend, aus den Rahmenbedingungen unserer Zeit heraus, die das Sammeln sehr stark einschränkt, noch zu Lebzeiten

Himmelblauer Bläuling *Polyommatus bellargus* Männchen, eine verschwindende Schönheit blumenreicher Wiesen und Straßenböschungen (Foto: Dr. Hannes Petrischak)

entsprechende Verträge mit den Museen geschlossen. Ein Musterbeispiel in dieser Hinsicht ist die »Sammlung Thomas Witt«, die Ende des 20. Jahrhunderts wohl größte private Schmetterlingssammlung der Welt. Sie wurde von ihrem Besitzer der Zoologischen Staatssammlung überstellt, mitsamt einem Wissenschaftler, der sie betreut. Auf diese Weise kam dort die größte Schmetterlingssammlung zustande, die es gegenwärtig gibt.

Die Sammelleidenschaft ist weitverbreitet; sie umfasst so gut wie alles, das sich sammeln lässt. Manche Sammelgebiete zeichnen sich nicht unbedingt durch die Ästhetik der Objekte aus. Nicht selten handelt es sich um Banales wie Kronkorken oder Wertvolles wie Münzen. Bei den Schmetterlingssammlern steht aber so gut wie immer die Schönheit im Vordergrund. Entsprechend gestalten sie ihre Sammlungen, so weit die finanziellen Verhältnisse dies zulassen. Gelegentlich werden diese gewiss auch überstrapaziert. Der Übergang von der schönen Sammlung, die im stillen Kämmerlein wieder und wieder betrachtet oder zusammen mit gleich gesinnten Freunden genossen wird, zu öffentlichen Schausammlungen und zu den sich zunehmender Beliebtheit erfreuenden »Schmetterlingshäusern«, in denen man die Falter lebendig erleben kann, ist fließend. Grenzen lassen sich nicht ziehen, die wissenschaftliche oder wissenschaftlich wertvolle Sammlungen auf der einen Seite von reinen Schmucksammlungen auf der anderen trennen würden. Sie sollten auch nicht gezogen werden, denn was »von Wert« ist, gleich in welcher Richtung, hängt vom Zeitgeist ab.

Wer würde ahnen, dass Winston Churchill während des Krieges, als England von den deutschen Bombern angeflogen wurde, beim Betrachten seiner Schmetterlingssammlung Minuten der Erholung im mörderischen Geschehen fand. Mit unvergleichlicher Meisterschaft hat Ernst Jünger geschildert, wie er in den »Stahlgewittern« des Ersten Weltkriegs in den Schützengräben Käfer sammelte und sich an ihrer subtilen Schönheit erfreute. Vladimir Nabokov schöpfte beim Zusammenbruch der Zarenzeit und auf der Flucht Kraft aus den Schmetterlingen, die er seit seiner Kindheit sammelte. Sie wirkten nach in seinen literarischen Werken. Viel bekannter und in zahlreichen Ausgaben erschienen sind Hermann Hesses »Schmetterlinge«. Gedichte zeitloser Eleganz widmete er ihnen, wie jenes betitelt

Blauer Schmetterling

Flügelt ein kleiner blauer
Falter vom Wind geweht,
Ein perlmutterner Schauer,
Glitzert, flimmert, vergeht.

So mit Augenblicksblinken,
So im Vorüberwehn
Sah ich das Glück mir winken,
Glitzern, flimmern, vergehn.

Ob Falter- oder Käferschönheit, sie inspiriert die Wortmächtigen zu Gedichten und Schilderungen, die diese vergänglichen Augenblicke festhalten, wenn die Flügel aufblitzen. Die Alten spürten dies, ohne über tieferes zoologisches Wissen zu verfügen. Das griechische Wort Psyche bedeutet Schmetterling und Seele zugleich. Diese verließ den Körper beim Tode wie ein davoneilender, unseren Blicken entschwindender Falter. Die Alten kannten die »vollkommene« Verwandlung und rätselten darüber. Die so ganz andersartige Raupe frisst und frisst, und irgendwann, scheinbar dem Platzen nahe, zappelt sich aus ihrer Haut keine weitere Raupe, wie bei den Häutungen davor, sondern eine geheimnisvolle Puppe. Dieser fehlt alles, was die Raupe gekennzeichnet hatte. Sie besitzt keinen Mund, keinen After, keine Beine und auch noch keine Flügel, wie der aus ihr schlüpfende Falter. Wie eine Mumie ist sie eingepackt in eine starre Hülle. Nur der untere Teil ist in der Lage, kleine Zuckungen auszuführen. Allenfalls zeichnen sich Flügel außen an ihr ab, wie von feinsten Bildhauerhänden vormodelliert.

Und urplötzlich, niemand kann es erahnen, wann der Zeitpunkt gekommen ist, platzt die Puppe und hervor kommt das Wunder, schlüpft der Schmetterling. Chrysalis wurde sie genannt, die wundersame Puppe, in der sich die nach wie vor nicht so recht verstandene Verwandlung zum Schmetterling vollzieht. Wir wissen, dass sie genetisch und über Hormone gesteuert ist. Aber welch ein Gestaltwandel vollzieht sich. Die Raupe, sie gleicht eher Würmern in ihrer Körperform, wird in der Puppe zum Schmetterling, der in nichts mehr seinem Ursprung ähnelt. Kaum verwunderlich, dass sich viele Forscher den Kopf zerbrochen haben, wie diese Verwandlung, diese Metamorphose zustande gekommen sein konnte.

Eine neue Theorie, die vor einigen Jahren zur Diskussion gestellt wurde, greift auf das zurück, was man sehen kann, wenn Raupen parasitiert sind. Auf Seite 68 f. beschrieb ich für Kohlweißlingsraupen, wie sie an der Hauswand emporkrochen, aufgaben, hängen blieben und nach einiger Zeit bedeckt waren mit kleinen gelben Kokons, in denen sich parasitische Brackwespen entwickelten. So ähnlich stellt man sich bei dieser Theorie die Entstehung der Vollständigen Verwandlung vor. Noch wurmartige Gliedertiere waren in grauer Vorzeit von Parasiten befallen worden, die sich im Körperinnern entwickelten und nach einiger Zeit aus der leer gefressenen Hülle schlüpften. Eben wie das immer noch geschieht. Aber mit der

Zeit, so die spezielle Deutung, die diese Theorie vorschlägt, schleusten die Parasiten ihr eigenes Erbgut in das der parasitierten »Würmer« ein. Dieses verband sich mit jenem, und die Gene lassen seither zwei Entwicklungsprogramme nacheinander ablaufen; zuerst das des nun dazu gewordenen Raupenstadiums, und dann das des Schmetterlings. Dazwischen wird so gut wie alles im Raupenkörper Vorhandene regelrecht eingeschmolzen und ein Neuanfang in der Differenzierung und Entwicklung gestartet.

Das sei das Geheimnis der Metamorphose. Aus dem ursprünglichen Parasitismus sei das Neue, das gänzlich Andere entstanden, die Symbiose beider Genome. Was hätten Literaten wie Hermann Hesse daraus gemacht? Für sie waren die Schmetterlinge schon voller Wunder. Noch Wundersameres sollte sich mit ihrem Werden in fernsten Vorzeiten vollzogen haben. Ob zutreffend oder nur reizvolle Überlegungen, auch solche Theorien drücken aus, wie sehr die Verwandlung weiterhin fasziniert. Auch nüchterne Evolutionsbiologen. Schmetterlinge sind Wunder. Wir sollten sie nicht verschwinden lassen aus unserer Welt.

Zwei Fundstücke anstelle eines Nachworts

Über das Land zu fliegen, in dem wir wohnen, bei guter Sicht – ja so ist es dann unten auch! Rechtwinklig, begradigt, kein Halm oder Strauch, die nicht erst ihre Nützlichkeit hätten nachweisen müssen. Sonst Pflanzenschutzmittel, wie der raffiniert gewählte Name lautet, und ex!

Irgendwann, als es noch Buschwerk gab, grüne Verstecke, und nicht jenes streng gescheitelte, naturbereinigte europäische Maisanbaugebiet namens Deutschland – irgendwann haben wir Bülbüls Verwandte schlagen hören, die hiesigen Nachtigallen.

Zitiert aus »Streiflichtern« der *Süddeutschen Zeitung* vom 31. März 1993 und 2. November 1994

Josef H. Reichholf
Ende Juni 2018

Worte des Dankes …

… schulde ich vielen; zu vielen, um sie alle auch nur namentlich aufzuführen. Die beiden zentralen Säulen, die dazu führten, dass dieses Buch zustande kam, bildeten meine Frau und mein engster Freundeskreis einerseits, und andererseits sind es Verlag und Agent. Die Zusammenarbeit mit meinem Literaturagenten Dr. Martin Brinkmann und dem Lektor Christian Koth vom C. Hanser Verlag verlief höchst erfreulich und anregend. Das Ergebnis stimmt mich hoffnungsvoll, obgleich nach einem halben Jahrhundert, in dem ich den Niedergang der Schmetterlinge erlebte, kaum noch ein Fünkchen Hoffnung glimmt. Wenn sich aber so ein führender deutscher Buchverlag für das Thema des Verschwindens der Schmetterlinge so sehr engagiert, muss man an noch gegebene Chancen glauben. Mir diese Zuversicht vermittelt zu haben, dafür bin ich dem C. Hanser Verlag sehr dankbar.

Meinem Doktorvater Prof. Dr. Wolfgang Engelhardt (†) dankte ich für das Thema über die Wasserschmetterlinge mit meinem danach so umfangreichen Engagement im Naturschutz in der Zeit, in der er selbst Präsident des Deutschen Naturschutzringes gewesen war. Er hatte mit dem Themenvorschlag in meinem beruflichen Leben als Zoologe eine entscheidende Weichenstellung bewirkt. Zentrale Entfaltungsstätte wurde die Zoologische Staatssammlung; eine einzigartige Institution, in der man als Zugehöriger »Schmetterlinge im Bauch« spüren konnte, während oben auf dem »Dach« tatsächlich blaue Falter ganz munter flogen. Meine Zeit in der Zoologischen Staatssammlung und die Lehrtätigkeit an beiden Münchner Universitäten mit Dankesworten charakterisieren zu wollen überfordert meine Fähigkeiten, erzeugten sie doch beruflich das zentrale Lebensgefühl. Dass sich dieses mit dem privaten optimal verbunden hat, verdanke ich meiner Frau Miki Sakamoto-Reichholf. Sie teilt meine Begeisterung für Schmetterlinge.

Goldene Acht

Eilt dahin der gelbe Falter
durchs lichte Kieferngehölz
schmilzt auf der Stirn der Schweiß
Und der Sommer sammelt noch einmal
    all seine Kräfte
Heißer wird es denn je
auf dass die Natur weiter getragen werde
zum Morgen

Dann sind wir reif zum Nachdenken,
weil wir nichts festhalten können

Weiter sucht nach seinem Weibchen
das Männchen der Goldenen Acht
wie kurz oder wie lang es auch sein mag,
sein Leben

Miki Sakamoto
»Vergängliche Spuren«, Kessel Verlag 2014

Literaturauswahl

Aus der Fülle der Veröffentlichungen wird hier eine Auswahl zusammengestellt, die entweder direkten Bezug zu den im Buch behandelten Themen und Forschungsergebnissen hat oder für eine weitere Vertiefung wichtig ist. Dass dies eine persönliche Selektion darstellt, sei betont. Für die regionalen Verhältnisse gibt es sehr viele Veröffentlichungen, die zumeist in Zeitschriften entomologischer oder allgemein naturkundlicher Arbeitsgemeinschaften oder Gesellschaften erschienen sind. Viele haben Anschluss an Forschungsmuseen oder dort direkt ihren Sitz. Besonders wichtig sind die in neuerer Zeit vom UFZ-Umweltforschungszentrum Leipzig-Halle GmbH durchgeführten und koordinierten Erhebungen, an denen Amateure/Bürgerwissenschaftler beteiligt sind. Daran Interessierten wird die Kontaktaufnahme mit dem UFZ empfohlen. Entsprechendes gilt für Österreich und die Schweiz bezüglich der Landesmuseen, die gleichfalls die Untersuchungen koordinieren.

Barkham, Patrick, *The Butterfly Isles. A Summer in Search of Our Emperors and Admirals.* London 2010. (Schmetterlinge beobachten ist in Großbritannien sehr populär. Reizvolle Schilderungen eines kenntnisreichen Enthusiasten, die zeigen, dass auch über Schmetterlinge ähnlich gut geschrieben werden kann wie über Vögel.)

Bellmann, Heiko, *Der Kosmos Schmetterlingsführer.* Stuttgart 2016. (Auswahl häufiger und auffälliger Arten mit sehr guten Fotos, auch von Raupen.)

Carson, Rachel, *Der Stumme Frühling,* München 1963. (Der Klassiker. Die Prognose ist Wirklichkeit geworden auf den Fluren.)

Dennis, R. L. H., *The British Butterflies. Their Origin and Establishment.* Faringdon 1977. (Beispielhafte Analyse, wie sich die Welt der Schmetterlinge seit der letzten Eiszeit entwickelt hat.)

Dierl, Wolfgang & Josef H. Reichholf, *Die Flügelreduktion bei Schmetterlingen als Anpassungsstrategie.* Spixiana 1: 27–40, 1977.

Dohrn, Susanne, *Das Ende der Natur. Die Landwirtschaft und das stille Sterben vor unserer Haustür.* Berlin 2017. (Aufrüttelndes, exzellent geschriebenes Buch über die Auswirkungen der industrialisierten Landwirtschaft; Schwerpunkt Norddeutschland.)

Ebert, Günter, Hrsg., *Die Schmetterlinge Baden-Württembergs,* Bde. 1–9, Stuttgart 1991–2003. (»Das Handbuch« für die mitteleuropäischen Schmetterlinge und ihre Biologie.)

Fortey, Richard, *The Wood for the Trees. The Long View of Nature from a Small Wood.* London 2016. (»Nature writing« in Bestform; macht deutlich, wie sehr sich in unserer Zeit die Lebensbedingungen in der Natur verändern.)

Fox, Richard, et al., *The State of Britain's larger moths.* Butterfly Conservation and Rothamsted Research, Wareham, Dorset 2006. (Erste umfassende Studie, die den Rückgang der Schmetterlinge nachgewiesen hat – um ein Drittel der Häufigkeit von 1968 bis 2002 in Großbritannien. Die Abnahmen decken sich mit den hier im Buch dargelegten Befunden aus Südostbayern geradezu erschreckend perfekt.)

Habel, Jan Christian et al., *Butterfly community shifts over two centuries.* Conservation Biology 30: 754–762, 2015. (Eminent wichtige Untersuchung, in der nachgewiesen wurde, wie groß die Artenverluste seit dem 19. Jahrhundert bei uns sind; sogar in einem Naturschutzgebiet bei Regensburg ohne Intensivlandwirtschaft in unmittelbarer Nähe. Die Ferneffekte sind weit wirkungsvoller als vordem angenommen!)

Hallmann, Caspar E., et al., *More than 75 percent decline over 27 years in total flying insect biomass in protected areas.* PLOS one (https://doi.org/10.1371/journal.pone.0185809), October 18, 2017. (Enthält die Hauptbefunde der sogenannten Krefeld-Studie, mit der nachgewiesen wurde, dass die Menge, die Biomasse, der Insekten in nordwestdeutschen Naturschutzgebieten seit 1989 um über 75 Prozent abgenommen hat.)

Haslberger, Alfred & Andreas H. Segerer, *Systematische, revidierte und kommentierte Checkliste der Schmetterlinge Bayerns (Insecta: Lepidoptera).* Mitteilungen der Münchner Entomologischen Gesellschaft 106, Supplement, 2016. (Aktualisierte und kommentierte Gesamtübersicht zu allen in Bayern nachgewiesenen Schmetterlingsarten; insgesamt 3243 Arten.)

Herschel, Kurt, *Falter bei Tag und bei Nacht. Aus dem Leben unserer Schmetterlinge.* Berlin 1953. (Inzwischen »historische« Schilderungen, erfrischend zu lesen.)

Hesse, Hermann, *Schmetterlinge.* Zusammengestellt von Volker Michels. Frankfurt 1979. (Gedichte und Kurztexte mit Bezug auf Schmetterlinge; Hermann Hesse war ein begeisterter Schmetterlingssammler.)

Huemer, Pert & Gerhard Tarmann, *Die Schmetterlinge Österreichs (Lepidoptera).* Veröffentlichung des Museums Ferdinandeum, Beilageband 5, Innsbruck 1993.

Kaltenbach, Thomas & Peter Victor Küppers, *Kleinschmetterlinge beobachten und bestimmen.* Radebeul 1987. (Bietet als Bestimmungsbuch eine treffende Auswahl aus der Fülle der – oft nur von Spezialisten zu bestimmenden – Kleinschmetterlinge mit Kurzcharakterisierung ihrer Lebensweise.)

Karl, Gerhard, *Kleinschmetterlinge in Südostbayern.* Altötting 2013. (Als regionale Zusammenstellung für Südostbayern eine der örtlichen Grundlagen für die eigenen Befunde und ihre Einordnung.)

Lewis-Stempel, John, *Meadowland. The Private Life of an English Field.* London 2014. (Vom vielfältigen Leben in der englischen Flur, wie es auch bei uns sein oder wieder ermöglicht werden könnte.)

Louv, Richard, *Das letzte Kind im Wald. Geben wir unseren Kindern die Natur zurück!* Freiburg 2013. (Flammender Appell, die völlig nutzlosen Beschränkungen des Naturzugangs durch Schutzbestimmungen abzuschaffen, um die Kinder wieder für die Natur zu begeistern, anstatt sie davon auszusperren. Leider reagieren unsere politisch einflussreichen Naturschutzverbände nicht darauf.)

McCarthy, Michael, *The Moth Snowstorm. Nature and Joy.* London 2015. (Eines der schönsten Bücher über das Erlebnis Natur, speziell auch bezüglich der Schmetterlinge, das mir untergekommen ist; eine faszinierende Lektüre.)

Muirhead-Thomson, R. C., *Trap Responses of Flying Insects.* London 1991. (Methodische Untersuchung, wie Insekten auf Fallenfang reagieren; sehr wichtig, um Fehlschlüsse bei den Auswertungen der Befunde zu vermeiden!)

Nabokov, Vladimir, *Erinnerung sprich.* Reinbeck bei Hamburg 2009. (Autobiografie des Schriftstellers und begeisterten Schmetterlingssammlers.)

Oates, Matthew, *In the Pursuit of Butterflies. A Fifty-Year Affair.* London 2015. (Derzeit wohl beste Darstellung, wie intensiv die Briten das Beobachten von Schmetterlingen betreiben und dabei ein unschätzbares Datenmaterial erarbeiten; vorbildlich für uns in Mitteleuropa.)

Reichholf, Josef H., *Untersuchungen zur Biologie des Wasserschmetterlings Nymphula nymphaeata.* Intern. Rev. Ges. Hydrobiol. 55: 687–728, 1970. (Doktorarbeit des Verfassers; nachfolgend eine Auswahl weiterer Veröffentlichungen mit direkten Bezug zum Thema dieses Buches.)

Reichholf, Josef H., *Die Massenvermehrung der Gespinstmotte Yponomeuta evonymellus L. (Lepidoptera, Yponomeutidae) im Sommer 1971 am unteren Inn.* Nachrichtenbl. Bayr. Entomologen 21: 106–116, 1972.

Reichholf, Josef H., *Die Bedeutung nicht bewirtschafteter Wiesen für unsere Tagfalter.* Natur und Landschaft 48: 80–81, 1973.

Reichholf, Josef H., *Die Feinstruktur der Cuticula hydrophiler und hydrophober Raupen des Wasserschmetterlings Nymphula nymphaeata (Lepidoptera: Pyralidae: Nymphulinae).* Entomol. Germ. 2: 258–261, 1976.

Reichholf, Josef H., *Zur Nischenwahl mitteleuropäischer Wasserschmetterlinge.* Nachr. Bayer. Entomologen 27: 116–126, 1978.

Reichholf, Josef H., *Schmetterlinge beobachten.* München 1984.

Reichholf, Josef H., *Die Zukunft der Arten.* München 2005.

Reichholf, Josef H. & Miki Sakamoto, *Die Massenwanderung von Distelfaltern Cynthia cardui Anfang Juni 2003 durch das Bayerische Alpenvorland.* Atalanta 36: 101–107, 2005.

Reichholf, Josef H., *Stadtnatur.* München 2007.

Reichholf, Josef H., *Traubenkirschen-Gespinstmotten Yponomeuta evonymellus in den Auen am unteren Inn: Häufigkeitsentwicklung und Ursache von Massenvermehrungen.* Mitt. Zool. Ges. Braunau 9: 273–282, 2008.

Reichholf, Josef H., *Der Tanz um das goldene Kalb. Der Ökokolonialismus Europas.* Berlin 2011.

Reichholf, Josef H., *Mein Leben für die Natur.* Frankfurt 2015.

Reichholf, Josef H., *Das Verschwinden der Schmetterlinge und was dagegen unternommen werden sollte.* Hamburg 2017.

Reichholf, Josef H., *Schmetterlinge bestimmen in drei Schritten.* München 2017. (Bestimmungsbuch für Anfänger; eine Auswahl von Arten, die man am ehesten sehen wird.)

Reichholf, Josef H., *Schmetterlinge und Vögel im Fokus: Wodurch änderten sich ihre Häufigkeiten in den letzten Jahrzehnten?* Rundgespräche Forum Ökologie der Bayerischen Akademie der Wissenschaften Bd. 46: 73–90, 2017.

Sage, Walter, *Die Schmetterlinge (Lepidoptera) im Inn-Salzach-Gebiet, Südostbayern. Vorkommen und Veränderungen von 1995 bis 2017.* Mitt. Zool. Ges. Braunau 12, Supplement 1–77, 2017. (Erfassung der 1121 Schmetterlingsarten, die bisher im Inn-Salzach-Gebiet in Südostbayern nachgewiesen sind, mit Beurteilung der Veränderungen in Vorkommen und Häufigkeit der Arten; eine weitere Grundlagenstudie zu diesem Buch.)

Segerer, Andreas H. & Axel Hausmann, Hrsg., *Die Großschmetterlinge Deutschlands.* Budapest 2011. (Das Artenspektrum in Farbtafeln.)

Steiner, Axel, Ulrich Ratzel, Morton Top-Jensen & Michael Fibiger, *Die Nachtfalter Deutschlands. Ein Feldführer.* BugBook Publishing, Oestermarie, DK 2014. (Bestes derzeit verfügbares Bestimmungsbuch für die Großschmetterlinge, das alle Arten Mitteleuropas beinhaltet.)

Strong, D. R., J. H. Lawton & Sir Richard Southwood, *Insects on Plants. Community Patterns and Mechanisms.* Oxford 1984. (Ökologische Grundlagenliteratur; inzwischen durch eine Vielzahl wissenschaftlicher Veröffentlichungen ergänzt und erweitert.)

Tolman, Tom & Richard Lewington, *Die Tagfalter Europas und Nordwestafrikas.* Stuttgart 1998. (Bestimmungsbuch, wie es der Titel ausdrückt.)

Vane-Wright, Dick, *Butterflies. A complete guide to their biology and behaviour.* Natural History Museum, London 2015. (Kurze, aber sehr umfassende Darstellung der Biologie der Schmetterlinge; zudem attraktiv bebildert.)

Vitousek, Peter M. et al., *Human Alteration of the Global Nitrogen Cycle: Causes and Consequences.* Issues in Ecology 1, 1997. Ecological Society of America. (Vor zwanzig Jahren ist schon festgestellt worden, was die Landwirtschaft immer noch nicht wahrhaben will: die katastrophale Überdüngung, die sie verursacht.)

Register